高等职业教育本科教材

污水处理厂运行维护与管理

王怀宇　主编

侯素霞　主审

化学工业出版社

·北京·

内 容 简 介

本书内容主要包括：污水处理厂的水质监测与安全生产、水处理常用机械设备的维护、污水处理各单元的调试管理、污水处理厂生化处理系统调试管理、各种污水处理工艺的调试管理、污水处理厂调试案例、污水处理厂常见问题解析。本教材编写规范，具有适时的先进性和较好的教学适用性。教材突出实用性，同时教材辅以练习题。

本书可作为高等职业教育本科、高职高专环境保护类专业的教材，也可作为污水处理厂工作人员的培训用书。

图书在版编目（CIP）数据

污水处理厂运行维护与管理/王怀宇主编. —北京：
化学工业出版社，2023.2（2024.8重印）
ISBN 978-7-122-42606-2

Ⅰ.①污… Ⅱ.①王… Ⅲ.①污水处理厂-运行
②污水处理厂-维修③污水处理厂-管理 Ⅳ.①X505

中国版本图书馆CIP数据核字（2022）第230594号

责任编辑：王文峡 邢启壮 装帧设计：王晓宇
责任校对：宋 玮

出版发行：化学工业出版社（北京市东城区青年湖南街13号 邮政编码100011）
印　　刷：北京云浩印刷有限责任公司
装　　订：三河市振勇印装有限公司
787mm×1092mm 1/16 印张13¾ 字数326千字 2024年8月北京第1版第2次印刷

购书咨询：010-64518888 售后服务：010-64518899
网　　址：http://www.cip.com.cn
凡购买本书，如有缺损质量问题，本社销售中心负责调换。

定　　价：45.00元

前言 PREFACE

随着国家相关环保政策的提出，各级政府正在不断加大对环境污染治理的力度。各种废水处理工程的不断建成和投运，使掌握水处理工艺和相关知识的技术人员十分紧缺。为了更好地发挥污水处理设施的作用，强化管理、提高技术与管理水平是关键，而学习培训是提高污水处理厂操作工和技术人员素质的重要途径。

目前开设环境类专业的院校在根据社会的需要不断探索适合社会急需的环保人才。开设环保类专业的院校相继把"污水处理厂运行维护与管理"作为专业核心课程，加大了对运行管理人才的培养。

本书主要包括以下方面内容：污水处理厂的水质检测与安全生产、水处理常用机械设备的维护、污水处理各单元的调试管理、污水处理厂生化处理系统调试管理、各种污水处理工艺的调试管理、污水处理厂调试案例、污水处理厂常见问题解析。该书为开设环境类专业高等职业院校提供适应"污水处理厂运行维护与管理"课程的教材，同时也为污水处理厂人员的培训提供培训资料。本教材编写规范，具有适时的先进性和较好的教学适用性。教材突出实用性，同时教材辅以练习题。

本书由王怀宇担任主编，何雍平、郭京豪和王滢任副主编。编写分工如下：王怀宇（河北科技工程职业技术大学）编写第一章、第二章、第七章，王滢（河北石油职业技术大学）编写第三章，郭京豪（河北科技工程职业技术大学）编写第四章，何雍平（江西环境工程职业学院）编写第五章、第六章，王怀宇负责全书的统稿工作，侯素霞（河北科技工程职业技术大学）对书稿内容进行了审核。本书二维码链接的动画素材资源由北京东方仿真软件技术有限公司提供技术支持，在此表示衷心的感谢。

由于作者的水平所限，书中难免存在不妥之处，欢迎读者批评指正。

编者
2022 年 8 月

目录
CONTENTS

第一章　污水处理厂的水质监测与安全生产 ………………………………… 001
　第一节　水质监测 ………………… 001
　　一、水质监测常识 ……………… 001
　　二、污水处理厂的水质监测 …… 005
　　三、生产运行记录及报表 ……… 006
　第二节　安全生产基本内容 …… 007
　　一、安全生产教育 ……………… 007
　　二、安全职责 …………………… 007
　　三、安全生产的一般要求 ……… 008
　　四、防毒气 ……………………… 009
　　五、安全用电 …………………… 010
　　六、防溺水和防高空坠落 ……… 010
　　七、防雷 ………………………… 011
　　八、防火防爆 …………………… 011
　第三节　应急预案 ……………… 012

　　一、中毒可能发生的部位和造成的
　　　　影响 ………………………… 012
　　二、应急组织和职责 …………… 013
　　三、报警方式 …………………… 013
　　四、中毒的预防措施 …………… 013
　　五、应急预案的实施 …………… 014
　　六、人员中毒救援一般注意事项 … 014
　　七、加氯间液氯泄漏、沼气泄漏、煤气
　　　　中毒扑救注意事项 ………… 014
　　八、应急设备和物资 …………… 015
　　九、应急预案的培训和演练 …… 015
　　十、事故的处理 ………………… 015
　练习题 …………………………… 016

第二章　水处理常用机械设备的维护 ………………………………………… 017
　第一节　水泵 …………………… 017
　　一、水泵的种类与性能 ………… 017
　　二、水泵的检修 ………………… 021
　第二节　风机 …………………… 026
　　一、风机的种类与性能 ………… 026
　　二、风机的检修 ………………… 030
　第三节　其他机械设备 ………… 033
　　一、除砂设备 …………………… 033

　　二、刮泥机 ……………………… 033
　　三、吸泥机 ……………………… 035
　　四、污泥脱水设备 ……………… 036
　　五、滗水器 ……………………… 042
　　六、曝气设备 …………………… 043
　　七、闸阀、闸门 ………………… 047
　练习题 …………………………… 049

第三章　污水处理各单元的调试管理 ………………………………………… 050
　第一节　格栅的调试管理 ……… 050
　　一、格栅 ………………………… 050

二、格栅的运行管理 ······ 054

第二节　沉砂池的调试管理 ······ 056

一、沉砂池 ······ 056

二、沉砂池的运行管理 ······ 059

第三节　过滤池的调试管理 ······ 060

一、过滤池 ······ 060

二、过滤池的运行管理 ······ 065

第四节　中和处理污水法的调试
　　　　管理 ······ 069

一、中和处理法 ······ 069

二、中和处理法的运行管理 ······ 070

第五节　吸附法处理污水的调试
　　　　管理 ······ 075

一、吸附法 ······ 075

二、吸附法的运行管理 ······ 080

第六节　消毒法的调试管理 ······ 082

一、消毒原理 ······ 082

二、消毒池的运行管理 ······ 084

第七节　混凝沉淀工艺的调试管理 ··· 087

一、混凝沉淀的机理 ······ 087

二、加药量的确定 ······ 089

三、混凝反应池的运行管理 ······ 091

四、常见问题及解决方法 ······ 098

第八节　沉淀池的调试管理 ······ 098

一、沉淀的基本原理 ······ 098

二、沉淀池的操作管理 ······ 099

三、沉淀池的污泥上浮 ······ 103

四、常见问题及解决方法 ······ 103

第九节　气浮的调试管理 ······ 104

一、气浮的工作原理 ······ 104

二、气浮池的运行管理 ······ 111

第十节　污泥脱水机房调试管理 ······ 112

一、脱水机的运行管理 ······ 112

二、污泥脱水间的运行管理 ······ 116

练习题 ······ 120

第四章　污水处理厂生化处理系统调试管理 ······ 122

第一节　污水处理厂调试及试运行
　　　　过程和步骤 ······ 122

一、主要内容 ······ 122

二、调试条件 ······ 122

三、调试准备 ······ 123

四、功能试验（空载试验）和试水
　　（充水）方式 ······ 123

五、单机调试 ······ 123

六、管道试压、冲洗和单元调试 ······ 124

七、分段调试 ······ 125

八、接种菌种 ······ 125

九、驯化培养 ······ 126

十、全线调试 ······ 126

十一、抓住重点检测分析 ······ 127

十二、改善缺陷、补充完善 ······ 127

十三、试运行 ······ 127

十四、自行运行 ······ 127

十五、提交检验 ······ 128

十六、竣工验收 ······ 128

第二节　工程调试进程与微生物生长
　　　　的关系 ······ 128

一、工程调试初期 ······ 128

二、调试过程微生物生物相的变化 ··· 128

三、微生物的指示作用 ······ 129

第三节　厌氧工艺的调试管理 ······ 130

一、厌氧消化的机理 ······ 130

二、厌氧的影响因素 ······ 131

三、调试步骤 ······ 133

四、常见问题及解决方法 ······ 133

第四节　水解酸化的调试管理 ······ 134

一、水解酸化原理 ······ 134

二、水解影响因素 ······ 135

三、调试步骤 ······ 135

第五节　好氧工艺的调试管理 ······ 139

一、好氧工艺的机理 ······ 139

二、调试参数的控制 ······ 140

三、调试步骤 ······ 141

四、生物膜处理系统的运行控制 ······ 142

五、常见问题解决方法 ·············· 143
第六节 生物脱氮除磷系统的调试
　　　管理 ······················· 146
一、生物脱氮的原理 ·············· 146

二、运行管理 ····················· 147
三、生物脱磷的原理 ·············· 148
四、运行管理 ····················· 148
练习题 ···························· 149

第五章 各种污水处理工艺的调试管理 ··························· 150
第一节 SBR工艺的调试管理 ····· 150
一、SBR工艺简介 ·············· 150
二、SBR工艺调试准备工作 ······ 150
三、工艺调试 ····················· 151
四、日常管理注意事项 ·········· 153
第二节 CASS工艺的调试管理 ····· 154
一、CASS工艺简介 ·············· 154

二、CASS工艺调试 ·············· 154
三、CASS工艺运行管理注意事项 ··· 156
第三节 AA/O工艺的调试管理 ····· 157
一、AA/O工艺简介 ·············· 157
二、AA/O工艺调试 ·············· 158
三、AA/O运行管理注意事项 ····· 159
练习题 ···························· 161

第六章 污水处理厂调试案例 ····················· 162
第一节 印染废水的调试 ·········· 162
一、工程概况 ····················· 162
二、工程调试 ····················· 163
三、调试过程存在的问题及对策 ··· 163
第二节 造纸废水的调试 ·········· 165
一、工程概况 ····················· 165
二、工程调试 ····················· 165
三、调试过程存在的问题及对策 ··· 167
第三节 焦化废水的调试 ·········· 168
一、工程概况 ····················· 168
二、工艺流程及说明 ·············· 169
三、工程调试和试运行 ·········· 171

四、各分区和系统的调试 ·········· 172
第四节 制衣废水处理工程的调试 ··· 175
一、工程概况 ····················· 175
二、工艺流程 ····················· 175
三、调试与试运行 ·············· 176
第五节 垃圾填埋渗滤液处理工程的
　　　调试 ······················· 177
一、工程概况 ····················· 177
二、工艺流程 ····················· 178
三、调试及试运行 ·············· 179
练习题 ···························· 185

第七章 污水处理厂常见问题解析 ··························· 187
第一节 基本概念 ·············· 187
第二节 疑难解答 ·············· 193

参考文献 ····································· 209

二维码一览表

序号	名称	页码
1	2-1 B型离心泵分解动画	017
2	2-2 罗茨鼓风机	026
3	2-3 圆形竖流式沉淀池	033
4	2-4 连续式重力浓缩池	033
5	2-5 链板式刮泥机	033
6	2-6 辐流式沉淀池	035
7	2-7 板框式压滤机	036
8	2-8 转鼓真空过滤机	036
9	2-9 滚压带式脱水机	036
10	2-10 泵形叶轮曝气器	043
11	3-1 回转式格栅	051
12	3-2 移动伸缩臂式格栅除污机	052
13	3-3 滚筒筛	054
14	3-4 普通快滤池	062
15	3-5 生物滤池构造	062
16	3-6 虹吸滤池过滤过程	066
17	3-7 虹吸滤池反冲洗过程	066
18	3-8 机械搅拌	072
19	3-9 机械搅拌反应池	072
20	3-10 变速升流式膨胀中和过滤池	073
21	3-11 立式多段再生炉	078
22	3-12 液氯消毒工艺	083
23	3-13 臭氧发生器	083
24	3-14 臭氧消毒流程	083
25	3-15 板框式压滤机	113
26	3-16 离心脱水机	113
27	3-17 污泥压滤机	115
28	4-1 UASB构造	130
29	4-2 厌氧接触法工艺流程	130
30	4-3 曝气池	140
31	4-4 接触氧化池基本构造	142
32	4-5 生物接触氧化法基本流程	142
33	4-6 传统活性污泥法脱氮工艺	146
34	4-7 合建式缺氧-好氧活性污泥法脱氮工艺	146
35	5-1 SBR工艺的操作过程	150

第一章 污水处理厂的水质监测与安全生产

❧ 本章学习目标

　　了解污水处理厂运行基本安全守则、中毒预防措施、化学腐蚀的预防措施、安全用电要求与防火防爆措施。

　　认识污水处理厂化验常用仪器和常用化学试剂的分类，熟悉溶液的配制、污水水样的保存、计量标准器具，熟悉检测仪器设备的使用、保管、降级和报废制度的内容，完成对水质指标的监测分析。

　　掌握污水处理厂日常运行过程中的安全职责、安全生产的一般要求以及防毒气、安全用电、防溺水和高空坠落、防火、防爆等的要求，能够处理安全事故。

　　能根据污水处理厂的实际情况做出应急预案。

❧ 素质目标

　　树立正确的自然观、人生观、价值观和世界观；提升生态环境意识和解决环境问题的能力。

　　树立安全意识和学术职业道德，提高思想素质水平。

第一节　水　质　监　测

一、水质监测常识

1.监测人员的基本条件

　　监测人员的基本条件是指从事监测工作的人员的必备条件，包括文化素质、思想素质、业务素质和身体条件等方面的要求。

　　（1）具有必要的文化素质　从事监测工作的人员，必须具有中等职业教育或相当于高中以上文化程度。

　　（2）具备适应职业要求的思想素质

　　① 办事公正，实事求是，工作认真负责。

② 服从工作安排，并按要求完成规定的任务。

（3）掌握监测业务的必要知识和操作技能

① 经过专业技能培训，考核合格，获得相应操作技能等级资格证书。

② 熟悉所承担任务的技术标准，掌握操作规程，能独立进行操作，有严格的科学态度。

③ 能按操作规程正确使用仪器设备，进行日常维护保养。

④ 认真填写原始记录，会运用常用数理统计工具，具有必要的数据分析能力，能出具正确的监测报告。

（4）具备适应监测工作的身体条件

① 身体健康，能够胜任日常分析化验工作。

② 无色盲、色弱、高度近视等可能影响监测工作的进行及准确度的眼疾。

③ 无与准确监测工作要求不相适应的其他疾病或者身体缺陷。

为了满足社会进步和生产发展的需要，监测人员还应具有不断提高自身思想素质和业务技术水平的学习能力，以及勤奋学习、努力钻研的进取精神。

2. 污水处理厂监测常用仪器

（1）精密仪器　包括分析天平、浊度计、pH 计、生物显微镜、分光光度计、DO 分析仪、BOD_5 测定仪、COD_{Cr} 测定仪、气相色谱仪、余氯测定仪、原子吸收分光光度计等。

（2）电气设备　包括恒温箱、可调高温炉、蒸馏水器、六联电炉、BOD_5 培养箱、电冰箱、恒温水浴箱、电烘箱、电动离心机、高压蒸汽灭菌锅、搅拌机等。

（3）玻璃仪器　包括烧杯、量筒、量杯、漏斗、试管、容量瓶、移液管、吸管、玻璃棒、酸式滴定管、碱式滴定管、刻度吸管、DO 瓶、比色管、冷凝管、酒精灯、蒸馏水瓶、碘量瓶、洗气瓶、广口瓶、称量瓶、锥形瓶、分液漏斗、圆底烧瓶、平底烧瓶、玻璃蒸发皿、平皿、玻璃管、干燥器等。

（4）其他设备　包括操作台、扭力天平、滴定管架、采样瓶、冷凝管架、漏斗架、分液漏斗架、比色管架、烧瓶夹、酒精喷灯、定量滤纸、定时钟表、温度计、搪瓷盘、防护眼镜、洗瓶刷、滴定管刷、牛角匙、白瓷板、标签纸、医用手套等。

3. 监测用水的种类

应根据监测工作的不同要求选用符合质量要求的用水。监测用水的制备一般采用离子交换法、电渗析法和蒸馏法。有些分析项目需要用特殊要求的水，如无氨水、无酚水、无二氧化碳水等。

4. 常用化学试剂的分类

目前我国生产的常用试剂规格分为以下四种，见表 1-1。

表 1-1　我国生产的常用试剂规格

等级	名称及符号	标签颜色	用途
一	保证试剂(G.R.)	绿	纯度很高,杂质含量低,用于要求较高的分析,有的可作基准物质,主要用来配制标准溶液
二	分析试剂(A.R.)	红	纯度较高,杂质含量低,用于一般分析,可配制普通溶液
三	化学纯(C.P.)	蓝	质量较分析试剂差,用于工业分析及实验
四	实验试剂(L.R.)	黄	纯度较差,杂质含量更多,用于普通实验

选择试剂时应根据需要在不降低分析结果准确度的前提下，本着节约的原则，选用合格试剂。购买试剂时应根据日常使用情况确定数量，过多会造成试剂因存放时间过长而质量下降，过少则会影响检测工作的正常进行。对新购买试剂应对其质量进行必要的检查。

5. 溶液的配制

配制溶液时应注意以下事项。

（1）溶液浓度的表示方法有质量浓度，常用单位有 g/L、mg/L 等；摩尔浓度，单位为 mol/L；还有质量分数、体积分数等。

（2）配制时所用试剂的名称、数量及有关计算，均应详细记录。

（3）当配制准确浓度的溶液时，如溶解已知量的某种基准物质或稀释某一已知浓度的溶液时，必须用经过校准的容量瓶，并准确地稀释至标线，然后充分混匀。

（4）配制酸、碱溶液时一定要将浓酸或浓碱缓慢地加入水中，并不断搅拌，待溶液温度降至室温后，再稀释到规定的体积。

（5）若溶质需加热助溶或在溶解过程中放出大量溶解热时，应在烧杯中配制，待溶解完全并冷却到室温后，再倒入试剂瓶中。

6. 试液的使用与保存

试液使用与保存时应注意以下几点。

（1）碱性试液和浓盐类试液不能用磨口玻璃瓶贮存，以免瓶塞与瓶口固结后不易打开。

（2）配制好的试液应在瓶签上写明试剂名称、浓度、配制日期、配制人、有效期及其他需注明的事项。

（3）有些标准溶液会因发生化学变化或微生物作用而变质，需要注意保存并经常进行标定；有些试液受日光照射易引起变质，这类试液应贮存于棕色瓶中。

（4）盛有试液的试剂瓶应放在试液橱内或无阳光直射的试液架上，并安装玻璃拉门，以免灰尘积聚在瓶口上而导致污染。

（5）试液瓶附近勿放置发热设备，以免使试液变质。

（6）试液瓶内液面以上的内壁，常凝聚着成片的水珠，用前应振摇，以混匀水珠和试液。

（7）取试液的吸管应预先洗净和晾干。多次或连续使用时，每次用后应妥善存放避免污染，不允许裸露平放在桌面上。

（8）同时取用相同容器盛装的几种试液，特别是当两人以上在同一台面上操作时，应注意勿将瓶塞盖错而造成交叉污染。

（9）当测定同一批样品并需对分析结果进行比较时，应使用同一批号试剂配制的试液。

（10）有毒溶液应按规定加强使用管理，不得随意倒入下水道中。

（11）已经变质、污染或失效的试液应随即废弃并妥善处置，以免与新配试液混淆而被误用。

7. 污水水样的保存

水样采集后，由于物理、化学和生物的作用会发生各种变化。为使这些变化降低到最小限度，必须对所采集的水样采取保护措施。水样的保存方法应根据不同的分析内容加以确定。

（1）充满容器或单独采样　采样时使样品充满取样瓶，样品上方没有空隙，减少运输过程中水样的晃动。有时对某些特殊项目需要单独定容采样保存，比如测定悬浮物时定容采样保存，然后可以将全部样品用于分析，防止样品分层或吸附在取样瓶壁上而影响测定结果。

（2）冷藏或冷冻　为了阻止生物活动、减少物理挥发作用和降低化学反应速率，水样通常应在 4℃ 环境下冷藏，储存在暗处。如检测 COD_{Cr}、BOD_5、氨氮、硝酸盐氮、亚硝酸盐氮、磷酸盐、硫酸盐及微生物相时，都可以使用冷藏法保存。有时也可将水样迅速冷冻，但冷冻法会使水样产生分层现象，并有可能使生物细胞破裂，导致生物体内的化学成分进入水溶液，改变水样的成分，因此尽可能不使用冷冻的方法保存水样。

（3）化学保护　向水样中投加某些化学药剂，使其中待测成分性质稳定或固定，可以确保分析的准确性。但要注意加入的保护剂不能干扰以后的测定，同时应做相应的空白试验，对测定结果进行校正。如果加入的保护剂是液体，则必须记录由此而带来的水样体积的变化。化学保护的具体方法如下。

① 加生物抑制剂，如在测定氨氮、硝酸盐氮和 COD_{Cr} 的水样中，加入 $HgCl_2$ 抑制微生物对硝酸盐氮、亚硝酸盐氮和氨氮产生的氧化或还原作用。

② 调节 pH 值，如测定 Cr^{6+} 的水样需要加 NaOH 调整 pH 值至 8，防止 Cr^{6+} 在酸性条件下被还原。

③ 加氧化剂，如在水样中加入 HNO_3（pH 值<1）和 $K_2Cr_2O_7$（0.05%），可以改善汞的稳定性。

④ 加还原剂，如在含有余氯的水样中加入适量的 $Na_2S_2O_3$ 溶液，可以把余氯除去，消除余氯对测定结果的影响。

8. 设施的使用

（1）计量器具、仪器设备由专人统一管理，并建立设备台账。

（2）新购进的国产或进口仪器设备、计量器具，统一由专人组织验收检定并会同使用部门及有关人员共同开箱验收、安装调试，并做好验收记录。

（3）定制或自制专用仪器设备应有技术检定报告和校验方法，然后才可投入使用。

（4）进口仪器设备、器具的验收，必须具有使用方法和校验部分的中文译本再组织验收。

（5）验收合格的仪器设备、计量器具按标志管理投入使用。验收不合格的仪器设备、计量器具应退货。

（6）仪器设备、计量检定装置的使用人员，必须经培训后具有较熟练的操作技能，具有上岗证，方可允许上岗操作，并保证做到严格执行仪器设备操作规程。

（7）仪器设备和计量检定装置在使用前，首先要检查新用仪器设备是否正常。使用时发现异常情况时，应当立即停止使用，及时报告负责人，并在仪器设备使用登记本上做好记录，协同仪器设备负责人进行检修。

（8）除化验室新用滴定管、刻度吸管、容量瓶进行使用前，需一次性检定外，其余玻璃量器只需经外观检查正常后，就可直接投入使用。

（9）玻璃温度计只进行使用前一次性检定，使用过程中发现面壁断柱现象应停止使用，并报技术负责人更新并检定。

（10）仪器设备、计量器具超过检定周期时，检测人员应拒绝使用。

（11）各组新配备的仪器设备、计量检定装置需确定仪器设备负责人。

（12）仪器设备的保管人员，应熟悉其负责的仪器设备、检定装置的技术性能以及操作方法和一般的维护保养知识，定期检查其性能，进行维护保养工作并做好记录。

（13）仪器设备的保管人员须保管好配件。

（14）仪器设备、检定装置，不经质量负责人同意，一律不得外借或相互调配。

（15）标准计量器具的降级或报废以计量部门的检定证书为准，任何人无权自行决定。

（16）仪器设备的报废降级，首先应由使用部门提出报告，经质量负责人审核。由技术负责人组织有关人员进行指标的验证后再予以决定，如需报废降级，经室主任审批后，报上级有关部门审批，再办理报废降级手续，并做好归档工作。

（17）所用仪器设备执行周期检定制度，必须根据其检定（校验）结果，依据国家市场监督管理总局标志使用规定分别贴合格证（绿色）、准用证（黄色）、停用证（红色）。

（18）对玻璃量器的计量进行记录。

二、污水处理厂的水质监测

1.日常监测项目

污水处理监测项目和监测频率如表 1-2 所示。

表 1-2　污水处理监测项目和监测频率

序号	项目	周期	序号	项目	周期
1	pH 值	每日一次	21	蛔虫卵	每月一次
2	SS		22	烷基苯磺酸钠	
3	BOD$_5$		23	醛类	
4	COD$_{Cr}$		24	氰化物	
5	SV		25	硫化物	
6	MLSS		26	氟化物	
7	MLVSS		27	油类	
8	DO		28	苯胺	
9	氯化物	每周一次	29	挥发酚	
10	氨氮		30	氢化物	每半年一次
11	凯氏氮		31	铜及其化合物	
12	硝酸盐氮		32	锌及其化合物	
13	亚硝酸盐氮		33	铅及其化合物	
14	总氮		34	汞及其化合物	
15	磷酸盐		35	六价铬	
16	总固体		36	总铬	
17	溶解性固体		37	总镍	
18	总有机碳		38	总镉	
19	细菌总数		39	总砷	
20	大肠菌群		40	有机磷	

2.活性污泥系统运行状况监测

为使活性污泥系统处于最佳运行状态，必须进行监测，做好详细记录，编制运行日志。通过监测，取得第一手资料，以便及时有效地调节系统的运行状态。需要监测的项目和频率视具体情况而定，如下内容仅供参考。

（1）污泥性状　反映污泥性状的参数有 SV、MLSS、MLVSS、SVI 和微生物相等。

① SV，每天 1 次，控制为 15%～30%。

② MLSS（或 MLVSS），3 天 1 次，控制为 2～3g/L。

③ SVI，3 天 1 次，用同时测得的 SV 和 MLSS 值算得，一般控制为 50～150。有些污水的正常 SVI 值较高，需由运行情况确定。

④ 污泥回流比，根据混合液 MLSS 的目标值（3～4g/L）和回流污泥 MLSS 的实际值计算并控制污泥回流比，每 3 天 1 次。

⑤ 微生物相，经常进行污泥镜检，观察它的生物相、密实性和沉淀性能。性能良好的污泥絮凝沉淀性能良好，结构密实，含大量原生动物（钟虫、轮虫等）。

（2）处理效果　反映处理效果的项目有处理水量、进出水 BOD_5、COD、SS、pH 值和氨氮等，出水指标应控制在标准范围内。

① 处理水量，1 次/12h。

② 进出水 BOD_5、氨氮，1 次/周。

③ 进出水 COD、SS，1 次/日。

④ pH 值，1 次/8h，控制出水 pH 为 6.5～8.5。

（3）污泥营养状况和环境条件　总氮、总磷、DO 和水温等。

① 总氮和总磷，1 次/周，控制进水 COD∶N∶P＝200∶5∶1，出水达标。

② DO，1 次/8h，调节曝气量，控制混合液 DO 为 2～3mg/L，二沉池出水 0.5～1mg/L。

③ 水温，1 次/4h，控制水温≤35℃。

（4）其他　记录剩余污泥排量、设备状况、电耗、药剂用量和异常现象等。

三、生产运行记录及报表

1. 生产运行记录

（1）设备运行记录主要包括除污、提升、沉砂、供气、搅拌、滗水、回流、供热、刮吸泥、浓缩、脱水、发电、沼气贮存及利用、脱硫、除臭、深度处理、电气等。

（2）应做好污水处理量、污泥处理量、污泥回流量、剩余污泥排放量、空气量、沼气产生量、发电量、排砂量、除渣量、沼气使用量等记录，并做好电、自来水、天然气、脱水及消毒药剂、除磷药剂、油品等消耗记录。

（3）各类记录和报告应进行科学管理，做到妥善保管、存放有序、查找方便；装订材料应符合存放要求，达到"实用、整洁、美观"；应定期检查记录和报告的管理情况，对破损的资料及时修补、复制或做其他技术处理。

（4）记录频次依运行情况而定。

（5）归档时应以问题、时间或重要程度形成规律、分类清楚、案卷标题确切、保管期限和密级划分准确的资料，以便于保管和利用；对新建设施或新购设备，应由相关各方配合做好原始资料的整理、移交和存档工作。

2. 计划、统计报表

（1）计划报表全面反映污水处理厂年度各项计划生产指标，一般分为年度计划报表、季度计划报表和月度计划报表；季度计划报表和月度计划报表中的各项指标由年度计划指标分解而来。

（2）统计报表是计划报表中各项指标完成情况的实际反映，报表中的数据主要来源于生产运行记录。

3. 维护、维修记录

应记录维修及保养的原因、时间、内容、合同、预算、验收及成本情况等。

4. 交接班记录

（1）接班人员在接班时应对交班记录和具体交接情况认真核实，并认真填写接班意见。

（2）双方交接过程中，如发生异议，应立即协商解决。

第二节　安全生产基本内容

一、安全生产教育

在污水处理厂的运行生产过程中，会因为一些不安全、不卫生的因素导致一些人身伤亡、设备损坏的事故，影响环境效益、社会效益、经济效益。所以应在生产运行中采取必要的防护措施，防止危害劳动者的健康与安全和设备设施的安全。污水处理工艺生产运行中需要的工种多，发生事故的苗头多。如污水处理用的电机水泵多，不注意用电安全可能会出现触电事故，不注意搬抬泵的安全可能会出现摔坏设备和砸伤职工的事故；厌氧消化池、浓缩池、检查井及地下闸门井内容易产生和累积毒性很大的 H_2S 气体，不提前鼓风通风，不检测 H_2S 含量和采取有效措施就下井、下池就可能中毒甚至死亡，还可能出现连续下井、下池救人发生群死群伤的恶性事件；污水中含有各种各样的病毒、病菌和寄生虫卵，污水处理厂工人接触污水，不注意卫生，可能感染上疾病。因此，要制定、建立、健全安全生产制度，确保安全生产，是污水处理厂正常运行的前提条件。加强对干部职工的安全教育和培训是贯彻落实各项安全生产规章制度、确保安全生产的重要保证。

（1）全体干部职工要自觉学习安全操作技术，提高业务技能。

（2）厂每月组织一次全厂性的安全学习，每年进行两次安全技能、安全知识的考核。

（3）新进厂职工必须经过厂、车间或科室、岗位三级安全教育，合格后方准上岗。

（4）调换工种人员、复工人员，必须经过车间、岗位二级安全教育，合格后方准上岗。

（5）电工、金属焊接（气割）工、机动车辆驾驶工、锅炉司炉工、压力容器操作工、有害有毒物质检测人员等特种作业人员，必须经劳动行政部门进行专门的安全技术培训，经考试合格取得操作证后，方准上岗。取得操作证的特种作业人员，必须按规定定期进行复审。

二、安全职责

1. 污水处理厂主要负责人对本单位安全生产工作负有的责任

（1）建立、健全本单位安全生产责任制。

（2）组织制定本单位安全生产规章制度和安全操作规程。

（3）保证本单位安全生产投入的有效实施。

（4）督促、检查本单位的安全生产工作，及时消除生产安全事故隐患。

（5）组织制定并实施本单位的生产事故应急救援预案。

（6）及时、如实报告生产安全事故。

2. 厂安全委员会职责

在各项工作中，贯彻执行"安全第一，预防为主"的方针，贯彻上级法令、法规及本厂规章制度。定期召开会议，分析全厂安全生产形势，研究对策，制订安全管理目标及达标措施。

3. 厂安全部门职责

（1）审查厂劳动安全技术措施计划。

（2）负责全厂职工的安全教育。

（3）负责全厂职工劳动防护用品用具的计划编制、采购、发放和使用管理。

（4）组织协调有关部门制定安全生产制度和安全操作规程，并对这些制度和规程的贯彻执行进行监督、检查。

（5）参加厂新建、改建、扩建项目劳动安全卫生工程技术措施的设计审查和竣工验收。

（6）参加厂职工伤亡事故的调查处理并负责统计上报。

4. 车间、科室安全领导小组职责

（1）落实厂劳动安全技术措施计划。

（2）负责本车间、科室职工的安全教育。

（3）负责本单位职工劳动防护用品用具的发放和使用管理。

（4）负责落实安全生产和安全操作规程，并加以检查和总结。

（5）参加本单位职工伤亡事故的调查处理并上报。

三、安全生产的一般要求

污水处理厂的工艺涉及许多方面，设备的种类也非常多，污水处理厂有高压电路、高速风机、易燃气体和压力容器等，安全生产特别重要。因此为了保证处理厂的高效正常运转，每一座污水处理厂必须有相应的运行管理、安全操作和维护保养条例。下面仅归纳了污水处理厂安全生产的一些基本要求。新建的污水处理厂可根据和参考我国相关的国家行业标准《城镇污水处理厂运行、维护及安全技术规程》（CJJ 60—2011）制定更符合本企业实际情况的条例。

污水处理厂各岗位操作人员和维修人员必须经过技术培训及生产实践，在具备了该岗位所需要的理论知识、管理知识和能力，并且掌握了岗位上的各种机电设备的性能和特点，具备操作和维护的技能，并经考试合格后方可上岗。

凡是对具有有害气体或可燃性气体的构筑物或容器进行放空清理和维修时，必须采取通风、换气等措施，待有害气体或可燃性气体含量符合规定时方可操作。通常应将甲烷含量（体积分数，下同）控制为 5% 以下，H_2S、HCN 和 CO 的含量分别控制为 4.3%、5.6% 和 12.5% 以下，同时含氧量不得低于 18%。

污泥处理区域、沼气鼓风机房、沼气锅炉房等地严禁烟火，并严禁违章明火作业；具有有害气体、易燃气体、异味、粉尘和环境潮湿的车间，必须通风，防止有害气体含量超标，危害人体健康。有电气设备的车间和易燃易爆的场所，应按消防部门的有关规定设置消防器材和消防设施，以减少发生火灾所造成的损失。

启动设备应在做好启动准备工作后进行。电源电压大于或小于额定电压5％时，启动电机会使电机过热，此时不宜启动电机。操作人员在启闭电器开关时，应按电工操作规程进行，各种设备维修时必须断电，并应在开关处悬挂维修标牌后方可操作。

雨天或冰雪天气，操作人员在构筑物上巡视或操作时应注意防滑。

污水处理厂各种机械设备应保持清洁，无漏水、漏气等。水处理构筑物堰口、池壁应保持清洁、完好。根据不同机电设备的要求，应定时检查、添加或更换润滑油或润滑脂。各种闸井内应保持无积水。清理机电设备及周围环境卫生时，严禁擦拭设备运转部位，冲洗水不得溅到电缆头和电机带电部位及润滑部位。

厂内各岗位操作人员应穿戴齐全劳保用品，做好安全防范工作。起重设备应有专人负责操作，吊物下方严禁站人。在处理构筑物护栏的明显位置上要安放救生圈或救生衣等，为落水人员提供救护用品。严禁非岗位人员启闭该岗位的机电设备。

当污水处理厂的变、配电装置在运行中发生气体继电器动作或继电保护动作跳闸、电容器或电力电缆的断路跳闸时，在未查明原因前不得重新合闸运行。在电气设备上进行倒闸操作时，应遵守"倒闸操作票"制度及有关的安全规定，并应严格按程序操作。变压器、电容器等变、配电装置在运行中发生异常情况不能排除时，应立即停止运行。电容器在重新合闸前，必须使断路器断开，将电容器放电。如隔离开关接触部分过热，应断开断路器，切断电源，不允许断电时则应降低负荷、加强监视。在变压器台上停电检修时，应使用工作票，如高压则不停电，但工作负责人应向全体工作人员说明线路有电，并加强监护。

所有高压电气设备应有标示牌。

由于各工段和构筑物有不同的工艺要求，因此具体的运行管理和安全要求还有所不同，一般需要针对工段和岗位制定相应的运行管理和安全操作规定或条例，以便增强可操作性，有关污水处理厂安全操作的规定见国家行业标准《城镇污水处理厂运行、维护及安全技术规程》。

四、防毒气

污水处理厂内存在有毒气体和有害气体，应注意预防。

（1）污水处理厂的进水渠（管道）中，各种浓缩池、地下污水、污泥闸门井、不流动的污水池内以及消毒设施内都能产生或存在有毒有害气体。这些有毒有害气体虽然种类繁多、成分复杂，但根据危害方式的不同，可将它们分为有毒气体、腐蚀性气体和易燃易爆气体三大类。

① 有毒气体是通过人的呼吸器官对人体内部其他组织器官造成危害的气体，如硫化氢、氰化氢、一氧化碳、二氧化碳等气体。

② 腐蚀性气体一般是消毒气体如氯气、臭氧、二氧化氯等，发生泄漏时，对呼吸系统起腐蚀作用而产生伤害。

③ 易燃易爆气体是通过与空气混合达到一定比例时遇明火引起燃烧甚至爆炸而造成危害，如甲烷、氢气等。

（2）在污水处理厂内产生有毒有害气体的部位设置通风装置和检测报警装置，并给相关工作人员配备个人防护器具，如空气呼吸器、防酸碱工作服和工作靴、防毒气的呼吸滤罐等。

（3）必须对职工长期不间断地进行防硫化氢等毒气的安全教育，让每一个人都熟知毒气的性质、特征，泄漏后或报警后采取正确的有保护的抢险措施和中毒后自救或他救的正确方法，避免蛮干、盲目的抢险，导致伤亡事件扩大。另外，还要用已经发生过的、全国各地已有的中毒事故案例教育职工。

五、安全用电

污水处理厂的生产用电量很大，其电费占总费用的 1/3 左右，所有工艺都要用到电机，会接触到高、低压电，不可避免要与电打交道。因此，为避免触电事故发生，用电安全知识是污水处理厂职工必须掌握的。对电气设备要经常进行安全检查，检查内容包括：电气设备绝缘有无破损，设备裸露部分是否有防护，保护接零线或接地线是否正确、可靠，保护装置是否符合要求，手提式灯具和临时局部照明等电压是否安全，安全用具、绝缘鞋、手套是否配备，电器灭火器材是否齐全，电气连接部位是否完好等。对污水处理厂职工来说，必须遵守以下安全用电要求。

（1）操作电气设备的职工必须持证上岗，也就是到电业局指定的培训点学习电工知识，合格后发证，才能操作电气设备。

（2）操作电气设备必须穿绝缘鞋，操作高压设备还应穿相应等级的绝缘靴，戴绝缘手套。

（3）损坏的电气设备应请专门电工及时修复。

（4）电气设备金属外壳应有效地接地。

（5）移动电工具要有三眼（四眼）插座，要有三芯（四芯）坚韧橡胶线或塑料护套线，室外移动性闸刀开关和插座等要装在安全电箱内。

（6）手提行灯必须要用 36V 以下电压，特别是在潮湿的地方（如水沟中，管道沟槽内有水的地方）不得超过 12V。

（7）注意使电气设备在额定容量范围内使用。各种临时线不能私自乱接，应请电工专门接线。用完后立即拆除，避免有人触电。

（8）电气设备的控制按钮应有警告牌，以备电气设备修理时用。

（9）要遵守安全用电操作规程，特别是遵守保养和检修电气的工作票制度，以及操作时使用必要的绝缘工具。

（10）要有计划地进行安全活动，如学习安全用电知识；分析发生事故的苗头；进行防触电的演习和操作。学习触电急救法，特别是触电者呼吸停止，脉搏、心脏停止跳动时，必须立即施行人工呼吸及胸外心脏按压法。这就需要电工在平常训练时熟练掌握，以备在突然发生人员触电时抢救得当、及时。

（11）污水处理厂职工还应懂得电气灭火知识，当发生电器火灾时，首先应切断电源，然后用不导电的灭火器灭火。不导电的灭火器有粉末灭火器、二氧化碳灭火器等。这些手提灭火器绝缘性能好，但射程不远，所以灭火时，不能站得太远，应站在上风向灭火。

六、防溺水和防高空坠落

污水处理厂构筑物大都是有水的池子，如曝气池、沉砂池、预浓缩池、消化池等，防止掉入池中溺水尤为重要。这些池子离地面有一定的高度，因此还应防坠落。

（1）水池周边必须设置若干救生圈，救生圈应拴上足够长的绳子，以备急救时用。

（2）在水池周边工作时，应穿救生衣，以防落入水中。

（3）水池周边必须设置可靠护栏，栏杆高度应高于1.2m。在需要职工工作的通道上要设置开关可靠的活动护栏，方便工作。

（4）水池上的走道不能有障碍物、凸出的螺栓根、横在道路上的东西，防止巡视时不小心被绊倒。

（5）水池上的走道面不能太光滑，也不能高低不平，给工作人员一条安全行走通道。

（6）在水池周边工作时，不要单独行动，应至少两人，一人操作，一人监护。在曝气池工作时，还要扎上安全带，以防坠落曝气池时，可马上拽出水面，以确保安全。

（7）污水处理厂中的钢格板、铁栅栏、检查井盖、压力井盖等易被腐蚀。发现有腐蚀严重、缺失、损坏时应及时更换和维修，以免工作人员不注意，坠入井中或地下，造成伤亡。

（8）登高作业包括换水池上的灯泡、到水池的桥上工作等，放空水池后要进出空池作业也相当于登高作业。登高作业时应牢记"三件宝"（安全帽、安全带、安全网），并遵守登高作业的其他一系列规定。

（9）当遇恶劣天气如刮风天、有雷雨天、下大雪、结冻天气、下冰雹等，不应登高作业。确因抢险要登高作业，必须采取特别的安全措施，确保不发生危险。

七、防雷

（1）雷雨天不宜使用电话，不宜使用水龙头，以避免高压电沿接受信号线或金属管道进入人体造成危害。

（2）在户外工作遇雷雨天气应尽量进入室内，必须在户外工作时应穿不透水的防水雨衣和绝缘水靴，离开空旷场地和水池面。更不能站在楼顶或凸出的物体上。要远离树木、电线杆、灯杆等尖耸物体。

（3）切勿接触金属门窗、电线、带电设备或其他类似金属装置。

（4）在室内避雷时应关闭门窗，防止球形雷侵入，最好不要收看电视、听收音机、操作计算机等，也不要接触室内的金属管道、电线等。

（5）污水处理厂构筑物、变配电站都要设避雷装置。

八、防火防爆

1. 火灾与爆炸

（1）火灾　凡是超出有效范围的燃烧，造成人身和财产损失的称为火灾，否则称为火警。燃烧必须同时具备三个基本条件，即有**可燃物**存在（如固体物质如木材等，液体物质如汽油等，气体物质如甲烷等），有**助燃物**存在（如空气中的氧气），有**点火源**存在（如电气火花、静电火花、机械摩擦或撞击产生的火花等），也称三要素。三个条件缺一不可，否则不会引起燃烧。而灭火的基本原理就是消除其中任意一条件即可。

（2）爆炸　**爆炸**是指物质由一种状态迅速地变为另一种状态，并在瞬间放出巨大能量，同时产生的气体以很大的压力向四周扩散，伴随着巨大的声响。爆炸可分为物理性爆炸和化学性爆炸。**物理性爆炸**是指物质因状态或压力突变（如温度、体积和压力）等物理性因素形成的爆炸，在爆炸前后，爆炸物质的性质和化学成分均不变（如蒸汽锅炉爆炸）。而**化学性**

爆炸是指物质在短时间内发生化学反应，形成其他物质，产生大量气体和高温现象（如可燃气体、液体爆炸）。火灾与爆炸是相辅相成的，燃烧的三个要素一般也是发生化学性爆炸的必要条件，而且可燃物质与助燃物质必须预先均匀混合，并以一定的浓度比例组成爆炸性混合物，遇着火源才会爆炸，这个浓度范围叫做**爆炸极限**。爆炸性混合物能发生爆炸的最低浓度叫爆炸下限，反之为爆炸上限。物理性爆炸的必要条件是压力超过一定空间或容器所能承受的极限强度。而防爆的基本原理同样也是消除其中任意一条必要的条件。

2. 防火防爆措施

（1）污水处理厂防火防爆应首先划出重点防火防爆区（如污泥消化区），重点防火防爆区的电机、设备设施都要用防爆类型的，并安装检测装置、报警器。进入该区禁止带火种、打手机、穿铁钉鞋或有静电工作服等。重点部位设置防火器材。

（2）学习掌握有关安全法规，防火防爆安全技术知识，防火防爆器材操作。平常按计划要求严格训练，定期或不定期进行安全检查，及时发现并消除安全隐患，做到"安全第一，预防为主"。配备专用有效的消防器材、安全保险装置和设施，专人负责确保其随时可用于灭火。

（3）消除火源，易燃易爆区域严禁吸烟。维修动火实行危险作业填动火票制度。易产生电气火花、静电火花、雷击火花、摩擦和撞击火花处应采取相应的防护措施。

（4）控制易燃、助燃、易爆物，少用或不用易燃、助燃、爆炸物。用时要加强密封，防止泄漏。加强通风，降低可燃、助燃、爆炸物浓度，使之达不到爆炸极限或燃烧条件。

第三节　应急预案

污水厂应根据实际情况制订应急预案，包括：触电应急预案、有毒有害气体中毒应急预案、防汛应急预案、氯气泄漏应急预案、消防应急预案、自然灾害预案等。为了将中毒事故发生时对环境影响和对人身伤害降到最小，避免和减少人员伤害，可结合工厂的实际情况特别制订应急预案。

一、中毒可能发生的部位和造成的影响

1. 中毒可能发生的部位

（1）加氯间液氯泄漏会引起人员中毒；

（2）泥区因沼气泄漏会引起人员中毒，包括：沼气柜、沼气发电、沼气锅炉、泥区消化池顶部、沼气流量计间、污泥控制室管道间等；

（3）厂内下井作业硫化氢、沼气、一氧化碳超标会引起人员中毒；

（4）食堂天然气管道泄漏会引起人员中毒。

2. 造成的影响

（1）有毒有害气体扩散污染大气；

（2）人身伤害；

（3）影响正常运行；

（4）造成不良影响。

二、应急组织和职责

1. 公司成立应急指挥部
（1）总指挥：负责应急时的全面指挥工作，负责宣布应急预案的启动和解除。
（2）副总指挥：负责现场指挥各专业应急小组。
总指挥在事故发生时不在单位内时，总指挥工作由公司副总经理担任。

2. 应急指挥部下设组织
（1）通信联络组：负责公司内外部通信联络和信息沟通；
（2）疏散救护组：负责现场人员疏散和伤员救护；
（3）现场警戒组：负责现场警戒和现场保护；
（4）抢险组：负责现场抢险和配合外部支援；
（5）善后处理组：负责事故善后处理和生产恢复。

三、报警方式

（1）发生事故时，第一时间发现者应立刻报警，向中心控制室或调度中心、安技部门和厂领导报告。
（2）应有中控室或调度中心、安技部门、值班领导、附近医院、急救中心联系电话。
（3）设有报警装置的部位，应按动报警按钮。值班室接警后立即报告中心控制室或调度中心、安技部门、值班领导。
（4）由值班领导决定是否启动应急救援预案，向应急组织总指挥报告，请求外部支援。

四、中毒的预防措施

1. 加氯间液氯泄漏的防范措施
（1）提高员工的安全防火意识及应急处理的能力；
（2）定期对加氯设备、加氯管路、氯瓶节门等部位进行检查；
（3）定期对报警系统、吸收系统进行自检；
（4）配备相应的灭火器材；
（5）配备相应的安全防护用具；
（6）设置专用的蓄水池；
（7）配备专用的抢修工具。

2. 泥区沼气泄漏的防范措施
（1）定期对产生沼气部位的管路、节门、阀门、安全阀等进行检查、维护；
（2）定期对产生沼气的部位进行气体检测；
（3）严格控制沼气的产量；
（4）配备相应的消防设施、器材及可燃可爆气体监测仪等安全设备；
（5）配备劳动防护用具。

3. 井下作业有毒有害气体中毒预防措施
（1）需下井作业时，必须履行审批手续；
（2）下井作业前应做好降水、置换、通风等准备工作；

（3）下井作业前，应对井下有毒有害气体进行检测，气体一旦超标禁止下井作业；

（4）下井作业前，必须对闸板、闸门进行检查；

（5）维修人员下井前，应穿戴齐全相应的安全防护用具、用品；

（6）制订相应的防护措施；

（7）下井作业时，井上应有两人监护；

（8）应配备应急所用的物资。

4. 食堂煤气中毒的预防措施

（1）定期对阀门、管路进行检查、维护；

（2）加强通风设施的检查，确保通风设施的完好、有效；

（3）确保安全出口通畅。

五、应急预案的实施

（1）当发生中毒事故时，事故应急指挥部总指挥宣布紧急启动中毒应急预案。

（2）事故应急指挥部成员在接到总指挥命令后，应立即召集并组织各专业组到达事故现场。

（3）各专业组人员到达现场后，首先要摸清或确认中毒事故发生的位置、人员伤害情况，然后根据具体要求按各自职责和分工开展工作。

（4）现场警戒组人员应在事故现场周围按规定范围设置路障和标志带，以便控制通往事故现场的所有人行通道和交通道路，避免无关人员和车辆的驶入。

（5）疏散救护组人员应按规定路线、方法和程序将现场需要疏散的人员引导到安全地带，并点名登记，查清人数，确认可能缺少的人员。如发现有受伤人员应采取必要的现场处置，伤势较重者要立即送往离事故现场最近的医院进行抢救，或请求120急救中心支援。

（6）抢险组人员应按职责和分工的要求，立即赶赴事故发生地，对国家财产和需救助的人员进行紧急抢险工作。

（7）善后处理组人员在救援工作结束后，进入事故现场开展相关工作。首先要进行事故现场的清理，处理废弃物，而后要对事故现场情况进行文字记载，组织相关人员初步调查事故原因，为恢复安全生产做准备。

（8）当事故妥善处理完毕后，由事故应急指挥部总指挥公布结束应急预案，事故现场警戒线撤除后，生产方可恢复。

六、人员中毒救援一般注意事项

（1）救援人员要配戴齐全、合格的防护用品（空气呼吸器、防毒面罩、安全带、安全绳等），在监护人的保护下，在条件允许的情况下，进入事故场所实施救护。

（2）救援人员不能蛮干，要听从指挥，合理救助，确保安全，减少事故伤亡和经济损失。

七、加氯间液氯泄漏、沼气泄漏、煤气中毒扑救注意事项

1. 加氯间液氯泄漏引起人员中毒救护注意事项

（1）应穿戴好防护用具，迅速、及时将中毒者搬离中毒场所。

（2）如果是皮肤接触，立即脱去被污染的衣物，用大量流动清水冲洗，清洗后就医。

（3）如果是眼睛接触，提起眼睑，用流动的清水或生理盐水冲洗、就医。

（4）如果吸入氯气，造成心跳停止时，立即进行人工呼吸和胸外心脏按压法急救，并就医；在医护人员到来之前，不能停止救护，不应轻易放弃救护。

2. 沼气泄漏、下井作业引起人员中毒救护注意事项

（1）应迅速、及时将中毒者搬离中毒场所，移到空气新鲜的上风口处，让中毒者平躺在地上，解开中毒者的上衣、领扣和腰带，以维持呼吸道通畅，并做好保暖。切忌多人围观，保证空气流动畅通。

（2）当中毒者出现昏迷时，立即进行人工呼吸；中毒者在极短时间内出现呼吸浅表或停止，救护者应立即对中毒者实施人工呼吸；出现心跳停止时，立即进行胸外心脏按压，在医护人员到来之前，不能停止救护，不应轻易放弃救护。

（3）在抢救中毒人员的同时，要立即停止毒气输送，切断毒源、电源。

（4）在防护措施齐全的前提下，监测气体浓度，置换空气，清理现场。

（5）协助专业医护人员做好救护和转送中毒者。

3. 食堂煤气泄漏引起中毒扑救注意事项

（1）食堂煤气泄漏引起人员中毒，应先关闭所有管道阀门及气罐总节门，迅速将中毒人员转移至空气新鲜的区域进行救助。

（2）同时将所有门窗、排风口全部打开。

（3）中毒人员如有头昏、呕吐现象，应及时送往医院治疗。

八、应急设备和物资

（1）应准备有毒有害气体监测仪、防毒面具和空压机、空气呼吸器、安全带、绳索、梯子、药品、无线电话、车辆等。

（2）安全撤离通道设置安全应急灯和逃生标志。

九、应急预案的培训和演练

（1）安技部门负责厂内各岗位人员的应急预案的传达和培训。

（2）安技部门组织本应急预案的相关程序进行演练，演练做好记录，并以此评审和修改应急预案。

十、事故的处理

（1）事故发生后，各部门应立即清点本部门人员和受损物资情况，向安技部门书面汇报。

（2）设备动力部门配合相关部门对受损设备尽快修复并投入生产使用。

（3）安技部门按有关规定成立事故调查小组，调查发生原因，并按"四不放过"的原则进行事故处理，提出事故报告，报厂主管经理。

（4）事故发生部门总结本次事件的教训，在全体员工中实行安全事故的案例教育和有关培训，必要时开展纠正和预防措施，杜绝类似事件的再次发生。

练习题

1. 选择题

（1）纯度很高，杂质含量低，用于要求较高的分析，有的可作基准物质，主要用来配制标准溶液的试剂是（　　）。

A. 保证试剂（G. R.）　　　　　　　　　B. 分析试剂（A. R.）

C. 化学纯（C. P.）　　　　　　　　　　D. 实验试剂（L. R.）

（2）二氧化硫是（　　）。

A. 窒息性毒物　　　　B. 刺激性毒物　　　　C. 麻醉性毒物　　　　D. 其他毒物

（3）凡是在具有有害气体或可燃性气体的构筑物或容器进行放空清理和维修时，通常应将甲烷含量（体积分数）控制为（　　）以下。

A. 5%　　　　　　　　B. 5.6%　　　　　　　C. 12.5%　　　　　　　D. 18%

2. 填空题

（1）污水水样的化学保护的具体方法有_____、_____、_____和_____。

（2）反映污泥性状的参数有_____、_____、_____、_____和_____等。

（3）中毒程度分为_____、_____、_____。

（4）"燃烧三要素"是指_____、_____、_____。

3. 判断题

（1）配制酸、碱溶液时一定要将水缓慢地加入浓酸或浓碱中，并不断搅拌，待溶液温度降至室温后，才能稀释到规定的体积。　　　　　　　　　　　　　　　　（　　）

（2）碱性试液和浓盐类试液用磨口玻璃瓶贮存。　　　　　　　　　　　　（　　）

（3）凡是在具有有害气体或可燃性气体的构筑物或容器进行放空清理和维修时，必须采取通风、换气等措施，待有害气体或可燃性气体含量符合规定时，方可操作。　（　　）

（4）在水池周边工作时，不要单独行动，应至少两人，一人操作，一人监护。　（　　）

4. 简答题

（1）配制溶液时应注意哪些问题？

（2）活性污泥系统运行状况检测项目和频率是什么？

（3）污水处理厂的有毒有害气体有哪些？

（4）污水处理厂防火防爆措施有哪些？

第二章　水处理常用机械设备的维护

本章学习目标

了解离心水泵、潜水排污泵、螺旋泵、螺杆泵的结构和工作原理。

了解罗茨鼓风机、离心鼓风机的结构和工作原理。

熟悉刮砂机、刮泥机、刮吸泥机的检修。

能对各种水泵进行检修与维护。

能对各种风机进行检修与维护。

能对各种脱水机、滗水器、曝气设备和各种阀门进行检修。

素质目标

培养科学严谨、精益求精的生态环保工匠精神。

养成机械设备维护意识。

第一节　水　　泵

一、水泵的种类与性能

在污水处理厂中，各种水泵担负着输送污水、污泥及浮渣等任务，是污水处理系统中必不可少的通用设备。水泵按其工作原理分为叶片泵、容积泵和其他类水泵。叶片泵是利用工作叶轮的旋转运动产生的离心力将液体吸入和压出，叶片泵又分为离心泵、轴流泵和混流泵。容积泵是依靠工作室容积的变化压送液体，有往复泵和转子泵两种。往复泵工作室容积的变化是利用泵的活塞或柱塞往复运动，转子泵工作室容积的变化是利用转子的旋转运动。螺杆泵、隔膜泵及转子式泵等都属于容积泵。叶片泵、容积泵之外的水泵统称为其他类水泵。

污水处理厂中常用的水泵有离心泵、潜水泵、螺旋泵、螺杆泵、轴流泵、混流泵和计量泵等。此处重点介绍前四种。

1. 离心泵

离心泵是利用叶轮旋转而使水产生的离心力来工作的。水泵在启动前，必须使泵壳和吸水管内充满水，然后启动电机，使泵轴带动叶轮和水做高

2-1 B 型离心泵
分解动画

速旋转运动，水在离心力的作用下，被甩向叶轮外缘，经蜗形泵壳的流道流入水泵的压水管路。水泵叶轮中心处由于水在离心力的作用下被甩出后形成真空，吸水池中的水便在大气压力的作用下被压进泵壳内，叶轮通过不停地转动，使得水在叶轮的作用下不断流入与流出，达到了输送水的目的。离心泵的主要部件有叶轮、泵壳、泵轴、轴承、减漏环、轴封装置等。

（1）叶轮　叶轮是泵的核心组成部分，它可使水获得动能而产生流动。叶轮由叶片、盖板和轮毂组成，主要由铸铁、铸钢和青铜制成。

叶轮一般分为单吸式和双吸式两种。叶轮的形式有封闭式、半开式和敞开式三种。按其盖板情况又可分为封闭式、敞开式和半开式三种。污水泵往往采用封闭式叶轮单槽道或双槽道结构，以防止杂物堵塞；砂泵则往往采用半开式及敞开式结构，以防止砂粒对叶轮的磨损及堵塞。

（2）泵壳　泵壳由泵盖和泵体组成。泵体包括泵的吸水口、蜗壳形流道和泵的出水口。蜗壳形流道沿流出的方向不断增大，可使其中水流的速度保持不变，以减少由于流速的变化而产生的能量损失。泵的出水口处有一段扩散形的锥形管，水流随着断面的增大，速度逐渐减小，而压力逐渐增大，水的动能转化为势能。一般在泵体顶部设有放气或加水的螺孔，以便在水泵启动前用来抽真空或灌水。在泵体底部设有放水螺孔，当泵停用时，泵内的水由此放出，以防冻和防腐。

（3）泵轴　泵轴用来带动叶轮旋转，它的材料要求有足够的强度与刚度，一般用经过热处理的优质钢制成。泵轴的直度要求非常高，任何微小的弯曲都可能造成叶轮的摆动，一定要小心，勿使其变形。泵轴一端用键、叶轮螺母和外舌止退圈固定叶轮，另一端装联轴器与电机或者与其他原动机相连。为了防止填料与轴直接摩擦，有些离心泵的轴在与填料接触部位装有保护套，以便磨损后可以及时更换。

（4）轴承　轴承用以支持转动部分的重量以及承受运行时的轴向力及径向力。一般来说，卧式泵以径向力为主，立式泵以轴向力为主。有的大型泵为了降低轴承温度，在轴承上安装了轴承降温水套，用循环的净水冷却轴承。

（5）减漏环　又称密封环。在转动的叶轮吸入口的外缘与固定的泵体内缘存在一个间隙，它是水泵内高低压的一个界面。这个间隙如果过大，则泵体内高压水便会经过此间隙回漏到叶轮的吸水侧，从而降低水泵的效率。如果间隙太小，叶轮的转动就会与泵体发生摩擦，特别是水中含有砂粒时更会加剧这种摩擦。为了保护叶轮和泵体，同时为了减少漏水损失，在叶轮的吸入口与泵体的同一部位安装减漏环。减漏环有单环形、双环形和双环迷宫形。

（6）轴封装置　在轴穿出泵盖处，为了防止高压水通过转动间隙流出及空气流入泵内，必须设置轴封装置。轴封装置有填料盒密封和机械密封。

① 填料盒密封。填料盒密封是国内水泵使用最广泛的一种轴承装置。填料又称盘根，常用的有浸油石棉盘根、石棉石墨盘根。近年来碳纤维盘根及聚四氟乙烯盘根也相继出现，其使用效果要好于前者，但是成本较高。盘根的断面大部分为方形，它的作用是填充间隙进行密封，通常为4～6圈，填料的中部装有水封环，是一个中间凹外圈凸的圆环，该环对准水封管，环上开有若干小孔。当泵运行时，泵内的高压水通过水封管进入水封环渗入填料进行水封，同时还起到冷却及润滑泵轴的作用。填料压紧的程度用压盖上的螺钉来调节。如压得过紧，虽然能减少泄漏，但填料与轴摩擦损失增加，消耗功率也大，甚至发生抱轴现象，使轴过快磨损；压得过松，则达不到密封效果。因此，应保持密封部位每分钟25～150滴水

为宜，但具体的泵应根据其说明书的要求来控制滴水的频率。

② 机械密封。又称端面密封。机械密封主要依靠液体的压力和压紧元件的压力，使密封端面上产生适当的压力和保持一层极薄的液体膜而达到密封的目的。

2. 潜水泵

潜水泵的特点是机泵一体化，可长期潜入水中。近年来，潜水泵在给水排水工程中应用越来越广泛。潜水泵按其用途分给水泵和排污泵。潜水排污泵按其叶轮的形式分离心式、轴流式和混流式。图 2-1 为潜水泵内部结构。

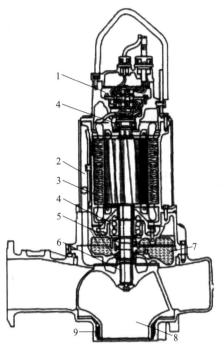

图 2-1　潜水泵内部结构图
1—接线腔；2—冷却筒；3—电机；
4—轴承；5—机械密封；6—轴；
7—油腔；8—叶轮；9—密封环

离心式潜水泵的工作原理、特性曲线及计算方法与前述离心泵是基本相同的，可根据每台泵的说明书或样本中所给的性能曲线及现场的实际情况计算该台水泵的流量、扬程、效率等参数。与一般离心泵相比，潜水泵的特点是全泵（包括电机）潜入水下工作，因此这种泵的结构紧凑、体积小。由于安装这种泵不需要牢固的基座，不需要庞大的泵房及辅助设备，不需要吸水及吸水阀门，更不需要吸水泵、真空泵等设施，因此可以在很大程度上节约构筑物及辅助设备的费用。大部分潜水泵维修时可将其从水中整体吊出，而不需要排空吸入的积水，因此检修工作比一般离心泵要方便一些。由于全泵潜入水中，因此不存在最大允许吸上真空高度问题，也不会发生气蚀现象。潜水泵的缺点是，对电机的密封要求非常严格，如果密封质量不好，或者使用管理不好，会因漏水而烧坏电机。

（1）潜水泵电机的冷却　潜水泵电机由于其密封的结构限制，不可能像一般电机那样用风扇来冷却定子与转子。它的冷却介质只能是运转介质的水。一般来说，小型潜水泵由于电机产生的热量不多，可利用电机壳体上轴向分布的散热片来将热量导入水中。对于大中型潜水泵，由于电机产生的热量很多，要采用强制冷却的方法。这些水泵的定子外室有一冷却水套，冷却水套与蜗壳相通，在叶轮旋转时，靠叶轮背部的小叶片使泵体内部产生的少量水流入定子室外圈的水套中，由水套上部的排水口排出，进行强制循环冷却。

综上所述，潜水泵是靠其周围的冷却水套来冷却电机和轴承的，因此潜水泵不允许长时间空车运行，否则电机会因热量散不出去而烧坏。

（2）潜水泵的密封　由于潜水泵的电机长年在水下工作，而电机又需要在干燥的环境里才能保持其定子线圈与转子的绝缘，因此潜水泵电机的密封质量是其能否运行的关键。这些密封主要分为两大类，即无相对运动的密封和有相对运动的密封。潜水电机电缆与接线盒之间的密封、上下壳体之间的密封以及电机壳体与泵体之间的密封，均属于无相对运动的密封。这些密封处除电缆进入电机的密封属于专用密封以外，其余部位一般采用标准 O 形橡胶圈加不干性密封胶。这些部位只要密封件完好，操作得当，其密封质量是容易保证的。

潜水泵电机的输出轴与电机壳体之间的密封属于有相对运动的密封，这种密封又称为机械密封。如何保证高速运转的轴与壳体之间不漏水是关键,因为80%以上的潜水泵漏水事故发生在这里。国内外潜水泵机械密封的形式多种多样,但大致可以分为两类:径向密封,是利用弹性材料如氯丁橡胶制成的有骨架和无骨架的密封环来达到密封的目的;端面密封,是利用一对或两对高硬度材料制成的环(如碳化硅、金属陶瓷),两个环的端面具有较高的精度和光洁度,两个高光洁度的平面压在一起既可相对运动又可保证泥水在电机室隔开。

径向密封的生产工艺简单,成本低廉,维修更换方便,但易磨损,特别是含泥沙较多的水质会使其寿命减少;而端面密封属于高科技产品,生产工艺复杂,成本较高,而且必须由原水泵生产厂提供专用密封件,但其密封性好,对泥沙抵抗力强,耐高温,寿命长。

3. 螺旋泵

螺旋泵也称阿基米德螺旋泵,是利用螺旋推进原理来提水的。螺旋倾斜放置在泵槽中,螺旋的下部浸入水下,由于螺旋轴对水面的倾角小于螺旋叶片的倾角,当螺旋泵低速旋转时,水就沿螺旋轴一级一级地往上提升,最后升高到螺旋泵槽的最高点流出。螺旋泵装置主要由电动机、变速装置、泵轴、叶片、轴承座、泵壳等部分组成,如图2-2所示。在城市污水处理厂中,螺旋泵多数用于回流污泥的提升。

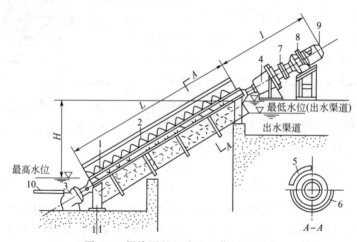

图 2-2　螺旋泵的组成及工作原理示意
1—螺旋轴;2—轴心管;3—下轴承座;4—上轴承座;5—罩壳;
6—泵壳;7—联轴器;8—减速箱;9—电动机;10—润滑水管;11—支架

4. 螺杆泵

螺杆泵分单螺杆泵(图2-3)、双螺杆泵及三螺杆泵,污水处理厂的污泥输出主要使用单螺杆泵(下面简称螺杆泵)。

螺杆泵又称莫诺泵,它是一种有独特工作方式的容积泵,主要由驱动马达及减速机、连轴杆及连杆箱(又称吸入室)、定子、转子等部分组成。

(1)转子　它是一根具有大导程的螺杆,根据所输送介质的不同,转子由高强度合金钢、不锈钢等制成。为了抵抗介质对转子表面的磨损,转子的表面都经过硬化处理,或者镀一层抗腐蚀、高硬度的铬。转子表面的光洁度非常高,这样才能保证转子在定子中转动自如,并减少对定子橡胶的磨损。转子在其吸入端通过联轴器等与连轴杆连接,在其排出端则是自由状态。在污水处理行业,螺杆泵所输出的主要介质有生污泥、消化污泥以及浮渣等,这些介质有较强的腐蚀性及较多砂粒,因而螺杆泵的转子都采用高强度合金钢表面硬化处理并镀铬而成。

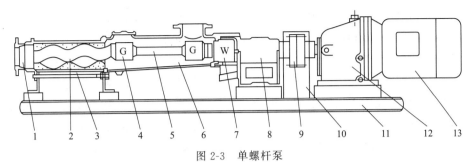

图 2-3 单螺杆泵

1—排出室；2—转子；3—定子；4，5，9—联轴器；6—吸入室；
7—轴封；8—轴承座；10—联轴器罩；11—底座；12—减速箱机；13—电动机

（2）定子 外壳一般用钢管制成，两端由法兰与连杆箱及排出管连接，钢管内是一个具有双头螺线的弹性衬套，用橡胶或者合成橡胶等材料制成。

（3）连轴杆 由于转子在做行星转动时有较大的摆动，与之连接的连轴杆也必须随之摆动，目前常用的有两种连轴杆，一种是使用特殊的高弹性材料制成的挠性连轴杆。它的两端与减速机输出轴和转子之间用法兰做刚性连接，靠连轴杆本身的挠曲性去驱动转子转动并随转子摆动。为了防止介质中的砂粒对挠性轴的磨损和介质对轴的腐蚀，在轴的外部包裹有橡胶及塑料护管。另一种是在连轴杆的两端，在与转子的连接处和与减速机输出轴的连接处各安装一个方向连轴节，这样就可以在驱动转子转动的同时适应转子的摆动。为了保护连轴节不受泥沙的磨损，每一个连轴节上都有专用的橡胶护套。有些螺杆泵为了输送一些自吸性差的物质（如浮渣），在吸入腔内的连轴杆上还设置了螺旋输送装置。

（4）减速机与轴承架 一般在污水处理厂用作输送污泥与浮渣的螺杆泵，其转子的转速为 $150\sim400r/min$，因此必须设置减速装置。减速机采用一级至两级齿轮减速，一些需要调节转速的螺杆泵还在减速机上安装了变速装置。减速机使用重载齿轮油来润滑。为了防止连轴杆的摆动对减速机的影响，在减速机与连轴杆之间还设置了一个轴承座，用以承受摆动所造成的交变径向力。

（5）螺杆泵的密封 螺杆泵的吸入室与轴承座之间的密封是关键的密封部位，一般有三种密封方式。

① 填料密封。这是使用较为广泛的密封方式，由填料盒、填料及压盖等构成，利用介质中的水作为密封、润滑及冷却液体。

② 带轴封液的填料密封。在塑料圈填料中加进一个带有很多水孔的填料环，用清水式缓冲液提供密封压力、润滑和防止介质中的有害物质及空气对填料及轴径的侵害，这种方式操作较为复杂，但能大大提高填料的寿命。

③ 机械密封。机械密封的形式很多，如单端面及双端面。它的密封效果较好，无滴漏或有很少滴漏，但有时需要加接循环冷却水系统。

二、水泵的检修

1. 离心泵的维护与检修

离心泵一般一年大修一次，累计运行时间未满 2000h，可按具体情况适当延长。其内容如下。

（1）泵轴弯曲超过原直径的 0.05% 时，应校正。泵轴和轴套间的不同心度不应超过 0.05mm，超过时要重新更换轴套。水泵轴锈蚀或磨损超过原直径的 2% 时，应更换新轴。

（2）轴套有规则的磨损超过原直径的 3%、不规则磨损超过原直径的 2% 时，均需换新。同时，检查轴和轴套的接触面有无渗水痕迹，轴套与叶轮间纸垫是否完整，不合要求应修正或更换。新轴套装紧后和轴承的不同心度，不宜超过 0.02mm。

（3）叶轮及叶片若有裂纹、损伤及腐蚀等情况，轻者可采用环氧树脂等修补，严重者要更换新叶轮。叶轮和轴的连接部位如有松动和渗水，应修正或者更换连接键，叶轮装上泵轴后的晃动值不得超过 0.05mm（这一数值仅供参考，有些高速叶轮对晃动值的要求会更高一些）。修整或更换过的叶轮要求校验动平衡及静平衡，如果超出允许范围应及时修正，例如将较重的一侧锉掉一些等，但是禁止用在叶轮上钻孔的方法来实现平衡，以免在钻孔处出现应力集中造成的破坏。

（4）检查密封环有无裂纹及磨损，它与叶轮的径向间隙不宜超过规定的最大值、允许值，超过时应该换新。在更换密封环时，应将叶轮吸水口处外径车削，原则是见光即可。车削时要注意与轴同心。然后将密封环内径按配合间隙值车削好尺寸，密封环与叶轮之间的轴向间隙以 3~5mm 为宜。

（5）滚珠轴承及轴承盖都要清洗干净，如轴承有点蚀、裂纹或者游隙超标，要及时更换。更换时轴承等级不得低于原装轴承的等级。更换前应用塞规测量游隙，大型水泵每次大修时应清理轴承冷却水套中的水垢及杂物，以保证水流通畅。

（6）填料函压盖在轴或轴套上应移动自如，压盖内孔和轴或轴套的间隙保持均匀，磨损不得超过 3%，超过要嵌补或者更新。水封管路要保持畅通。

（7）清理泵壳内的铁锈，如有较大凹坑应修补，清理后重新涂刷防锈漆。

（8）对吸水底阀要求检修，动作要灵活，密封要良好。采用真空泵引水的要保证吸水管阀无漏气现象，真空泵要保持完好。

（9）检查止回阀门的工作状况，密封圈是否密封，销子是否磨损过多，缓冲器及其他装置是否有效，如有损坏应及时维修或更换。

（10）出水控制阀门要及时检查和更换填料，以防止漏水。

（11）水泵上的压力表、真空表，每年应由权威计量部门校验一次，并清理管路及阀门。

（12）检查与电机相连的联轴器是否连接良好，键与键槽的配合有无松动现象，并及时修正。

（13）电动机的维修应由专业电工维修人员进行，禁止无证人员拆修电机。

（14）如遇灾难性情况，如大水将地下泵房淹没等，应及时排除积水，清洗并烘干电机及其他电器，并证明所有电器及机械设施完好后方可试运行。

离心泵常见故障及其排除见表 2-1。

表 2-1　离心泵常见的故障及其排除

故障	产生原因	排除方法
启动后水泵不出水或出水不足	1.泵壳内有空气,灌泵工作没做好; 2.吸水管路及填料有漏气; 3.水泵转向不对; 4.水泵转速太低; 5.叶轮进水口或流道堵塞; 6.底阀堵塞或漏水; 7.吸水井水位下降,水泵安装高度太大; 8.减漏环及叶轮磨损; 9.水面产生漩涡,空气带入泵内; 10.水封管堵塞	1.继续灌水或抽气; 2.堵塞漏气,适当压紧填料; 3.对换一对接线,改变转向; 4.检查电路,是否电压太低; 5.揭开泵盖,清除杂物; 6.清除杂物或修理; 7.核算吸水高度,必要时降低安装高度; 8.更换磨损零件; 9.加大吸水口淹没深度或采取防止措施; 10.拆下清通

续表

故障	产生原因	排除方法
水泵开启不动或启动后轴功率过大	1. 填料压得太死,泵轴弯曲,轴承磨损; 2. 多级泵中平衡孔堵塞或回水管堵塞; 3. 靠背轮间隙太小,运行中两轴相顶; 4. 电压太低; 5. 实际液体的相对密度远大于设计液体的相对密度; 6. 流量太大,超过使用范围太多	1. 松一点压盖,矫直泵轴,更换轴承; 2. 清除杂物,疏通回水管路; 3. 调整靠背轮间隙; 4. 检查电路,向电力部门反映情况; 5. 更换电动机,提高功率; 6. 关小出水闸阀
水泵机组振动和噪声	1. 地脚螺栓松动或没填实; 2. 安装不良,联轴器不同心或泵轴弯曲; 3. 水泵产生气蚀; 4. 轴承损坏或磨损; 5. 基础松软; 6. 泵内有严重摩擦; 7. 出水管存留空气	1. 拧紧并填实地脚螺栓; 2. 找正联轴器不同心度,矫直或换轴; 3. 降低吸水高度,减少水头损失; 4. 更换轴承; 5. 加固基础; 6. 检查咬住部位; 7. 在存留空气处,加装排气阀
轴承发热	1. 轴承损坏; 2. 轴承缺油或油太多(使用黄油时); 3. 油质不良,不干净; 4. 轴弯曲或联轴器没找正; 5. 滑动轴承的甩油环不起作用; 6. 叶轮平衡孔堵塞,使泵轴向力不能平衡; 7. 多级泵平衡轴向力装置失去作用	1. 更换轴承; 2. 按规定油面加油,去掉多余黄油; 3. 更换合格润滑油; 4. 矫直或更换泵轴的正联轴器; 5. 放正油环位置或更换油环; 6. 清除平衡孔上堵塞的杂物; 7. 检查回水管是否堵塞,联轴器是否相碰,平衡盘是否损坏
电动机过载	1. 转速高于额定转速; 2. 水泵流量过大,扬程低; 3. 电动机或水泵发生机械损坏	1. 检查电路及电动机; 2. 关小闸阀; 3. 检查电动机及水泵
填料处发热、漏渗水过少或没有	1. 填料压得太紧; 2. 填料环装的位置不对; 3. 水封管堵塞; 4. 填料盒与轴不同心	1. 调整松紧度,使滴水呈滴状连续渗出; 2. 调整填料环位置,使它正好对准水封管口; 3. 疏通水封管; 4. 检修,改正不同心地方

2. 螺杆泵的运行维护

螺杆泵在初次启动前,应对集泥池、进泥管线等进行清理,以防止在施工中遗落的石块、水泥块及其他金属物品进入破碎机或泵内。平时启动前应打开进出口阀门并确认管线通畅后方可动作,对正在运行的泵在巡视中应主要注意其螺栓是否有松动、机泵及管线的振动是否超标、填料部位滴水是否在正常范围、轴承及减速机温度是否过高、各运转部位是否有异常声响。

(1) 螺杆泵　所输送的介质在泵中还起到对转子、定子冷却及润滑作用,因此是不允许空转的,否则会因摩擦和发热损坏定子及转子。在泵初次使用之前应向泵的吸入端注入液体介质或者润滑液,如甘油的水溶液或者稀释的水玻璃、洗涤剂等,以防止初期启动时泵处于摩擦状态。在污水处理行业有时会发生污泥或者浮渣中的大块杂质(如包装袋等)被吸入管道产生堵塞的情况,应尽量避免这种现象的出现。如不慎发生此类情况应立即停泵清理,以保护泵的安全运行。

(2) 泵和电机　安装的同轴度精确与否,是泵是否平稳运行的首要条件。虽然泵在出厂前均经过精确的调定，但底座安装固定不当会导致底座扭曲，引起同轴度的超差。因此首次运转前，或在大修后应校验其同轴度。

（3）集座螺栓及泵上各处的螺栓　在运行过程中，集座螺栓的松动会造成机体振动、泵体移动、管线破裂等现象。因此经常对集座螺栓紧固是十分必要的，对泵体上各处的螺栓也应如此。在工作中应经常检查电机与减速机之间、减速机与吸入腔之间以及吸入腔与定子之间的螺栓是否牢固。

（4）万向节或者挠性轴连接处的螺栓　尽管螺杆泵的生产厂家都对这些螺杆有各种防松措施，但由于此处在运行中振动较大，仍可能有一些螺栓发生松动，一旦万向节或挠性轴脱开，将使泵造成进一步损坏，因此每运转300～500h，应打开泵对此处的螺栓进行检查、紧固，并清理万向节或者挠性轴上的缠绕物。

（5）填料函　在正常运行时，填料函处同离心泵的填料函一样，会有一定量的滴水，水在填料与轴之间起到润滑作用，减轻泵轴或套的磨损。正常滴水应在每分钟50～150滴左右，如果超过这个数就应该紧螺栓，如仍不能奏效就应及时更换盘根。在螺杆泵输出初沉池污泥或消化污泥时，填料盒处的滴水应以污泥中渗出的清液为主，如果有很稠的污泥漏出，即使数量不多也会有一些砂粒进入轴与填料之间，会加速轴的磨损。当用带冷却的填料环时，应保持冷却水的通畅与清洁。

（6）尽量避免泥沙进入螺杆泵　螺杆泵的定子是由弹性材料制作的，它对进入泵腔的泥沙有一定的容纳作用，但坚硬的砂粒会加速定子和转子的磨损。大量的砂粒随污泥进入螺杆泵时，会大大减少定子和转子的寿命，减少进入螺杆泵的砂粒要依靠除砂工序来实现。

（7）螺杆泵的润滑　螺杆泵的润滑部位主要有三个。

① 变速箱。变速箱一般采用润滑油润滑，在磨合阶段（200～500h）以后应更换一次润滑油，以后每2000～3000h应换一次润滑油。所采用的润滑油标号应严格按说明书上的标号，说明书未规定标号的可使用质量较好的重载齿轮润滑油。

② 轴承架内的滚动轴承。这一部位一般采用油脂润滑，污水处理厂主要输出常温介质，可选用普通钙基润滑脂。

③ 联轴节。联轴节包裹在橡胶护套中，采用销子联轴节的是用脂润滑，一般不需要经常更换润滑脂，但是如果出现护套破损或者每次大修时，应拆开清洗，填装新油脂，并更换橡胶护套和磨坏的销子等配件。如采用齿形联轴节，一般用润滑油润滑，应每2000h清洗换润滑油一次，输出污泥及浮渣的螺杆泵可使用68号机械油。使用绕行连轴杆的螺杆泵由于两端属于刚性连接，可免去加润滑油清洗的麻烦。

（8）巡视　在污水处理厂，螺杆泵一般在地下管廊等场所运转，而且有时很分散，不可能派专人去监视每一台泵的工作，因此定时定期对运转中的螺杆泵进行巡视就成为运行操作人员的一项重要日常工作，应制定严格的巡视管理制度，建议在白天每2h巡视一次，夜间每3～4h巡视一次。对于经常开停的螺杆泵应尽量到现场去操作，以观察其启动时的情况。

巡视时应注意的主要内容如下。

① 观察有无松动的地脚螺栓、法兰盘、联轴器等，变速箱油位是否正常，有无漏油现象。

② 注意吸入管上的真空表和出泥管上的压力表的读数。这样可以及时发现泵是否在空转或者前方、后方有堵塞。

③ 听运转时有无异常声响，因为螺杆泵的大多数故障都会发出异常声响。如变速箱、轴承架、联轴节或连轴杆、定子和转子出故障都有异常声响。经验丰富的操作人员能从异常声响中判断可能出现故障的部位及原因。

④ 用手去摸变速箱、轴承架等处有无异常升温现象。对于有远程监控系统的螺杆泵，每日的定时现场巡视也是必不可少的。在很多方面，远程监控代替不了巡视。

（9）认真填写运行记录　主要记录的内容有工作时间和累计工作时间、轴承温度、加换油记录、填料滴水情况及大中小修的记录等。

（10）定子与转子的更换　定子与转子经过一段时间的磨损就会逐渐出现内泄现象，此时螺杆泵的扬程、流量与吸程都会减小。当磨损到一定程度，定子与转子之间就无法形成密封的空腔，泵也就无法进行正常的工作，此时就需要更换定子或转子。

更换的方法是：先将泵两端的阀门关死，然后将定子两端的法兰或者卡箍卸开，旋出定子，然后用水将定子、转子、连轴杆及吸入室的污泥冲洗干净，卸下转子后即可观察定子与转子的磨损情况。一般正常磨损情况是：在转子的凸出部位，电镀层被均匀磨掉。其磨损程度可使用卡尺对比新转子量出，定子内部内腔均匀变大，但内部橡胶弹性依然良好。如发现转子有烧蚀的痕迹，有一道道深沟，定子内部橡胶炭化变硬，则可判断在运转中有无介质空转的情况。如发现定子内部橡胶严重变形，并且炭化严重，则说明可能出现过在未开出口阀门的情况下运转。上述两种情况都属于非正常损坏，应提醒操作者注意。

一般来说，在正常使用的情况下，转子的寿命是定子寿命的 2～3 倍。当然这与介质、转子和定子的质量及操作者的责任心有关。更换转子和定子时，应使用洗涤剂等润滑液将接触面润滑，这样转子易于装入定子，同时也避免了初次试运行时的干涩。在更换转子或定子同时，应检查联轴节的磨损情况，并清洗更换联轴节的润滑油（脂）。

螺杆泵常见故障及其产生的原因见表 2-2。

表 2-2　螺杆泵常见故障及其产生的原因

故障现象	可能产生的原因
不能启动	1. 新泵或新定子摩擦太大，此时可加入液体润滑剂； 2. 电压不适合，控制线路故障，缺相运行（缺相时，马达有"嗡"声）； 3. 泵内有杂物； 4. 固体物质含量大，有堵塞； 5. 停机时介质沉淀，并且结块； 6. 冬季冻结； 7. 出口堵塞或者出口阀门未开； 8. 万向节等处被大量缠绕物塞死，无法转动
不出泥	1. 进口管道堵塞及进口阀门未开； 2. 万向节或者挠性连接部位脱开； 3. 定子严重损坏； 4. 转向反
流量过小	1. 定子或转子磨损，出现内泄漏； 2. 转速太低； 3. 吸入管漏气； 4. 工作温度太低，使定子冷缩，密封不好； 5. 轴封泄漏

续表

故障现象	可能产生的原因
噪声及振动过大	1.进出口管道堵塞或进出口阀门未开(此时伴有不出泥); 2.各部位螺栓松动; 3.定子或转子严重磨损(此时伴有出泥量小); 4.泵内无介质,干运行; 5.定子橡胶老化、炭化; 6.电机减速器与泵轴不同心或者联轴器损坏; 7.联轴节磨损松动; 8.轴承损坏(此时伴有轴承架或变速箱发热); 9.变速箱齿轮磨损点蚀
填料函发热	1.填料质量不好或选用不当; 2.填料压得太紧
填料函漏水、漏泥过多	1.填料选用不当; 2.填料未压紧或者失效; 3.轴磨损过多

第二节　风　　机

一、风机的种类与性能

风机是气体压缩与输送机械的总称,是一种提高气体压势能的专用机械,被广泛应用于气体输送、产生高压气体与设备抽真空等。风机按照能达到的排气压强或压缩比(排气压强和通气压强之比)分为风机、鼓风机、压缩机和真空泵四类。

在污水处理厂中,风机主要用于污水处理构筑物的通风、废水处理阶段的预曝气、好氧生化处理鼓风曝气、混合搅拌等。空压机主要用于压力溶气气浮、过滤反冲等。国内目前在城市污水及工业废水处理中常用的风机主要有两种:一种为罗茨鼓风机;一种为离心式鼓风机,离心式鼓风机又分为单级高速污水处理鼓风机和多级低速鼓风机。罗茨鼓风机是靠在气缸内做旋转运动的活塞作用,使气体体积缩小而提高压力;而离心式鼓风机是靠高速旋转叶轮的作用,提高气体的压力和速度,随后在固定元件中使一部分速度能进一步转化为气体的压力能。污水处理厂要选用高效、节能、使用方便、运行安全、噪声低、易维护管理的机型,可选用离心式单级鼓风机,小规模污水处理厂也可选用罗茨鼓风机。

1. 罗茨鼓风机

(1) 工作原理　罗茨鼓风机按照风机的作用原理和结构分类属于容积式回转式气体压缩机,基本组成部分如图 2-4 所示,在长圆形的机壳 1 内,平行安装着一对形状相同、相互啮合的转子 4。两转子间及转子与机壳间均留有一定的间隙,以避免安装误差及热变形引起各部件接触。两转子由传动比为 1 的一对齿轮 3 带动,做同步反向旋转。转子按图示方向旋转时,气体逐渐被吸入并封闭在空间 V_0 内,进而被排到高压侧。主轴每回转一周,两叶鼓风机共排出气体量 $4V_0$,三叶鼓风机共排出气体量 $6V_0$。转子连续旋转,被输送的气体便按图中箭头所示方向流动。

2-2 罗茨
鼓风机

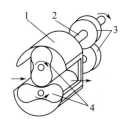
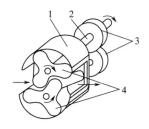

(a) 两叶罗茨鼓风机　　　　　　　(b) 三叶罗茨鼓风机

图 2-4　罗茨鼓风机基本组成部分

1—机壳；2—主轴；3—同步齿轮；4—转子

罗茨鼓风机的转子叶数（又称头数）多为两叶或三叶。转子型面沿长度方向大多为直叶，这可简化加工。沿长度方向扭转型面的叶片在三叶中有采用，具有进排气流动均匀、可实现内压缩、噪声及气流脉动小等优点，但加工较复杂，故扭转叶片较少采用。

（2）性能特点　罗茨鼓风机结构简单，运行平稳、可靠，机械效率高，便于维护和保养；对被输送气体中所含的粉尘、液滴和纤维不敏感；转子工作表面不需润滑，气体不与油接触，所输送气体纯净。罗茨鼓风机效率高于相同规格的离心鼓风机的效率，但罗茨鼓风机的排气量最大可达到 $1000m^3/min$，所以在相对压力增大时，效率不高。根据罗茨鼓风机上述工作原理及特点，在污水处理中比较适合用于好氧消化池曝气、滤池反冲洗，以及渠道和均和池等处的搅拌。

（3）结构形式　罗茨鼓风机的典型构造如图 2-5 所示，这是一个水平轴、卧式机型。润滑油贮于机壳底部油箱内，经油泵泵送到同步齿轮、轴承等需要润滑的部位。齿轮喷油润滑，主轴采用带传动，紧靠转子两端的部位设有轴封。

罗茨鼓风机按转子轴线相对于机座的位置，可分为竖直轴和水平轴两种。竖直轴的转子轴线垂直于底座平面，这种结构的装配间隙容易控制，各种容量的鼓风机都有采用。水平轴的转子轴线平行于底座平面，按两转子轴线的相对位置，又可分为立式和卧式两种。立式的两转子轴线在同一竖直平面内，进、排气口位置对称，装配和连接都比较方便，但重心较高，高速运转时稳定性差，多用于流量小于 $40m^3/min$ 的小型鼓风机。卧式的两转子轴线在同一水平面内，进、排气口分别在机体上、下部，位置可互换，实际使用中多将出风口设在下部，这样可利用下部压力较高的气体，一定程度上抵消转子和轴的重量，减小轴承力以减轻磨损。排气口可从两个方向接出，根据需要可任选一端接排气管道，另一端堵死或接旁通阀。这种结构重心低、高速运转时稳定性好，多用于流量大于 $40m^3/min$ 的中、大型鼓风机。

2. 离心式鼓风机

（1）工作原理　离心式鼓风机按照风机的工作原理分类属于透平式鼓风机，是通过叶轮的高速旋转，使气体在离心力的作用下被压缩，然后减速，改变流向，使动能（速度）转换成势能（压力）。在单级离心式鼓风机（图 2-6）中，原动机通过轴驱动叶轮高速旋转，气流由进口轴向进入高速旋转的叶轮后变成径向流动被加速，然后进入扩压器，改变流动方向而减速，这种减速作用将高速旋转的气流中具有的动能转化为势能，使风机出口保持稳定压力。压力增高主要发生在叶轮中，其次发生在扩压过程。在多级鼓风机中，用回流器使气流进入下一个叶轮，产生更高的压力。

（2）性能特点　从理论上讲，离心式鼓风机的压力-流量特性曲线应该是一条直线，它

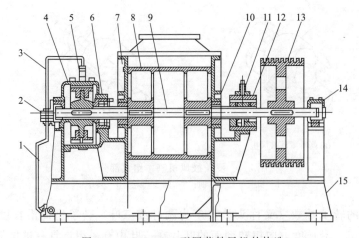

图 2-5　LG42-3500 型罗茨鼓风机的构造

1—进油管；2—油泵；3—出油管；4—齿轮箱；5—齿轮；6—支撑轴承箱；7—机壳；8—转子；

9—主轴；10—轴封；11—注油器；12—轴承；13—带轮；14—辅助轴承；15—底座

实质上是一种变流量恒压装置，但由于风机内部存在摩擦阻力等损失，实际的压力与流量特性曲线随流量的增大而平缓下降，对应的离心式鼓风机的功率-流量曲线随流量的增大而上升（图 2-7）。当风机以恒速运行时，风机的工况点将沿压力-流量特性曲线移动。风机运行时的工况点，不仅取决于本身的性能，而且取决于系统的特性，当管网阻力增大时，管路性能曲线将变陡。离心式鼓风机中所产生的压力还受进气温度或密度变化的影响。对一个给定的进气量，最高进气温度（空气密度最低）时产生的压力最低。当鼓风机以恒速运行时，对于一个给定的流量，所需的功率随进气温度的降低而升高。

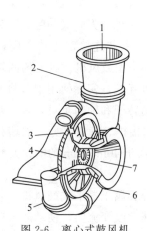

图 2-6　离心式鼓风机

1—排气口；2，6—过渡接头；

3—扩压器；4—叶轮；5—蜗壳；7—进气口

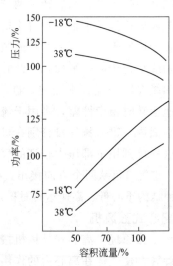

图 2-7　离心式鼓风机特性曲线

离心式鼓风机又分为多级低速鼓风机和单级高速鼓风机，单级高速鼓风机以提高转速来达到所需风压，较多级低速鼓风机流道短，减少了多级间的流道损失，特别是可采用节能效果好的进风导叶片调节风量，适宜在大中型污水处理厂中采用。离心式鼓风机与容积式鼓风机相比，还具有供气连续、运行平衡、效率高、结构简单、噪声低、外形尺寸及重量小、易损件少等优点。

（3）主要结构和材料　由于污水处理厂使用单级高速离心鼓风机组比较普遍，下面以单级高速离心式鼓风机为例，来介绍离心式鼓风机的主要结构及材料。该种型式的鼓风机主要由下列几部分组成：鼓风机、增速器、联轴器、机座、润滑油系统、控制和仪表系统及驱动设备。

① 鼓风机。鼓风机由转子、机壳、轴承、密封和流量调节装置组成，见图2-8。

转子是指叶轮和轴的装配体。叶轮是鼓风机中最关键的零件，常见有开式径向叶片叶轮、开式后弯叶片叶轮和闭式叶轮。叶片叶轮的形式影响鼓风机的压力流量曲线、效率和稳定运行的范围。制造叶轮的常用材料为合金结构钢、不锈钢和铝合金等。

鼓风机机壳由进气室、蜗壳、扩压器和排气口组成。机壳要求具有足够的强度和刚度。进气室的作用是使气体均匀地流入叶轮。扩压器分无叶扩压器和叶片扩压器两种形式。蜗壳的作用是集气，并将扩压后的气体引向排气口，蜗壳的截面有圆形、梯形和不对称等形状。

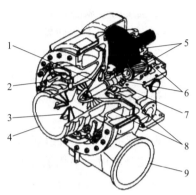

图 2-8　鼓风机立体透视图
1—叶轮；2—调整机构；3—进口导叶；
4—进气口；5—增速齿轮；6—轴泵；
7—密封；8—机壳；9—排气口

转速低于3000r/min、功率较小的鼓风机可以采用滚动轴承。如果转速高于3000r/min或轴功率大于336kW，应采用强制供油的径向轴承和推力轴承。

密封结构有三种类型：迷宫式密封、浮环密封和机械密封。浮环密封是运行时注入高压油或水，密封环在旋转的轴上浮动，环与轴之间形成稳定的液膜，阻止高压气体泄漏。机械密封是通过由动环和静环组成的摩擦面，阻止高压气体泄漏，其密封性能较好，结构紧凑，但摩擦的线速度不能过高，一般转速小于3000r/min时采用。

由于利用可调进口导叶调节进气流量来满足工艺需要，并且部分负荷时还可获得高效率和较宽的性能范围，所以进口导叶已经成为污水处理厂单级离心鼓风机普遍采用的部件。进口导叶的自动调节是通过进口导叶调整机构与气动、电动或液力伺服电机连接，根据控制系统的指令自动调整进口导叶的开闭角度，来进行流量控制。进口导叶还可以通过手动调节。

② 增速器。离心式鼓风机必须配备增速器才能实现叶轮转速远远超过原动机的转速，常采用平行轴齿轮增速器，齿轮齿形有渐开线形和圆弧形。

③ 联轴器。用来实现电动机与变速器之间的传动。

④ 机座。机座用型材和钢板焊成，应有足够的强度和刚度。

⑤ 润滑油系统。润滑油系统主要包括主油泵、辅助油泵、油冷却器、滤油器、储油箱等。主油泵和辅助油泵应单独设置安全阀，以防止油泵超压，辅助油泵必须单独驱动并自动控制。储油箱的容积至少为主油泵每分钟流量的3倍。

⑥ 控制和仪表系统。

a.温度的测量。可以在鼓风机的进口和出口管路上都装有铂热电阻，将温度信号引至机旁盘显示，同时也有温度计进行现场显示。

b.压力的测量。可以在鼓风机的进口和出口采用压力表对压力值进行现场显示，在出口管路上装有压力变送器，将压力信号引至机旁盘显示调节入口导叶。

c.对保证启动安全的控制。为了保证鼓风机的正常启动、运行和停止，还应设置各种启动联锁保护控制，对开车条件按照要求设置保护，满足条件机组方可开车。故障报警，对在运行中的油压、电机轴承温度、润滑油温度等设置参数故障报警。

d.对防喘振的控制。当用户管网阻力增大到某值时，鼓风机的流量会下降很快，当下降到一定程度时，就会出现整个鼓风机管网的气流周期性的振荡现象，压力和流量都发生脉动，并发出异常噪声，即发生喘振现象。喘振会使整个机组严重破坏，因此鼓风机严禁在喘振区运行，为了防止喘振发生，机组应设有流量、压力双参数防喘振控制系统。

e.对进口导叶调节的控制。进口导叶的自动调节是通过进口导叶调整机构与气动、电动或液力伺服电机连接，根据控制系统的指令自动调整进口导叶的开闭角度，来进行流量控制。

f.油系统的控制。机组润滑油系统的作用是给机组提供润滑油，以保证机组的正常运行。当系统开机时，采用辅助油泵供油；当机组正常工作时，采用主油泵供油；当油压低于设定值时，由压力变送器送出信号至控制盘，经电控系统启动辅助油泵；当机组故障停机时，辅助油泵也应自动启动保证供油，直到机组稳定停止后再将辅助油泵停止，以确保可靠供油。

⑦ 驱动设备。离心鼓风机通常用交流电机驱动，使用维修较为方便。

二、风机的检修

1.离心式鼓风机（单级高速）的检修

（1）鼓风机的拆卸 首先，拆卸联轴器的隔套，卸下进气和排气侧连接管，把进（出）口导叶驱动装置与进（出）口导叶杆脱离，拆下螺栓，卸下进气机壳（在这种情况下注意一定不要损坏叶轮叶片和进气机壳流道表面），卸下叶轮，注意不要损坏密封结构部分；然后拆下密封，拆卸齿轮箱箱盖，注意不要损坏轴承表面和密封结构部分，拆卸轴端盖；最后测量轴承和齿轮间隙之后，拆卸高速轴轴承、低速轴轴承和大齿轮轴，并且要用油清洗每个拆下的部件。

（2）鼓风机的检查

① 齿轮齿的检查。检查齿轮箱内大小齿轮齿的任何损坏情况。

② 测量增速齿轮的齿隙。

③ 清除叶轮灰尘。清理叶轮，在这种情况下，应彻底清除灰尘，以防止其不平衡，并且不要使用钢丝刷或类似物，以避免造成叶轮表面损坏。

④ 叶轮的液体渗透试验。使用液体渗透试验看叶轮上是否有裂纹，尤其要注意叶片根部。

⑤ 除去外部扩压器的灰尘。彻底清除黏结在扩压器上的灰尘，因为它可以将流量降低。

⑥ 叶轮周边与进气机壳的间隙检查。组装鼓风机后，用塞尺测量叶轮周边与鼓风机进气机壳之间的间隙。

⑦ 检查轴承的每个孔。拆卸之后，用油进行清洗，并查看轴承内侧的每个孔中有无阻塞物。

⑧ 轴承间隙和磨损情况。在检查轴承过程中，一定不要损坏轴承表面，也不要对轴承做任何改变或调整，因为它是适合于高速旋转的专用型式。

⑨ 对油封、密封和止推面的间隙测量。用塞尺测量油封、密封和止推面的间隙，在安装齿轮箱盖之前进行。

⑩ 用油清洗喷嘴之后，检查喷嘴内有无任何阻塞物。

（3）轴承的检查　小齿轮和大齿轮轴支撑轴承应符合间隙标准，而止推轴承应符合间隙和修磨标准。轴承的间隙测量应在鼓风机拆卸和重新组装时进行。

（4）鼓风机的组装　对每个部件进行全面清洗和检查之后，应重新组装鼓风机，鼓风机的重新组装顺序按照拆卸的逆顺序进行，但应注意如下几点。

① 当泵体装入时，一定要重新装配所有的内件。

② 当安装油封时，一定要注意齿轮箱的顶部和底部不要颠倒。

③ 当轴承装入时，应固定每个螺钉和柱销。

④ 在安装轴承箱的上半部过程中，使用起顶螺栓将其装入下半部，不要毁坏油封、止推轴等部件。

⑤ 当安装齿轮箱盖时，打入定位锥销。

⑥ 当装入叶轮螺母和叶轮键时，调至叶轮表面上的标志。

⑦ 为防止双头螺栓（用于齿轮箱和蜗壳安装）在拆卸时松动，应把防松油漆涂在螺栓上。

⑧ 在组装时应使用液体密封胶来涂每个安装表面，包括齿轮箱盖与体的接合部、蜗壳和进气机壳的接合部、泵壳和齿轮箱的接合部、轴端盖和齿轮箱的接合部。

（5）大修后的检查

① 检查鼓风机是否有气体泄漏情况。鼓风机大修之后，检查鼓风机结合部分和进气/排气联接部分是否漏气。启动鼓风机，用肥皂水做漏泄检查，检查点有蜗壳与进气机壳之间的结合部分、进气机壳进口联接部分及蜗壳出口联接部分。

② 检查齿轮箱的油漏泄情况。在鼓风机大修之后如果有漏油情况，检查齿轮箱结合部分，检查点有：齿轮箱盖、体之间的接合部，尤其是要注意密封部分；再有就是泵壳与齿轮箱之间的结合部分。

2. 风机组运行中的维护

（1）要定期检查润滑油的质量，在安装后第一次运行200h后进行换油，被更换的润滑油如果未变质，经过滤机过滤后仍可重新使用，以后每隔30天检查一次，并作一次油样分析，发现变质应立即换润滑油，油号必须符合规定，严禁使用其他牌号的润滑油。

（2）应经常检查油箱中的油位，不得低于最低油位线，并要经常检查油压是否保持正常值。

（3）应经常检查轴承出口处的油温，应不超过60℃，并根据情况调节油冷却器的冷却水量，使进入轴承前的油温保持在30～40℃之间。

（4）应定期清洗滤油器。

（5）经常检查空气过滤器的阻力变化，定期进行清洗和维护，使其保持正常工作。

（6）经常注意并定期测听机组运行的声音和轴承的振动。如发现异声或振动加剧，应立即采取措施，必要时应停车检查，找出原因，排除故障。

（7）严禁机组在喘振区运行。

（8）应按照电机说明书的要求，及时对电机进行检查和维护。

3. 鼓风机的常见故障及原因

鼓风机常见故障及其原因见表 2-3。

表 2-3　鼓风机常见的故障及其原因

故障现象	可能产生的原因
开车时无气流、无压力	(1)电机或电源故障； (2)旋转方向错误； (3)联轴器或轴断裂； (4)抱轴、万向节等处被大量缠绕物塞死，无法转动
排气量低	(1)放空阀全开或半开； (2)进口导叶完全关闭； (3)进口导叶系统局部卡住； (4)进气过滤器堵塞； (5)管路系统泄漏或阀门开关泄漏
运行时有杂音，振动大	(1)机组找正精度被破坏； (2)联轴器对中不好或损坏； (3)变速箱齿轮或轴承损坏； (4)鼓风机轴承损坏； (5)轴承间隙过大； (6)轴承压盖过大或太小； (7)主轴弯曲； (8)转子/叶轮平衡不好； (9)密封损坏
轴承温度高	(1)油号不对； (2)润滑油未充分冷却； (3)供油不足； (4)油压太低； (5)油泵转向错误； (6)油变质或油中有水分； (7)轴承损坏； (8)轴承间隙过小
油压太低	(1)油泵故障； (2)滤油器堵塞； (3)油压表失灵； (4)安全阀损坏； (5)管路漏油； (6)油位太低； (7)油温太高
油温太高	(1)冷却水量太小； (2)冷却水温度太高； (3)环境温度高； (4)油号不对； (5)轴承或齿轮损坏
喘振	(1)鼓风机转速太低； (2)进气通道阻塞； (3)进气压力损失太高； (4)进气温度太高； (5)进口导叶松动、失灵或太紧； (6)叶轮损坏； (7)排气总管压力太高； (8)放空阀损坏，造成开车/停车喘振
功率消耗太高	(1)进口导叶滞住，排气压力降低； (2)变速箱或鼓风机有机械故障(如轴承、齿轮或轴损坏)； (3)进口导叶失灵

第三节 其他机械设备

一、除砂设备

除砂设备用于沉砂池，以去除污水中密度大于水的无机颗粒，是污水处理工艺中的一道重要工序，它可以减少砂粒对后续污泥处理设备的磨损，减少砂粒在渠道、管道、生化反应池的沉积，对于延长污泥泵、污泥阀门及脱水机的使用寿命起着重要作用。除砂设备的种类很多，按集砂方式分为两种：刮砂型和吸砂型。刮砂型是将沉积在沉砂池底部的砂粒刮到池心，再清洗提升，脱水后输送到池外盛砂容器内，待外运处置。吸砂型则是利用砂泵将池子底层的砂水混合物抽至池外，经脱水后的砂粒输送至盛砂容器内待外运处置。为了进一步提高除砂效果，有的沉砂池还增设了一些旋流器、旋流叶轮等专用设备。除砂设备见表 2-4。

表 2-4 除砂设备一览表

池型	集砂方式	设备名称
平流式沉砂池	刮砂	行车提板式刮砂机
		链斗式刮输砂机、链板式刮输砂机
		螺旋式刮输砂机
	吸砂	行车泵吸式吸砂机
		行车双沟式吸砂机
旋流式沉砂池	吸（刮）砂	钟式沉砂设备

钟式沉砂刮砂机是一种新型引进设备，用于去除污水中的砂粒及粘在砂粒上的有机物，它可以去除直径 0.2mm 以上的绝大部分砂粒。该设备通过设在池中心的叶轮搅拌器旋转时产生的离心力，不仅使水中砂粒沿池壁及斜坡沉于池底的砂斗中，同时将砂粒上黏附的有机物撞击下来沉于池底，再通过气提作用将砂提升到砂水分离器中进行砂水分离。该套设备具有节省能源、转速低、占地面积小、结构简单、便于维护保养等优点，在近几年新建的污水处理厂中使用比较多。

二、刮泥机

刮泥机是将沉淀池中的污泥刮到一个集中部位的设备，多用于污水处理厂的初次沉淀池，用在重力式污泥浓缩池时，称为浓缩机。刮泥机的种类很多，主要有用于矩形平流式沉淀池的链条刮板式刮泥机、桁车式刮泥机，以及用于圆形辐流式沉淀池的回转式刮泥机。

2-3 圆形竖流
式沉淀池　　2-4 连续式
重力浓缩池

1. 链条刮板式刮泥机

链条刮板式刮泥机是一种带刮板的双链输送机，在两根主链上，每隔一定间距装有刮板。两条节数相等的链条连成封闭的环状，由驱动装置带动主动链轮转动，链条在导向链轮及导轨的支撑下缓慢转动，并带动刮泥板移动，刮板在池底将沉淀的污泥刮入池端的污泥斗，在水面回程的刮板

2-5 链板式
刮泥机

将浮渣导入渣槽。其特点是：①刮板移动的速度可调至很低，以防扰动沉下的污泥，常用速度为 0.6～0.9m/min；②由于刮板的数量多，工作连续，每个刮板的实际负荷较小，故刮板的高度只有 150～200mm，它不会使池底污水形成紊流；③由于利用回程的刮板刮浮渣，故浮渣槽必须设置在出水堰一端；④整个设备大部分在水中运转，可以在池面加盖，防止臭气污染。缺点是：水中运转部件较多，维护困难；大修设备有时需要更换所有主链条，成本较高，约占整机成本的 70% 以上。

2. 桁车式刮泥机

桁车式刮泥机安装在矩形平流式沉淀池上，运行方式为往复运动。因此，它的每一个运行周期内有一个工作行程和一个不工作的返回行程（故又称往复式刮泥机或移动桥式刮泥机）。这种刮泥机的优点是：在工作行程中，浸没于水中的只有刮泥板及浮渣刮板，而在返回行程中全机都在水面之上，这给维修保养带来了很大的方便；由于刮泥与刮渣都是正面推动，故污泥在池底停留时间少，刮泥机的工作效率高。其缺点是运动较为复杂，因此故障率也相对高一些。其结构如图 2-9 所示。

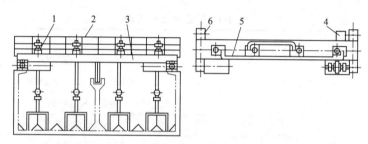

图 2-9　桁车式刮泥机结构

1—液下污水泵；2—栏杆；3—主梁；4—电缆鼓；5—吸排泥路；6—端梁

在巡视中应注意各油位是否正常，各部分声响是否正常，刮泥机及浮渣板升降是否到位等。刮泥机润滑油的加油部位是驱动减速机、卷扬机减速机等；液压油加油部位是具有液压提升系统的油箱；润滑脂部位主要是行走轮轴承、驱动链条、电缆鼓轴承、钢丝绳等。另外，大部分刮泥机都在室外运行，冬夏温差有时可达 50℃，因此，冬季和夏季加油的种类也不同。冬季润滑油凝固会损坏驱动装置或液压装置。雨季应尽量避免雨水进入润滑油及液压油中，如发现油中有水，应及时更换。

桁车式刮泥机的故障很多是由程序失控、失调引起的，造成停车、错误报警、刮泥板及浮渣刮板不能提升和下降或提升下降不能准确到位，有时会出现泥板与出水堰池壁相撞的事故。电气控制系统及液压系统的损坏或失调是造成这些故障的主要原因。如程序开关损坏可能会发生错误的指令，时间继电器损坏可能造成定时不准、提前动作或者拒绝动作等。液压系统的主要控制部分是各个电磁阀，如果某电磁阀损坏，它就不能正确地执行程序，造成某刮板不提升或不下降等故障。分布于设备各处的行程开关控制桁车的行程及刮泥板、浮渣刮板的行程，它有机械式和无触点式两种。行程开关位置的变化或者损坏、进水，会造成各运动部件不能准确到位。液压装置长年暴露在室外，由于雨水及池中有害气体的侵蚀，很容易生锈，会使一些暴露在外的手柄等生锈，甚至无法工作。应经常将液压站各零件表面的污垢除去，使手柄恢复灵活，然后表面涂以干净的油脂。行走在钢轨上的刮泥机，应时常检查钢轨的螺栓是否紧固，钢轨的轨距是否正确。冬季大雪时，应及时清除刮泥机行走道路上的冰雪，以防打滑。对用钢丝绳提升刮板的刮泥机，如发现钢丝绳断股、磨损、严重锈蚀，应及时更换。

桁车式刮泥机的大修应每 10000h（累计运行时间）进行一次。其主要内容为：更换磨损的轮胎、橡胶刮板、刮泥板及刮渣板的支撑轮等；拆洗所有减速机，更换损坏零件，更换油封；清洗液压系统，更换活塞环油封及 O 形圈；拆修卷扬机，更换钢丝绳；校正变形的刮泥板、刮渣板等；更换寿命过期的继电器、时间继电器、接触器等；调整电控系统的工作状态；清理全机表面的防腐涂料，重新做防腐处理。

中修应每年进行一次，建议在秋季进行。主要内容有：减速机换油，漏油严重的应更换油封；液压站换油，更换液压油滤清器，阀门除锈并修理、上油；更换所有漏油的油封、活塞环、O 形圈；配电箱内部清理、调整；行程开关位置调整；卷扬机制动装置调整，必要时更换摩擦片等。

3. 回转式刮泥机

污水处理厂的沉淀池多为辐流式的，其形状多为圆形。在辐流池上使用的刮泥机的运转形式为回转运动。这种刮泥机结构简单，管理环节少，故障率极低，国内应用得很多。回转式刮泥机分为全跨式与半跨式。半跨式的特点是结构简单、成本低，适用于直径 30m 以下的中小型沉淀池。

2-6 辐流式
沉淀池

回转式刮泥机的驱动方式有两种：中心驱动式和周边驱动式。

（1）中心驱动式　中心驱动式刮泥机的桥架是固定的，桥架所起的作用是固定中心架位置与安置操作，便于维修人员行走。驱动装置安装在中心，电机通过减速机使悬架转动。悬架的转动速度非常慢，其减速比很大，为了保证刮泥板与池底的距离并增加悬架的支撑力，刮泥板下都安装有支撑轮。

（2）周边驱动式　与中心驱动式的不同在于，它的桥架绕中心轴转动，驱动装置安装在桥架的两端，刮板与桥架通过支架固定在一起，随桥架绕中心转动，完成刮泥任务。由于周边传动使刮泥机受力状况改善，因此它的回转直径最大可达 60m。周边驱动式需要在池边的环形轨道上行驶。如果行走轮是钢轮，则需要设置环形钢轨；如果是胶轮，只需要一圈平整的水泥环形池边即可。

三、吸泥机

吸泥机是将沉淀于池底的活性污泥吸出，一般用于二次沉淀池，吸出的活性污泥回流至曝气池。大部分吸泥机在吸泥的过程中有刮泥板辅助，因此也称这种吸泥机为刮吸泥机。常见的有回转式吸泥机和桁车式吸泥机，前者用于辐流式二沉池，后者用于平流式二沉池。

吸泥机分为桁车式和回转式两种。回转式吸泥机就其驱动方式，分为中心驱动和周边驱动两种。回转式吸泥机主要由以下几个部分组成。

（1）桥架　分旋转桥架和固定桥架两种，常采用钢铁或铝合金制造。它起着支撑吸泥管，安装泥槽、水泵或真空泵，作为操作人员的走道，以及固定控制柜等作用。

（2）端梁　又称坡鞍梁，它是周边驱动式吸泥机上用于支撑桥架、安装驱动装置及主动和从动轮的。中心驱动式吸泥机较少使用端梁。

（3）中心部分　包括中心集泥罐、稳流筒、中心轴承、集电环箱等。中心集泥罐用于收集吸出的活性污泥。

（4）工作部分　吸泥机的工作部分由固定于桥架或旋转支架上的若干根吸泥管，刮泥板及控制每根吸泥管出泥量的阀门等组成。当采用静压式吸泥时，中心泥罐与各个吸泥管由泥槽相连接。

（5）驱动装置、浮渣排除装置、电气控制系统、出水堰清洗刷等　这些与回转式刮泥机的基本上相同。其中出水堰清洗刷比初沉池更重要，因为最终沉淀池的出水堰上更容易生长一些苔藓及藻类，影响出水均匀，也影响美观。

四、污泥脱水设备

由于污泥经浓缩或消化之后，仍呈液体流动状态，体积还很大，无法进行运输和处置，为了进一步降低含水率，使污泥含水率尽可能地低，必须对污泥进行脱水，以减少污泥体积和便于运输。目前进行污泥脱水的机械很多，按原理可分为真空过滤脱水、压滤脱水和离心脱水三大类。

真空过滤脱水是将污泥置于多孔性过滤介质上，在介质另一侧造成真空，将污泥中的水分强行吸入，使之与污泥分离，从而实现脱水，常用的设备有各种形式的真空转鼓过滤脱水机。由于真空过滤脱水产生的噪声大，泥饼含水率较高，操作麻烦，占地面积大，所以很少采用。

2-7 板框式　　　2-8 转鼓
压滤机　　　真空过滤机

压滤脱水是将污泥置于过滤介质上，在污泥一侧对污泥施加压力，强行使水分通过介质，使之与污泥分离，从而实现脱水，常用的设备有各种形式的带式压滤脱水机和板框压滤脱水机。板框压滤脱水机泥饼含水率最低，但这种脱水机为间断运行，效率低，操作麻烦，维护量很大，所以也较少采用；而带式压滤脱水机因具有出泥含水率较低且稳定、能耗少、管理控制简单等特点被广泛使用。

离心脱水是通过水分与污泥颗粒的离心力之差，使之相互分离，从而实现脱水，常用的设备有卧螺式等各种形式的离心脱水机。由于离心脱水机能自动、连续长期封闭运转，结构紧凑，处理量大，占地面积小，尤其是有机高分子絮凝剂的普遍使用，使污泥脱水效率大大提高，是当前较为先进而逐渐被广泛应用的污泥处理设备。

2-9 滚压
带式脱水机

1. 带式压滤脱水机

（1）工作原理　带式压滤脱水机是由上下两条张紧的滤带夹带着污泥层，从一连串按规律排列的辊压筒中呈 S 形弯曲，靠滤带本身的张力形成对污泥层的压榨力和剪切力，把污泥层中的毛细水挤压出来，获得含固量较高的泥饼，从而实现污泥脱水，见图 2-10。

带式压滤脱水机有很多形式，但一般都分成四个工作区。

① 重力脱水区。在该区内，滤带水平行走，污泥经调质之后，部分毛细水转化成了游离水，这部分水分在该区内借自身重力穿过滤带，从污泥中分离出来。

② 楔形脱水区。由于楔形区是一个三角形的空间，滤带在该区内逐渐靠拢，污泥在两条滤带之间逐步开始受到挤压，因此在

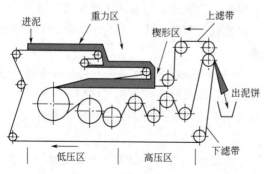

图 2-10　带式压滤脱水机

该段内，污泥的含固量进一步提高，并由半固态向固态转变，为进入压力脱水区做准备。

③ 低压脱水区。污泥经楔形区后，被夹在两条滤带之间绕辊压筒做 S 形上下移动，低压区主要作用是使污泥成饼，强度增大，使污泥的含固量进一步提高。

④ 高压脱水区。污泥进入高压区之后，受到的压榨力逐渐增大，最后增至最大，因为辊压筒的直径越来越小，再一次提高污泥的含固量。

（2）主要结构和材料　带式压滤机一般都由滤带、辊压筒、滤带张紧系统、滤带调偏系统、滤带冲洗系统和滤带驱动系统组成。滤带通常是用单丝聚酯纤维材质编织而成，因为这种材质具有抗拉强度大、耐曲折、耐酸碱及耐温度变化等特点。

（3）脱水机的维护

① 注意观察滤带的损坏情况，并及时更换新滤带，滤带的损坏表现为撕裂、腐蚀或老化。

② 每天应对滤布有足够的冲洗。脱水机停止工作后，必须立即冲洗滤布。

③ 定期进行机械检修，如加注润滑油、及时更换易损部件等。

④ 定期对脱水机及内部进行彻底清洗，以保证清洁。

（4）常见故障的分析

带式压滤脱水机常见故障及其原因见表 2-5。

表 2-5　带式压滤脱水机常见的故障及其原因

故障现象	可能产生的原因
滤带损坏	(1)滤带的材质、尺寸或接缝不合理； (2)辊压筒不整齐，张力不均匀，纠偏系统不灵敏； (3)冲洗水不均匀，污泥分布不均匀，使滤带受力不均匀
滤带打滑	(1)进泥超负荷，应降低进泥量； (2)滤带张力太小，应增加张力； (3)辊压筒损坏，应及时修复或更换
滤带跑偏	(1)进泥不均匀，在滤带上摊布不均匀，应调整进泥口或更换平泥装置； (2)辊压筒局部损坏或过度磨损，应予以检查更换； (3)辊压筒之间相对位置不平衡，应检查调整； (4)纠偏装置不灵敏，应检查修复
滤带堵塞严重	(1)冲洗不彻底； (2)滤带张力太大，应适当减小张力； (3)加药过量，黏度增加； (4)进泥中含砂量太大，也易堵塞滤布
泥饼含固量下降	(1)加药量不足、配药浓度不合适或加药点位置不合理，达不到最好的絮凝效果； (2)带速太快，泥饼变薄，导致含固量下降； (3)滤带张力太小； (4)滤带堵塞
固体回收率降低	(1)带速太快，导致挤压区跑泥，应适当降低带速； (2)张力太大，导致挤压区跑泥，应适当减小张力

2. 卧螺式离心机

（1）卧螺式离心机的工作原理　卧螺式离心机主要由高转速的转鼓、螺旋和差速器等部件组成，分离的悬浮液进入离心机转鼓后，由于离心力的作用，使密度大的固相颗粒沉降到转鼓内壁，利用螺旋和转鼓的相对转速差把固相颗粒推向转鼓小端出口处排出，分离后的清液从离心机另一端排出。进泥方向与污泥固体的输送方向一致，即进泥口和出泥口分别在转鼓的两端时，称为顺流式离心脱水机（图 2-11）。当进泥方向与污泥固体的输送方向相反，即进泥口和出泥口在转鼓的同一端时，它称为逆流式离心脱水机（图 2-12）。

差速器（齿轮箱）的作用是使转鼓和螺旋之间形成一定的转速差。

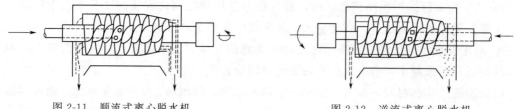

图 2-11 顺流式离心脱水机　　　　　图 2-12 逆流式离心脱水机

卧螺式离心机主要特点是结构紧凑，占地面积小，操作费用低，而且能自动、连续、长期封闭运转，维修方便。

（2）卧螺式离心机的主要结构和材料　卧螺式离心机主要由转鼓、螺旋输送器、差速器三部分构成。

① 转鼓。转鼓是卧螺式离心机的主要部件，悬浮液的液固分离是在转鼓内完成的，转鼓内液池容量的大小靠溢流挡板来调节，液池深度大，澄清效果好，处理量也大。

卧螺式离心机的出渣口设在转鼓锥段，径向出渣，出渣孔的形状有椭圆形和圆形，出渣孔一般有 6～12 个。由于出渣孔内装有可更换的耐磨衬套，转鼓内表面设置筋条以防止沉降在转鼓内壁的物料与转鼓产生相对运动而磨损，离心机的处理量主要取决于离心机转鼓的几何尺寸和转鼓的线速度。

转鼓半锥角是指转鼓锥体部分母线与轴线之间的夹角。该值大，有利于固相脱水，但螺旋的推料功率会增大，转鼓的半锥角一般选 6°～8°，污泥脱水机半锥角为 20°。

② 螺旋输送器。螺旋输送器是卧螺式离心机的重要部件之一，其推料叶片的形式很多，有连续整体螺旋叶片、连续带状螺旋叶片和间断式螺旋叶片等，最常用的是连续整体螺旋叶片。

螺旋叶片的叶片数，根据使用要求，可以是单头螺旋或双头螺旋，也可以是多头螺旋。双头螺旋较单头螺旋输渣效率高，但对机内流体搅动较大，不适宜分离细黏的低浓度物料，因为机内搅动大会导致分离液中含固量的增加，所以一般使用单头螺旋。

在推料过程中，螺旋输送器的叶片，特别对锥段部分，易受到物料的磨损。为了减少和避免螺旋叶片的磨损，需特别对锥段叶片的面进行硬化处理，如喷涂高硬度的合金、焊接合金块，或采用可更换的扇形耐磨片。

差速是指转鼓的绝对转速与螺旋输送器的绝对转速之差。差速大，螺旋的输渣量大，但差速过大会加剧机内流体的搅动，造成分离液中含固量的增加，缩短沉渣在干燥区的停留时间，增大沉渣的含湿量。转速差太小，会使螺旋的输渣量降低，差速器的扭矩会明显增大，或污泥输送不净造成转鼓堵塞。所以，在分离物料时，必须根据进料含固率，选择合适的转差，一般转速差以 1～10r/min 为宜。

③ 差速器。沉渣在转鼓内表面的轴向输送和卸料是靠螺旋与转鼓之间的相对运动，即差速来实现的，而差速是靠差速器来实现的。差速器是卧螺式离心机中最复杂、最重要的部件，其性能高低、制造质量优劣决定了整台卧螺式离心机的运行可靠性。差速器的结构形式很多，有机械式、液压式、电磁式等。

a.机械式。由一个电机，通过 2 组皮带轮分别带动转鼓和差速器，此种结构的转鼓转速和差速的改变要通过更换皮带轮来实现。电机采用变频调速，此结构电机变速时，不能同时满足转鼓转速和差速的要求，即满足了转鼓的转速就很难满足差速的要求。配置 2 个电机，分别采用变频调速，使转鼓转速和差速均能无级可调。转鼓转速恒定差速采用变频可调。

b.液压式。转鼓由主电机带动，转速恒定；差速由液压马达传动，无级可调。转鼓和差速分别由 2 个液压马达传动。

c.电磁式——涡流制动器。涡流制动器主要由固定不动的励磁线圈、磁极、机壳和高速旋转的电枢构成。运行时，当向励磁线圈中通以直流励磁电流时，在回路中将产生主磁通，当电枢轴被差速器小轴拖动高速旋转时，在电枢导体中将产生涡电流。根据楞次定律，涡电流的作用是要阻止电枢和磁场的相对运动，从而使拖动电枢旋转的差速器小轴受到制动，改变励磁电流的大小，就能改变差速器小轴的转速，从而使差速器的输出转速也随之改变。涡流制动器结构简单可靠，控制方便，节能，是一种较好的调速装置。

涡流制动器有下述特性：制动力矩随着励磁电流的增大而增大，随着励磁电流的减小而减小；在一定的励磁电流下，制动力矩几乎不随转速的变化而变化。液压式差速器由于结构复杂，维修困难，且能耗高，成本高，目前正被涡流制动器和机械电机调频调速器取代。而涡流制动器结构简单，能耗低，自动调速反应快，应用广泛。

（3）轴承 离心机转鼓、螺旋输送器和差速器中广泛使用滚动轴承或滑动轴承。轴承使用寿命的长短与轴承的制造精度、保持架的结构、材料、润滑脂的选择，以及机器振动、负载大小等因素有关。

（4）材质 离心机转子系统材质的选择主要考虑三个方面。

① 强度。离心机在高速运转时，转鼓要承受自身重量和分离物料在离心力场中产生的离心应力。应力的大小与离心机转鼓转速、物料和转鼓材质的相对密度有关。对于一般不锈钢材料，转鼓允许的最大圆周线速度为 70～75m/s。转鼓可采用钢板焊接和离心浇注两种工艺制造，离心浇注的特点如下。

a.通过合金元素的选配和离心浇注，可提高材料的致密性和强度，以满足转鼓在不同转速下的强度要求。

b.转鼓没有焊缝，可避免焊接引起的晶间腐蚀和筒体变形。

c.材料利用率高。

② 耐腐蚀。选用离心机时，必须考虑物料对离心机材料的耐腐蚀要求。

③ 耐磨保护。磨损主要取决于物料性质，对于坚硬、磨蚀性的物料，除选用耐磨材料外，合理设计结构可相对减少材料的磨损程度。从受力角度分析，磨损主要取决于物料对磨损面的正压力和物料与磨损面之间的相对速度，即 PV 值，设法改变 PV 值，即可减小磨损。此外，在转鼓内表面加纵向筋条，使覆盖在转鼓内表面的物料与转鼓壁无相对滑动，从而保护转壁面不受磨损，对螺旋叶片推料面可喷涂碳化钨或焊碳化钨合金片和其他耐磨合金。转鼓出料口可配可更换耐磨导套。

（5）卧螺式离心机的检修

① 更换零件。为保证脱水机无故障运行，在更换零件过程中必须注意：

a.接触面和滑动面，以及 O 形环和密封必须仔细清洁干净。

b.应将拆下的零件放到清洁、软性的表面上，以免刮伤零件表面。

c.用来拉出零件的每个螺钉端部应相互对齐。

② O 形环、密封和垫片。

a.检查 O 形环、密封和垫片是否损坏。

　　b. 检查 O 形环槽和密封表面是否清洁。

　　c. 更换 O 形环后，O 形环应完全装入槽内，并且 O 形环不得扭曲。

　　d. 密封圈安装完毕后，其开口端应指向正确方向。

　　③ 减振器。定期检查并更换破碎的减振器，以及橡胶件已经鼓起来或有裂纹的减振器。如果减振器有任何损坏，严禁开动脱水机。

　　④ 拆卸转鼓。

　　a. 当转鼓静止不动后，拆卸齿轮箱护罩、皮带护罩、进料管、主传动皮带以及中心传动皮带或联轴器。

　　b. 拆卸将轴承座固定到机架上的螺钉。

　　c. 拧松将盖固定到罩盖上的拉紧螺栓并打开盖。

　　d. 将吊环放入吊具的中间孔里，小心地吊起转鼓，找到转鼓重心位置，确保起吊平衡，仔细起吊转鼓组件、轴承座和齿轮箱，将它们放到平板上或木架上并固定住，防止滚动。

　　e. 在拆卸转鼓时要注意不得损坏齿轮箱连接盘上的加油嘴。

　　f. 对拆卸下的组件及相应的机架表面等各部位进行清洗，确保完全清洁。

　　⑤ 拆卸大端毂和小端毂。拆卸大端毂和小端毂时，为避免轴承超载荷，通常用一根吊索将其挂在起重机或类似设备上。拆卸时要小心，不得损坏轴承。

　　⑥ 拆卸齿轮箱。拆卸齿轮箱时，也要用吊车或类似设备将其吊起，并注意选择合适的工具松螺栓，不得损坏螺栓。

　　⑦ 拆卸大端主轴承和小端主轴承。小心地拆卸轴承，注意不得损坏轴承座，用手拆除密封圈座、轴盖、挡环及密封环等。对拆卸下来的螺钉进行清洁并仔细清洁齿轮箱连接器与轴颈间的接触面。

　　⑧ 拆卸螺旋输送器大端轴承和小端轴承。拆卸时，应在轴承座和中心穿孔的螺旋输送器上做好标记，以便在重新组装轴承座和螺旋输送器时便于对准。拆开整个组件、轴承座、止推环、轴承、O 形环及相应的密封垫等。

　　⑨ 拆卸输送螺杆。找到螺杆的重心，小心地平衡起吊螺杆。

　　⑩ 脱水机的安装。为拆卸的反过程，但在安装前要注意在适当的位置涂抹润滑脂，如安装齿轮箱时要先将齿轮槽涂上油脂，并小心地把齿轮箱和齿轮轴推进去，转动中心轮轴几转，以验齿槽是否啮合。在固定轴承座时，不要忘了弹簧垫圈。在轴承处要加润滑剂。在将输送螺杆放入转鼓中时，要注意调整螺杆的轴向位置及轴向间隙。

　　(6) 卧螺式离心机的维护

　　① 卧螺式离心机的腐蚀、锈蚀及点蚀。卧螺式离心机在易产生腐蚀及锈蚀的环境中，运行一段时间后，可能会被损坏。由于离心机高速运行时会产生很大的应力，所以离心机的任何腐蚀、锈蚀、化学点蚀及小裂缝等都是导致高应力削弱的因素，必须要有效地防止。需注意以下几点。

　　a. 至少每两个月检查一次转鼓的外壁是否有腐蚀、锈蚀产生。

　　b. 注意检查转鼓上的排渣孔的磨损程度、转鼓内的凹槽磨损程度、转鼓上是否有裂纹及转鼓上的化学点蚀程度。

　　c. 注意检查安装在转鼓上的螺栓，至少每三年更换一次。

　　② 定期清洗。首先以最高转鼓转速进行高速清洗，在高速清洗过程中，对管路系统、

脱水机机壳、转鼓的外侧和脱水机的进料口部分进行清洗，然后进入低速清洗过程，将转鼓中和输送螺杆上的剩余污泥冲洗掉。

③ 润滑。润滑剂必须保存在干燥、阴凉的地方，容器必须保持密闭，以防止润滑剂被灰尘和潮气污染。

a. 主轴承的润滑。当脱水机正在运行时，应经常润滑主轴承，最好在脱水机正好要停机前持续润滑一段时间，这样应能保证润滑脂均匀分布，使脱水机在转动中具有良好的润滑状态，并最大限度地防止弄脏轴承。如果脱水机每周停用一定时间，在脱水机停机前应润滑主轴承。如果脱水机停用时间超过两周，在停用期间必须每两周对主轴承润滑一次。

b. 输送螺杆轴承的润滑。当脱水机停机，并有效断开主电机的电源后方可润滑输送螺杆轴承。输送轴承在每次静态清洗之后或者如果当机组停车有大量的水引入或者旋转速度小于 300r/min 时也需要清洗。首次启动脱水机前要进行润滑，然后至少每月进行一次润滑。

c. 齿轮箱。首次启动脱水机前要检查齿轮箱中的油位，观察在运输过程中有无泄漏，齿轮箱上的箭头和油位标记是否表示正确的油位，如果有必要加油，首次运行 150h 后进行润滑。一季度更换一次齿轮箱油，并且至少每个月检查一下齿轮箱油位等情况。

d. 对主电机的润滑。应一季度进行一次。

④ 其他各项检查。

a. 对皮带的检查应一季度进行一次。

b. 每半年对地脚螺栓紧固程度进行检查，并检查减振垫，如果有必要更换新的。

c. 每个月检查一次转鼓的磨损及腐蚀情况，最大允许磨损小于 2mm。

d. 每个月检查一次排料口衬套的磨损情况。

e. 每个季度检查一次报警装置、自动切断装置及监测系统等安全设备，如检查振动开关、保护开关和紧急停机按钮是否起作用。

f. 至少每年检查一次离心机和电机的基座及所有支承机架、外壳盖和连接管件。

g. 每个季度检查一次铭牌和警示标记是否完好。

（7）卧螺式离心机的设备故障现象、原因及处理方法

卧螺式离心机的设备故障现象、原因及处理方法见表 2-6。

表 2-6 卧螺式离心机的设备故障现象、原因及处理方法

故障现象	原因及处理方法
离心机处理量逐渐变小	(1)离心机转速下降,可张紧传送皮带,检查电机,并检查供电频率及电压; (2)进料管道或机器内的通道堵塞,要检查、排除堵塞物; (3)螺旋推料器叶片磨损,可以更换螺旋推料器叶片或叶片上的防磨片
污泥泥饼变稀	(1)转速增大了,扭矩减少了,可以适量调整差速和扭矩; (2)主机转速下降,可张紧传送皮带,检查电机,并检查供电频率及电压; (3)螺旋推料器叶片磨损,可以更换螺旋推料器叶片或叶片上的防磨片; (4)堰板发生变化,可以降低堰板控制的液位高度
出口的清液变浑	(1)主机的转速下降,可张紧传送皮带,检查电机,并检查供电频率及电压; (2)差速过大,应调整差速到适当值; (3)堰板高度发生变化,可调整堰板使液位深度提高
絮凝剂用量变大	(1)推进器叶片磨损,可以修复更换叶片; (2)差速过大,可以调整差速到适当; (3)流速过大,可以降低流速到适当

续表

故障现象	原因及处理方法
机器振动过大	(1)固形物堵塞机内进料口,应及时清除堵塞物; (2)差速过小,应调整差速至适当; (3)动平衡破坏,有磨损、变形或损坏,应及时修复磨损变形损坏的部件; (4)软连接、减振器失效,更换软连接或减振器; (5)基础安装不牢固,可进一步固定机器的底脚螺钉
噪声过大	(1)平衡破坏,有堵塞、磨损或变形,应检修相关部件; (2)主机转速过高,可降低转速至适当; (3)扭矩过大,应降低扭矩至适当; (4)轴承润滑不正确,要更换润滑油或更换轴承; (5)排出口敞开,连接排出口管道; (6)出泥饼不畅,应使出泥饼畅通
扭矩过大造成停机	(1)差速太小,调整差速; (2)出泥饼口受阻,应使出泥饼畅通; (3)螺旋推料器轴承遭损或润滑欠佳,应更换轴承或保证润滑; (4)机器的齿轮箱扭矩过小,调整扭矩; (5)机器的相关部件损坏或故障,应及时检修
离心机无法启动	(1)动力部分故障,可能是皮带损坏或主轴承损坏,应检修; (2)转鼓受阻,可能为转鼓变形,或有异物卡住; (3)机盖未盖好也会造成无法启动; (4)无电源供给或供电电压过小; (5)主电机故障
离心机电机电流大,过热	(1)转鼓故障使主电机运行电流大,要及时排除故障; (2)主轴承故障,可以更换轴承或润滑油; (3)频繁启动也可能造成电机电流大及产生过热现象; (4)电源不正常; (5)主电机本身故障

五、滗水器

1. 滗水器的类型与构造

滗水器（图 2-13）是 SBR 工艺的关键设备，起排出反应池内上清液的作用。目前，国内生产的滗水器主要有机械式、浮力式和虹吸式三种。机械式滗水器分为旋转式和套筒式。

旋转式滗水器由电动机、减速执行装置、传动装置、挡渣板、浮筒、淹没出流堰口、回转支撑等组成。电动机带动减速执行装置，使堰口绕出水总管做旋转运动，滗出上清液，液面也随之下降。旋转式滗水器对水质、水量变化有很强的适应性，且技术性能先进、旋转空间小、工作可靠、运转灵活。其主要特点有：

① 滗水深度可达 3m，设备整体耐腐蚀性好，运转可靠性高；

② 设备选用先进的移动行程开关及安全报警装置，使设备在运行过程中具有较大的活动性和可调性，以适应水质、水量的变化，能够实现自动停机报警，减少不必要的经济损失；

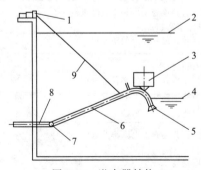

图 2-13　滗水器结构

1—电动机减速机；2—最高水位；3—浮箱；
4—最低水位；5—收水口；6—排水管；
7—旋转接头；8—出水管；9—牵引线

③ 回转支承采用自动微调装置，它高效低阻密封，密封可靠，自动调心，转动灵活，节省动力；

④ 滗水器运行过程中在最佳的堰口负荷范围内，堰口下的液面不起任何扰动，且堰口处设有浮筒、挡渣板部件，以确保出水水质达到最佳状态。

套筒式滗水器有丝杠式和钢丝绳式两种，都是在一个固定的池内平台上，通过电动机丝杠或滚筒上的钢丝绳，带动出流堰口上下移动。堰口下的排水管插在有橡胶密封的套筒上，可以随出水堰上下移动。套筒连接在出水总管上，将上清液滗出池外，在堰口上也有一个拦浮渣和泡沫用的浮箱，采用剪刀式铰链的堰口连接，以适应堰口淹没深度的微小变化。

浮力式滗水器是依靠上方的浮箱本身的浮力，使堰口随液面上下运动而不需外加机械动力，按堰口形状可分为条形堰式、圆盘堰式和管道式等。堰口下采用柔性软管或肘式接头来适应堰口的位移变化，将上清液滗出池外。浮箱本身也起拦渣作用。为了防止混合液进入管道，在每次滗水结束后，采用电磁阀或自力式阀关闭堰口，或采用气水置换浮箱，将堰口抬出水面。

虹吸式滗水器实际上是一组淹没出流堰，由一组垂直的短管组成，短管吸口向下，上端用总管连接，总管与 U 形管相通，U 形管一端高出水面，一端低于反应池的最低水位，高端设自动阀与大气相通，低端接出水管以排出上清液。运行时通过控制进、排气阀的开闭，采用 U 形管水封封气，来形成滗水器中循环间断的真空和充气空间，达到开关滗水器和防止混合液流入的目的。滗水的最低水面限制在短管吸口以上，以防止浮渣或泡沫进入。

2. 维修与保养

经常巡查滗水器收水装置的充气放气管路以及充放气电磁阀，发现有管路断开、堵塞、电磁阀损坏等问题，应及时清理、更换。

定期检查旋转接头、伸缩套筒和变形波纹管的密封状况和运行状况，发现其断裂、不正常变形、不能恢复时应予更换，并按使用要求定期更换。

注意观察浮动收水装置的导杆、牵引丝杆或钢丝绳的形态和运动情况，发现有变形、卡阻等现象，应及时维修或予以更换。对长期不用滗水器的导杆，应防止其锈蚀卡死，做好电动机、减速机的维护。

六、曝气设备

曝气设备是污水生化处理工程中必不可少的设备，其性能的好坏，直接表现为能否提供较充足的溶解氧，是提高生化处理效果及经济效益的关键。常用的曝气设备有转刷曝气机、转盘曝气机、膜片式微孔曝气器等。曝气装置系指曝气过程中的空气扩散装置。常用的扩散装置分微孔气泡、中小气泡、大气泡以及水力剪切型、机械剪切型等。这些曝气器分别采用玻璃钢、热塑性塑料、陶瓷、橡胶和金属材料等，其空气转移效率均比穿孔曝气器有很大提高。

1. 转刷曝气机

转刷曝气机是氧化沟工艺中普遍采用的一种表面曝气设备，具有充氧、混合、推进等作用，向沟内的活性污泥混合液中进行强制充氧，以满足好氧微生物的需要，并推动混合液在沟内保持连续循环流动，以使污水与活性污泥保持充分混合接触，并始终处于悬浮状态。

2-10 泵形
叶轮曝气器

（1）转刷曝气机的结构 转刷曝气机主要由电机、减速装置、转刷主体及联接支承等部件组成，图 2-14 为外形结构。

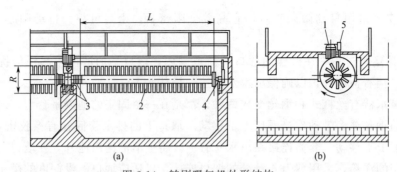

图 2-14　转刷曝气机外形结构

1—电机；2—转刷；3—软轴联轴器；4—边轴承；5—湿度过滤器

这种结构的转刷适用于中小型氧化沟污水厂。电机与减速机之间采用三角皮带连接，减速机通过弹性联轴节和 2 个轴承座与转刷的主轴相连，电机、减速机、转刷固定在机架上。机架上有平台和栏杆护手，整个设备靠机架固定在氧化沟槽上。电机采用卧式电机，包括普通电机、多级变速电机以及无级变速电机；减速机则采用标准的摆线针轮减速机。采用桥式结构制造安装极为方便，可在厂内整机装配后包装运至现场，安装时只需在预定位置上调整水平即可。

（2）转刷曝气机的维护

① 由于转刷曝气机一般都为连续运转，因此要保持其变速箱及轴承的良好润滑，两端轴承要一季度加注润滑脂一次，变速箱至少要每半年打开观察一次，检查齿轮的齿面有无点蚀等痕迹。

② 应及时紧固及更换可能出现松动、位移的刷片。

2. 转盘曝气机

转盘曝气机是在消化吸收国外先进技术的基础上，结合我国特点开发的高效低耗氧化沟曝气装置，主要用于由多个同心沟渠组成的 Orbal 型氧化沟，具有充氧效率高、动力消耗省、推动能力强、结构简单、安装维护方便等特点。

（1）AD 型剪切式转盘曝气机结构和特点　AD 型剪切式转盘曝气机主要由电机、减速装置、柔性联轴节、主轴、转盘及轴承和轴承座等部件组成。

① 电机。采用立式户外型，占地省，受转盘激起的水雾影响小。

② 减速装置。采用圆锥-圆柱齿轮减速，齿轮均为硬齿面，承载力大、结构紧凑、体积小、重量轻、运行平稳。

③ 主轴。由无缝钢管及端法兰组成，用螺栓和轴头（或联轴器）连接。钢管经调质处理，外表镀锌或沥青清漆防腐，具有重量轻、刚度大、耐蚀性强、使用寿命长的特点。

④ 柔性联轴节。其摒弃了传统的连接和支撑方式，经减速后由柔性联轴节直接将速度传递于主轴，具有承受径向载荷大、传递力矩大、允许一定的径向和角度误差的优点，为方便安装和长时间的连续平稳运行提供了保障。

⑤ 转盘。转盘由两个半圆形圆盘以半法兰与主轴相连接而成，转盘两侧开有不穿透的曝气孔，表面设有剪切式叶片。转盘在旋转过程中，对污水起着充氧、搅拌、推流和混合作用。由于转盘两侧表面设有剪切式叶片，所以与传统盘片相比，它不仅大幅度地提高充氧能力，同时极大地增加了推动力。转盘是由轻质高强度、耐蚀性强的玻璃钢压铸而成。

（2）主要技术性能

① 转盘直径：$\phi 1000 \sim 1400$mm；

② 转速：40～60r/min；

③ 转盘浸没深度：300～550mm；

④ 充氧能力：0.5～2.0kgO₂/（片·h）（0.1MPa 20℃无氧清水）；

⑤ 动力效率：1.5～4.0kg O₂/（kW·h）（以轴功率计）；

⑥ 氧化沟设计有效水深：2.5～5.0m；

⑦ 转盘安装密度：3～5 片/m；

⑧ 电机功率：0.5～1.0kW/片；

⑨ 转盘单轴最大长度（B）：6m。

3. 膜片式微孔曝气器

（1）膜片式微孔曝气器的结构及工作原理　膜片式微孔曝气器系统主要由曝气器底座、上螺旋压盖、空气均流板、合成橡胶等部件组成，见图 2-15。合成橡胶膜片上开有 2100～2500 个按一定规则排列的开闭式孔眼。充气时，空气通过布气管道、空气均流板，均匀进入橡胶膜片之间，在空气压力作用下，使膜片微微鼓起，孔眼张开，达到布气扩散的目的；停止供气时，由于膜片和空气均流板之间压力渐渐下降，使孔眼逐渐闭合，当压力全部消失后，由于水压作用和膜片本身的回弹性作用，将膜片压实于空气均流板之上。鉴于上述构造以及膜片本身的良好特性，曝气池中的混合液就不可能产生倒灌，因此，也不会玷污孔眼；另一方面，当孔眼开启时，由于橡胶的弹性作用，空气中所含的少量尘埃，也不会造成曝气器的缝隙堵塞。

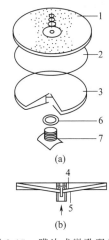

图 2-15　膜片式微孔曝气器
1、4—微孔合成橡胶膜片；
2—不锈钢丝箍；3—底座；
5—通气孔；6—垫圈；7—安装接头

（2）膜片式微孔曝气器的性能特点

① 气体扩散胶板是由优质合成橡胶制成的，橡胶膜片扩散出来的气泡直径小，气液界面面积大，具有较高的传质速度，充氧效率高。与其他现行曝气装置相比，可以大大节省电耗，降低污水处理的运行成本。

② 橡胶膜片上开有大量的自闭孔眼，随着充氧和停止运行，孔眼都能自动张开和闭合，因此，不产生孔眼堵塞、玷污等弊病；同时，进入曝气器的空气不需进行除尘净化，当曝气池停止运行时，污水混合液也不会倒灌，可以减少大量运行费用及维修工作量。

③ 由于膜片式微孔曝气器可满布在曝气池底部，在池中溶解氧均匀，可适用于各种池型和深度，也可以对原有曝气池进行改造，提高其效果。

（3）膜片式微孔曝气器的性能参数

① 曝气器尺寸（平板型）：Ⅰ型 D＝260mm，Ⅱ型 D＝215mm（球冠形）；

② 曝气器膜片平均孔径为 80～100μm；

③ 空气流量 1.5～3m³/（个·h）；

④ 服务面积Ⅰ型 0.5～0.7m²/个，Ⅱ型 0.35～0.5m²/个；

⑤ 氧总转移系数 k_{La}（20℃）为 0.204～0.337/min；

⑥ 氧利用率（水深 3.2m）为 18.4%～27.7%；

⑦ 充氧能力 0.112～0.185kgO₂/（m³·h）；

⑧ 充氧动力效率 $4.46 \sim 5.19 kgO_2/(kW \cdot h)$；

⑨ 曝气器阻力 $180 \sim 280 mmH_2O$（$1mmH_2O = 9.80665Pa$）。

（4）调试检验的方法

① 池底支干管采用的钢管（或塑料管）规格由设计气量大小决定，每个分叉点以 50mm 外螺纹短管与通气螺杆连接。

② 微孔曝气器均匀布置于曝气池底部，一般曝气器的表面距池底为 250mm 或配气管和中心线距池 100mm；对于推流式曝气池大多采用渐减曝气方式，可分为 50%、27%、23% 三段布置，这种布置方式能使系统进一步达到优化运行。

③ 安装曝气器时，全池内的曝气器的表面高差不应超过 30mm。

④ 安装完成后，必须进行清水调平、通气检查，如有曝气器出现漏气应及时拧紧或更换，合格后方可放水运行。

4. 球冠形可张微孔曝气器

球冠形可张微孔曝气器是根据污水生化处理的工艺特点，在原膜片式微孔曝气器的基础上进行开发的新型曝气装置。其微孔曝气器及支撑托盘呈独特的球冠形结构，具有优异的防堵及防水体倒流的性能，在间歇运行工况条件下，充氧效率更高。

（1）球冠形可张微孔曝气器的结构与工作原理　球冠形可张微孔曝气器主要由曝气膜片、支撑托盘、螺旋压盖、螺纹接嘴等部件组成。组装时只要将橡胶膜片套在支撑托盘上，用螺旋压盖拧紧即可。球冠形可张微孔曝气器工作时，空气由布气管经支撑托盘通气道进入曝气膜片间。在空气压力作用下，使膜片微微鼓起，孔眼张开，在水中可产生直径小于 3mm 的微气泡。停止供气时，由于膜片和托盘之间压力渐渐下降，以及水压和膜片本身的回弹性作用，使孔眼逐渐闭合，将膜片压实于支撑托盘上。

（2）球冠形可张微孔曝气器的特点

① 防堵、防倒灌性好。曝气器成球冠形，无论曝气池水质复杂，还是间歇运行，其表面不易积污泥。现在有一些较为独特的先进技术，将膜片打孔为斜穿切口式，另外在顶部中心设立特形密封圈，更有效阻止水体的倒流。

② 膜片抗撕裂性强。由于橡胶膜片为球冠形，工作时，孔眼张开受力均匀，疲劳变形程度降低，回弹性好，不易撕裂，使用寿命长。

③ 布气均匀，节能高效。球冠形曝气器表面积较平板式相对较大，气泡小，布气均匀，充氧效率高，处理效果好，特别是低气量工作时，仍能发挥这一特性，运行管理方便。

④ 耐老化，抗腐蚀。球冠形曝气器膜片选用优质橡胶制成，支撑托盘及螺纹接嘴的材质均具有优异的物理和机械性能，耐老化性能优良，并耐酸、碱等化学腐蚀。

⑤ 阻力损失小。由于曝气器独特的防堵、防水体倒流性能，省去了平板式微孔曝气器附设的逆止阀，从而降低了曝气器的阻力，节省了能耗。

（3）BZQW-192 型球冠形可张微孔曝气器技术性能参数

① 曝气器尺寸为 $D192mm \times 180mm$；

② 适用工作空气量为 $0.8 \sim 3m^3/(h \cdot 个)$；

③ 服务面积为 $0.35 \sim 0.6m^3/个$；

④ 氧利用率为 24% ~ 31%（6m 水深时可达 40.7%）；

⑤ 充氧能力为 $0.169 \sim 0.244 kgO_2/h$；

⑥ 充氧动力效率为 $6.5 \sim 6.8 kgO_2/(kW \cdot h)$；

⑦ 曝气器阻力损失为 $\leqslant 3200Pa$。

（4）调试检验方法　同膜片微孔曝气器调试检验方法。

七、闸阀、闸门

在污水处理厂中使用的闸门与阀门种类繁多。闸门有铸铁闸门、平面钢闸门、速闭闸门等，阀门有闸阀、止回阀、蝶阀、球阀、截止阀等。

1. 闸门

在污水处理厂中，闸门一般设置在全厂进水口、沉砂池、沉淀池、泵站进水口及全厂出水管渠口处，其作用是控制水厂的进出水量或者完全截断水流，闸门的工作压力一般都小于 $0.1MPa$，大都安装在迎水面一侧。

在污水处理厂中使用的大多为铸铁单面密封平面闸门，按形状分为圆形闸门和方形闸门。圆形闸门的直径一般为 $200 \sim 1500mm$，方形闸门的尺寸一般在 $2000mm \times 2000mm$ 以下。

铸铁闸门的闸框安装在混凝土构筑物上，给闸板的上下运动起导向和密封作用。为了加强闭水效果，在闸板和闸框之间都设有楔形压紧机构，这样，在闸门关闭时，在闸门本身的重力及启闭机的压力下，楔形块产生一个使两个密封面互相压紧的反作用分力，从而达到良好的闭水效果。

2. 阀门

阀门是在封闭的管道之间安装的，用以控制介质的流量或者完全截断介质的流动。在污水处理厂中，介质主要为污水、污泥和空气。按介质的种类可分为污水阀门、污泥阀门、清水阀门、加药阀门、高低压气体阀门等；按功能可分为截止阀、止回阀、安全阀等；按结构可分为蝶阀、旋塞阀、闸阀、角阀和球阀等；按驱动动力可分为手动、电动、液动及气动四种方式；按公称压力可分为高压、中压和低压三类。

阀门的型号根据阀门的种类、阀体结构、阀体材料、驱动方式、公称压力及密封或衬里材料等，分别用汉语拼音字母及数字表示。各类阀门型号含义参见国家标准《阀门　型号编制方法》（GB/T 32808—2016）规定。

（1）闸阀　闸阀由阀体、闸板、密封件和启闭装置组成。其优点是当阀门全开时通道完全无障碍，不会发生缠绕，特别适用于含有大量杂质的污水、污泥管道中。它的流通直径一般为 $50 \sim 1000mm$，最大工作压力可达 $4MPa$。流通介质可以是清水、污水、污泥、浮渣或空气。其缺点是密封面太长，易于外泄漏，运动阻力大，体积较大等。

（2）蝶阀　蝶阀是污水处理厂中使用最为广泛的一种阀门，它的流通介质有污水、清水、活性污泥及低压气体等。蝶阀由阀体、内衬、蝶板及启闭机构几部分组成。阀体一般由铸铁制成，与管道的连接方式大部分为法兰盘。内衬多使用橡胶材料或者尼龙材料，可实现阀体与蝶板间的密封，避免介质与铸铁阀门的接触以及法兰盘密封。蝶板的材质由介质来决定，有的是加防腐涂层或镀层的钢铁材料，有的是不锈钢或者铝合金。其启闭机构分手动和电动两种。小型蝶阀可直接用手柄转动，大一些的要借助蜗杆、蜗轮减速增力，还可用齿轮和螺旋减速使得蝶板转动。电动蝶阀的启闭机构由电机、减速机构、开度表及电器保护系统组成。启闭机构与阀体之间用盘根或橡胶油封等密封，以防止介质泄漏。其优点是密封性好、成本低，缺点是阀门开启后，蝶板仍横在流通管道的中心，会对介质的流动产生阻碍，介质中的杂质会在蝶板上造成缠绕。因此，在含浮渣较多的管道中应避免使用蝶阀。另外，在蝶阀闭合时，如果在蝶板附近有较多沉砂淤积，泥沙会阻碍蝶板的再次开启。

（3）止回阀　止回阀又称逆止阀或单向阀，它由阀体和装有弹簧的活瓣门组成。其工作原理为：当介质正向流动时，活瓣门在介质的冲击下全部打开，管道畅通无阻；在介质倒流的情况下，活瓣门在介质的反向压力下关闭，以阻止介质的倒流，从而可以保证整个管网的正常运行，并对水泵及风机起到保护作用。

在污水处理厂中，由于工艺运行的需要，还常使用缓闭止回阀，用以消除停泵时出现的水锤现象。缓闭止回阀主要由阀体、阀板及阻尼器三部分组成。停泵时阀板分两个阶段关闭。第一阶段在停泵后借阀板自身重力关闭大部分，尚留一小部分开启度，使形成正压水锤的回冲水流过，经水泵、吸水管回流，以减少水锤的正向压力；同时由于阀板的开启度已经变小，防止了管道水的大量回流和水泵倒转过快。第二阶段时，将剩余部分缓慢关闭，以免发生过快关闭的水锤冲击。

3. 闸门与阀门的检修与维护

（1）闸门与阀门的润滑部位以螺杆、减速机构的齿轮及蜗轮蜗杆为主，这些部位应每三个月加注一次润滑脂，以保证转动灵活和防止生锈。有些闸或阀的螺杆是露天的，应每年至少一次将暴露的螺杆清洗干净，并涂上新的润滑脂。有些内螺旋式的闸门，其螺杆长期与污水接触，应经常将附着的污物清理干净后涂以耐水冲刷的润滑脂。

（2）在使用电动阀或闸时，应注意手轮是否脱开，板杆是否在电动的位置上。如果不注意脱开，在启动电机时一旦保护装置失效，手柄可能高速转动伤害操作者。

（3）在手动开或关时应注意，一般用力不要超过15kg，如果感到很费劲，就说明阀杆有锈死、卡死或者弯曲等故障，此时应在排除故障后再转动；当闸门闭合后，应将闸门的手柄反转一两圈，以免给再次开启造成不必要的阻力。

（4）电动闸与阀的转矩限制机构，不仅起扭矩保护作用，当行程控制机构在操作过程中失灵时，还起备用停车的保护作用。其动作扭矩是可调的，应将其随时调整到说明书给定的扭矩范围之内。有少数闸阀是靠转矩限制机构来控制闸板或阀板压力的，如一些活瓣式闸门、锥形泥阀等，如调节转矩太小，则关闭不严；反之则会损坏连杆，更应格外注意转矩的调节。

（5）应将闸和阀的开度指示器的指针调整到正确的位置，调整时首先关闭闸门或阀门，将指针调零后再逐渐打开；当闸门或阀门完全打开时，指针应刚好指到全开的位置。正确的指示有利于操作者掌握情况，也有助于发现故障，例如当指针未指到全开位置而马达停转，就应判断这个阀门可能卡死。

（6）在北方地区，冬季应注意阀门的防冻措施，特别是暴露于室外、井外的阀门，冬季要用保温材料包裹，以避免阀体被冻裂。

（7）长期闭合的污水阀门，有时在阀门附近形成一个死区，其内会有泥沙沉积，这些泥沙会对蝶阀的开合形成阻力。如果开阀的时候发现阻力增大，不要硬开，应反复做开合运动，以促使水将沉积物冲走，在阻力减小后再打开阀门。同时如发现阀门附近有经常积砂的情况，应时常将阀门开启几分钟，以利于排除积砂；同样对于长期不启闭的闸门或阀门，也应定期运转一两次，以防止锈死或淤死。

（8）在可燃气体管道上工作的阀门如沼气阀门，应遵循与可燃气体有关的安全操作规程。

练习题

1. 选择题

(1) 污水处理厂常用的水泵有（　　　　）。

A. 离心泵、轴流泵 　　　　　　　　　B. 混流泵、螺杆泵

C. 罗茨鼓风机、计量泵 　　　　　　　D. 以上都是

(2)（　　　）不是螺杆泵流量过小的原因。

A. 转速太低 　　　　　　　　　　　　B. 轴封泄漏

C. 转子磨损，不能工作 　　　　　　　D. 以上都不是

(3) 离心式鼓风机主要组成部分不包括（　　　）。

A. 鼓风机 　　　　　　　　　　　　　B. 联轴器

C. 控制和仪表系统 　　　　　　　　　D. 密封装置

(4) 吸泥机的组成包括（　　　）。

A. 桥架 　　　　　　　　　　　　　　B. 端梁

C. 驱动装置 　　　　　　　　　　　　D. 浮渣排除装置

(5) 滗水器的优点（　　　）。

A. 滗水深度大 　　　　　　　　　　　B. 转动灵活

C. 设有浮渣挡板，出水水质好 　　　　D. 价格便宜

2. 填空题

(1) 离心式鼓风机中要实现叶轮转速超过原电动机的转速，需要有_____设备。

(2) 离心泵主要由_____、泵轴、_____、联轴器和密封装置组成。

(3) 回转式刮泥机的驱动方式分为两种，包括中心驱动式和_____。

(4) 卧螺式离心机主要由转鼓、螺旋输送器和_____三部分组成。

(5) 转盘曝气机具有充氧效率高、动力消耗省、推动能力强、_____、安装维护方便等特点。

3. 判断题

(1) 污水泵往往采用封闭式叶轮单槽道和双槽道结构，以防止杂物堵塞。　　　（　　　）

(2) 潜水泵的主要缺点是：对电机的密封要求较高，如密封不好会因漏水而烧坏电机。

（　　　）

(3) 风机按照工作原理可分为容积式和透平式两种。　　　　　　　　　　（　　　）

(4) 小规模污水处理厂一般选用单极鼓风机。　　　　　　　　　　　　　（　　　）

(5) 钟式刮砂机主要优点为节能、占地面积小、结构简单、便于维护。　　　（　　　）

4. 简答题

(1) 离心泵常见的故障有哪些？应如何检查维护？

(2) 鼓风机常见的故障有哪些？如何检查维护？

(3) 带式压滤机常见的故障有哪些？如何检查维护？

(4) 卧螺式离心机设备常见的故障有哪些？如何检查维护？

(5) 简述转刷曝气机、转盘曝气机、膜片式微孔曝气器和球冠形可张微孔曝气器之间的优缺点和各自适应的状况。

污水处理各单元的调试管理

📚 **本章学习目标**

了解格栅、沉砂池、过滤池、中和池、吸附池、消毒池、混凝池、沉淀池、气浮池、污泥脱水机的结构和工作原理。

熟悉格栅、沉砂池、过滤池、中和池、吸附池、消毒池、混凝池、沉淀池、气浮池、污泥脱水机等设备在正常运行中的管理工作。

掌握格栅、沉砂池、过滤池、中和池、吸附池、消毒池、混凝池、沉淀池、气浮池、污泥脱水机等设备在出现异常现象时的调试方法。

🎞 **素质目标**

养成认真严谨的工作态度，具有爱岗敬业、尽忠职守的责任心。

第一节　格栅的调试管理

一、格栅

格栅是污水处理厂的第一个处理单元，它的主要作用是去除污水中较大的悬浮物和漂浮物，以保护后续处理设施正常运行。格栅主要去除的是可能堵塞水泵机组及管道阀门的较大的悬浮物或漂浮物。

废水中往往含有较大的悬浮物和漂浮物，如纤维、毛发、果皮、蔬菜、塑料制品等。为了保护其他机械设备正常运行，减轻后续处理负荷，必须设置格栅除污机。格栅除污机主要有链条式机械格栅、移动式伸缩臂机械格栅、钢丝绳牵引式机械格栅、圆周回转式机械格栅，见表3-1。在不同的场合，对不同的水量水质，可有不同的组合。

表 3-1　几种机械格栅及其使用范围

类型	使用范围	优点	缺点
链条式机械格栅	深度不大的中小型格栅，主要清除长纤维、带状物	1.构造简单，制造方便； 2.占地面积小	1.杂物进入链条和链轮之间时，容易卡住； 2.套筒滚子链造价高，耐腐蚀性差

续表

类型	使用范围	优点	缺点
移动式伸缩臂机械格栅	中等深度的宽大格栅	1.不清污时,设备全部在水面上,维修检修方便; 2.可不停水检修; 3.钢丝绳在水面上运行,寿命较长	1.需三套电动机、减速器,构造较复杂; 2.移动时,耙齿与栅条间隙的对位较困难
钢丝绳牵引式机械格栅	固定式适用于小型格栅,深度范围较大;移动式适用于宽大格栅	1.使用范围广泛; 2.无水下固定部件的设备,检修维护方便	1.钢丝绳干湿交替,易腐蚀,宜用不锈钢丝绳; 2.有水下固定部件的设备,设备检修时需停水
圆周回转式机械格栅	深度较浅的中小型格栅	1.构造简单,制造方便; 2.动作可靠,容易检修	1.配置圆弧形格栅,制造较困难; 2.占地面积较大

1. 链条式平面格栅除污机

3-1 回转式格栅

链条式平面格栅除污机主要由驱动机构、主轴、链轮、牵引链、齿耙、过载保护装置和框架结构等组成,其工作原理如图 3-1 所示。

由驱动机构驱动主轴旋转,主轴两侧主动链轮使两条环形链作回转运动,在环形链条上均布 6～8 块齿耙,耙具间距与格栅间距配合,回转时耙齿插入栅片间隙中,将格栅截留的栅渣刮至平台上端的卸料处,由卸料装置将污物卸至输送机或积污容器内。牵引耙齿的链条,常用节距为 35～50mm 的套筒滚子链。为了延长使用寿命,可采用不锈钢材质。

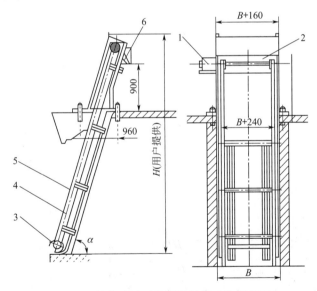

图 3-1　链条式平面格栅除污机工作原理图
1—驱动机构;2—主轴;3—从动轮;4—耙齿;5—机架;6—卸料滑板

链条式平面格栅除污机（图 3-2）,适用于深度不大的中小型格栅,主要清除长纤维、带状物等生活污水中的杂物。链条式平面格栅除污机结构紧凑,运转平稳,工作可靠,不易出现耙齿插入不准的情况。使用中应注意由于温差变化、荷载不均、磨损等导致链条伸长或收缩,需随时对链条与链轮进行调整与保养,及时清理缠挂在链条、齿耙上的污物,以免卡入链条与链轮间影响运行。

2. 移动式伸缩臂格栅除污机

移动式伸缩臂格栅除污机主要由驱动机构、机架、链轮、导轨、齿耙和卸污装置等组成，如图 3-3 所示。

由于链条式平面格栅除污机在平台以下部分全部浸没在水下，易腐蚀，难以维修保养，且链条及链轮都易缠绕水中的污物，一旦被缠绕物卡住将影响运行，甚至毁损机件。移动式伸缩臂格栅除污机链条及链轮全部在水面以上工作，具备一般链条式除污机所没有的优点。

3-2 移动伸缩臂式格栅除污机

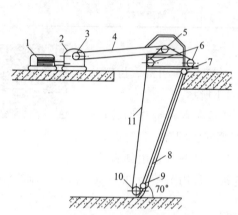

图 3-2　链条式平面格栅除污机示意图

1—电动机；2—减速器；3—主动链轮；
4—传动链条；5—从动链轮；6—张紧轮；
7—导向轮；8—格栅；9—齿耙；
10—导向轮；11—除污链条

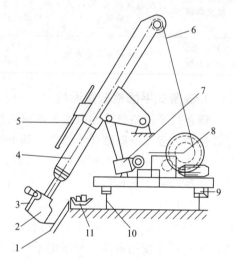

图 3-3　移动式伸缩臂格栅除污机示意图

1—格栅；2—耙斗；3—卸污板；
4—伸缩臂；5—卸污调整杆；6—钢丝绳；
7—臂角调整机构；8—卷扬机构；9—行走轮；
10—轨道；11—皮带运输机

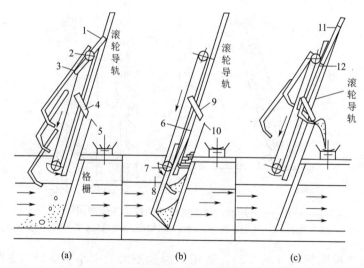

图 3-4　移动式伸缩臂格栅除污机工作原理图

1，6，11—滚轮；2，7，12—主滚轮；3，8—齿耙；4，9—小耙；5，10—滑板

移动式伸缩臂格栅除污机的工作原理如图 3-4 所示。三角形齿耙架的滚轮设置在导轨内，另一主液轮与环形链铰接。由驱动机构传动分置于两侧的环形链，牵引三角形齿耙架导

轨升降。下行时，三角形齿耙架的主滚轮，在环形链条的外侧，齿耙张开下行。下行至终端，主液轴回转到链轮内侧，三角形齿耙插入格栅栅条间隙内。上行时，齿耙把截留于格栅上的栅渣扒集至卸料口，由卸污装置将污物推入滑板，排至集污槽内。此时三角形齿耙架的主滚轮已上行至环链的上端，回转至环链的外侧，齿耙张开，完成一个工作循环。

移动式伸缩臂格栅除污机栅片的有效间距为 $10 \sim 50 mm$，耙的除污速度为 $6 \sim 8 m/min$。为防止由于齿耙间歪斜或栅渣嵌入栅片造成卡死现象，在驱动减速器与主动链轮的连接部位，安装了过力矩保护开关。当负荷达到额定限度时，极限开关便切断电源停机并报警。有些机型安装了摩擦联轴器，超负荷时，联轴器打滑，从而保护了链条及齿耙。

移动式伸缩臂格栅除污机的主要故障是齿耙不能正确地插入栅条，主要有如下几个原因：

① 格栅下部有大量泥沙、杂物堆积，齿耙下降不能到位。此种情况往往出现在较长时间停机后再启动，或突降暴雨后。这就需要清理之后再开机。

② 链条经一段时间运行后疲劳松弛，甚至错位，或两链条张紧度不一，导致耙齿歪斜。应每运行一个月，调整链条的张紧度，并使齿耙处于水平位置，确保齿耙正确插入。

③ 格栅片扭曲变形。主要是由格栅片受外力撞击或齿耙卡死，继续牵引造成。出现该状况，应整修栅片。

移动式伸缩臂格栅除污机，适用于中等深度的宽大格栅，耙斗式适用于废水除污。优点是：不清渣时，设备全部在水面上，维护检修方便；可不停水检修；钢丝绳在水面上运行，寿命长。缺点是：需三套电动机、减速机，构造较复杂；移动时齿耙与栅条间隙对位较困难。

3. 钢丝绳牵引式格栅除污机

钢丝绳牵引式格栅除污机，应用钢丝绳索牵引耙斗，清除格栅上被截留的污物，其结构有二索式、三家式、抓斗式。该除污机主要由驱动机构、卷筒、钢丝绳、耙斗、绳滑轮、耙斗张紧装置、机械过力矩保护装置和机架等组成。图3-5为钢丝绳牵引二索滑块式格栅除污机结构示意图。

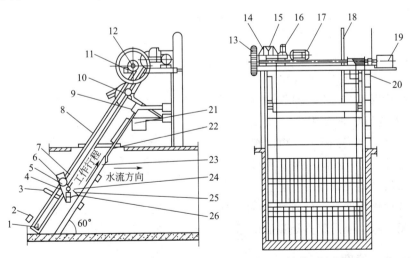

图 3-5　钢丝绳牵引二索滑块式格栅除污机结构示意图

1—限位螺栓；2—自锁撞块；3—除污耙自锁栓；4—耙臂；5—销轴；6—摆动限位板；7—滑块；8—导轨；9—刮板；10—提耙导轨；11—底座；12—卷筒轴；13—齿轮；14—卷筒；15—减速机；16—制动器；17—电动机；18—扶梯；19—限位器；20—松绳开关；21—上溜板；22—下溜板；23—格栅；24—抬耙棍；25—钢丝；26—耙齿板

钢丝绳牵引式格栅除污机，固定式适用于中小型格栅，深度范围广，移动式适用于宽大格栅。优点是：适用范围广，无水下固定部件的设备，维护检修方便。缺点是：钢丝绳干湿交替易腐蚀，需采用不锈钢丝绳，货源困难。

3-3 滚筒筛

4. 鼓形栅筐格栅除污机

鼓形栅筐格栅除污机，又称细栅过滤器或螺旋格栅机，是一种集细格栅除污机、栅渣螺旋提升机和栅渣螺旋压榨机于一体的设备，如图 3-6 所示，其安装如图 3-7 所示。

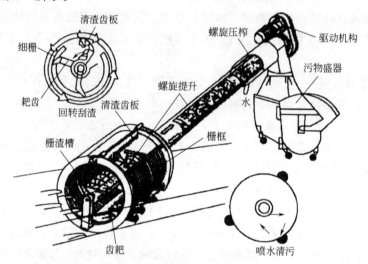

图 3-6　鼓形栅筐格栅除污机

格栅片按栅隙（5～12mm）间隔制成鼓形栅筐，被处理的污水从栅筐前流入，通过格栅过滤，流向水池出口。污物被截留在栅面上，当栅内的水位差达到一定值时，安装在中心轴上的旋转齿耙回转清污，当清渣齿耙把污染物扒集至栅筐顶点（时钟 12 点）位置时，污物靠自重卸入集污槽实现卸污，而后又后转 15°，栅管顶端可以摇摆的清渣齿板把黏附在齿耙上的污物刮除，卸入集污槽。污物由槽底螺旋输送器提升至上部压榨段压榨脱水后，卸入污物盛装容器内外运。

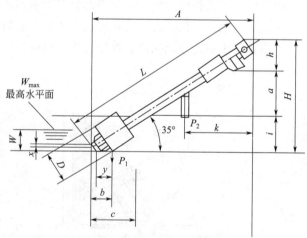

图 3-7 鼓形栅筐格栅除污机安装图

该设备自动化程度高、处理水量大、规格多、能耗低，从进水到栅渣外运可全封闭运行，卫生、无臭味。但需配置圆弧形格栅，制造较困难，占地面积较大。

二、格栅的运行管理

1. 格栅的维护

（1）每天要对栅条、除渣耙、栅渣箱和前后水渠等进行清扫，及时清运栅渣，保持格栅通畅。

（2）检查并调节栅前的流量调节阀门，保证过栅流量的均匀分布。同时利用投入工作的格栅台数将过栅流速控制在所要求的范围内。当发现过栅流速过高时，适当增加投入工作的格栅台数；当发现过栅速度偏低时，适当减少投入的格栅台数。

（3）定期检查渠道的沉砂情况。格栅前后渠道内沉积砂，除与流速有关外，还与渠道底部流水水面的坡度和粗糙度等因素有关系，应定期检查渠道内的积砂情况，及时清砂并查找产生积砂的原因。

（4）格栅除污机的维护与管理。

① 设备安装时，应注意调整两根导轨的平行度及导轨与除污耙两端滑块的间隙，使除污耙上行和下行动作顺利。

② 调整各行程开关及撞块的位置，确定时间继电器的时间间隔等，使设备按设计规定的程序，完成整套循环动作。

③ 调整正常后，应空载试运转数小时，无故障后，才能进水投入运行。电动机、减速机及各加油部位应按规定加换润滑油、脂，如用普通钢丝绳也应定期涂抹润滑脂。

④ 定期检查电动机、减速机等运转情况，及时更换磨损件，钢丝绳断股超过规定范围时，也应及时更换。同时应确定大中修周期，按时保养，并做好相关的检修记录。

（5）卫生与安全。污水在长途输送过程中腐化，产生的硫化氢和甲醇硫等恶臭有毒气体会在格栅间大量释放出来。建在室内的格栅间应采取强制通风措施，夏季应保证每小时换气10次以上。有些处理厂在上游主干线内采取一些简易的通风或曝气措施，也能大大降低格栅间的恶臭强度。以上控制恶臭的措施，既有益于值班人员的身体健康，又能减轻硫化氢对除污设备的腐蚀。

（6）分析测量与记录。应记录每天的栅渣量。根据栅渣量的变化，可以间接判断格栅的拦污效率。当栅渣比历史记录的减少时，应分析格栅是否运行正常。判断拦污效率的另一个间接途径，是经常观察初沉池和浓缩池的浮渣尺寸。这些浮渣中尺寸大于格栅栅距的污物增多时，说明格栅拦污效率不高，应分析过栅流速控制是否合理，清污是否及时。

（7）定期保养维护。格栅应定期油漆保养，一般每两年油漆1次。格栅除污机传动链条及水上轴承应每15～30天加注一次润滑脂。消耗性零部件的更换期大约1～2年，基本件3～10年，出现初期故障时，应及时查清原因，及时处理。

2.格栅除污机的故障与维修（表3-2）

表3-2　格栅除污机常见故障的原因和处置方法

故障点	故障现象	故障原因	处理方法
电动机	跳闸	1.负荷过大； 2.传动部件磨损； 3.被异物卡住	1.对损坏的传动部件进行整修，加润滑油； 2.更换； 3.查清原因，清除异物，及时清渣
	发热	1.负荷过大或轴承磨损； 2.润滑油变质、缺少； 3.连接部件位移	1.查清原因，更换磨损的轴承； 2.更换或添加润滑油； 3.调整与连接部件的水平度和垂直度
传动件	减速机发热，有异声	1.轴承、齿轮损坏； 2.油位过低或过高，机油变质	1.更换损坏部件； 2.按要求调整油位或更换润滑油
	驱动链轮、驱动链条运行时有异声	1.链条松弛； 2.机械磨损； 3.缺润滑油	1.张紧松弛的链条； 2.更换磨损的部件； 3.加注润滑油

续表

故障点	故障现象	故障原因	处理方法
主体结构	不能有效去除杂物	格栅或耙齿变形,栅间隙增大或损坏	修理或更换损坏的部件
	运行时有异声、振动	行走链条、链轮、主轴导轨、托杆、轴承和密封等磨损或破坏	1. 修理或更换损坏的部件; 2. 按要求加注润滑油

第二节　沉砂池的调试管理

一、沉砂池

沉砂池是污水处理工艺当中重要的处理设施之一,沉砂池的作用是去除废水中密度较大的无机颗粒,如泥沙、炉灰渣、煤渣、果核等。它一般设置在泵站、倒虹管、沉淀池之前以减轻水系和管道的磨损,防止后续处理构筑物管道的堵塞,缩小污泥处理构筑物的容积,提高污泥有机组分的含量,提高污泥作为肥料的价值。如果废水中的砂粒不去除,进入后续处理单元,将会引起如下危害:

(1) 砂粒进入初沉池会加速污泥刮板的磨损,缩短使用寿命。

(2) 排泥管道中沉积的砂粒易导致管道堵塞,进入污泥泵后会加剧叶轮磨损。

(3) 对于不设初沉池的废水处理工艺(如氧化沟等)或实际运行中由于进水负荷过低而超越初沉池运行的工艺,大量砂粒将直接进入生化池沉积,形成"死区",导驶生化池有效容积的减少,同时还会对曝气装置产生不利影响。

(4) 污泥中含砂量的增加会大大影响污泥脱水设备的运行。砂粒进入带式脱水机会加剧滤布的磨损,缩短使用周期,同时会影响絮凝效果,降低污泥成饼率。

由此可知,沉砂池在整个污水处理工艺中具有十分重要的预处理作用。常用的沉砂池有平流式沉砂池、曝气沉砂池和旋流式沉砂池等。

1. 平流式沉砂池

平流式沉砂池由入流渠、出流渠、闸板、水流部分及沉砂斗组成,如图3-8所示。这种沉砂池的水流部分实际上是一个比入流渠道和出流渠道宽而深的渠道,平面为长方形,横断面多为矩形,两端设有闸板,以控制水流,池底设1~2个储砂斗。利用重力排砂,也可用射流泵或螺旋泵排砂。它具有截留无机颗粒效果好、工作稳定、构造简单、排沉砂较方便等优点。

图3-9为利用储砂罐及底闸,进行重力排砂。砂斗中的沉砂经蝶阀2进入钢制储砂罐,储砂罐中的上清液经旁通水管流回沉砂池,最后,沉砂经蝶阀3进入运砂车。这种排砂方法的优点是排砂的含水率低、排砂量容易计算,缺点是沉砂池需要高架或挖小车通道。

图3-10为机械排砂法的一种单口泵式排砂机。沉砂池为平底,砂泵2、真空泵5、吸砂管7、旋流分离器6均安装在行走桁架1上。桁架沿池长方向往返行走排砂。经旋流分离器分离的水分回流到沉砂池,沉砂可用小车、皮带运送器等运至晒砂场或储砂池,这种排砂方法自动化程度高,排砂含水率低,工作条件好,池高较低。大、中型污水处理厂应采用机械排砂。

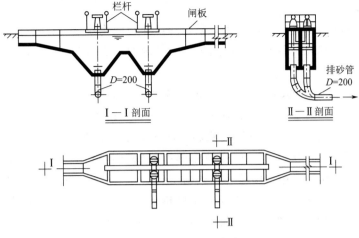

图 3-8　平流式沉砂池

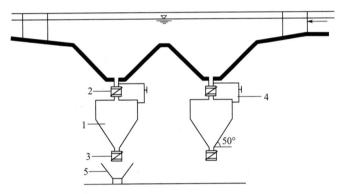

图 3-9 平流式沉砂池重力排砂法

1—钢制储砂槽；2，3—手动或电动蝶阀；4—旁通水管；5—运砂小车

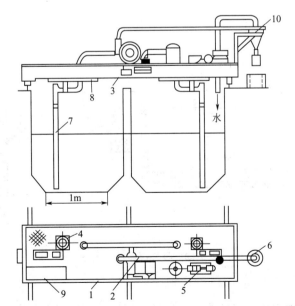

图 3-10　平流式沉砂池单口泵式排砂机

1—桁架；2—砂泵；3—桁架行走装置；4—回转装置；

5—真空泵；6—旋流分离器；7—吸砂管；8—齿轮；9—操作台；10—回流水管

2. 曝气沉砂池

普通沉砂池因池内水流平稳，对无机颗粒的选择性截流效率不高，沉砂含一定量的有机物，容易产生厌氧分解而腐败发臭，增加了后续处理的难度。曝气沉砂池可较好地解决这一问题。

图 3-11 为曝气沉砂池的断面图，其工艺如图 3-12 所示。曝气沉砂池的水流部分是一个矩形渠道，沿池壁一侧的整个长度距池底 0.6～0.9m 处设置曝气装置。曝气装置使得沉砂池中的水流产生横向流动，最终呈螺旋旋转状态，黏附在无机颗粒表面的有机物因相互摩擦、碰撞而被洗刷下来，所沉淀无机颗粒中的有机物含量低于 5%，有利于后续处理。同时，由于曝气的气浮作用，污水中的油脂类物质会上升至水面，随浮渣去除。池底沿渠长设有一集砂槽，池底以坡度 i 为 0.1～0.5 向集砂槽倾斜，以保证砂粒滑入集砂槽，滑入的砂粒由安置在集砂槽内的吸砂机或刮砂机排出。曝气沉砂池与普通沉砂池相比有以下优点：①有预曝气作用，可脱臭，改善水质有利于后续处理；②沉砂池中有机物含量低，不易腐败。

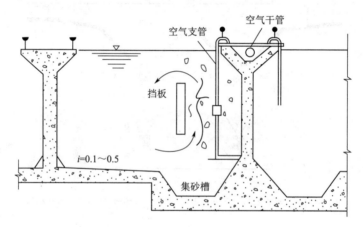

图 3-11　曝气沉砂池断面图

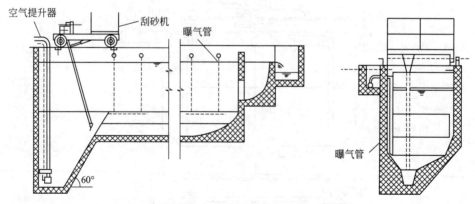

图 3-12　曝气沉砂池工艺图

3. 旋流式沉砂池

旋流式沉砂池也称为钟式沉砂池，是一种利用机械力控制水流流态与流速，加速砂粒沉淀，并使有机物随水流带走的沉砂装置。如图 3-13 所示，旋流除砂系统包括旋流沉砂池和砂水分离器及鼓风机等。废水由流入口切线方向流入旋流沉砂池，电动机带动机械叶轮旋转，使砂颗粒在离心力与重力的作用下，沿池壁呈螺旋线加速沉降，同时，有机物在水流的作用下，随水流漂走。调节转盘和叶片的转速，可达到最佳沉砂效果。沉入池底的砂经先进入的空气提升系统提升后，与少量污水进入砂水分离器中进行分离后排出，清洗水回流至格栅井，从而达到除砂的目的。沉砂池分为钢制、混凝土制两种结构，可根据工程具体情况进行选择。旋流沉砂池主要用于污水处理厂中的预处理，用于初沉池前、格栅后，去除污水中较大的无机颗粒，在给排水工程中去除直径 0.2mm 以上的大部分砂粒，去除率可达 98% 以上。

旋流式沉砂池特点有：

（1）占地面积小；

（2）沉砂效果受水量变化影响很小；

（3）砂水分离效果好，分离出的砂含水率低，有机物含量少，便于运输；

（4）系统采用 PLC 自动控制洗砂、排砂周期，运行安全、可靠；

（5）操作方便，维护简单，寿命长；

（6）鼓风机采用国外先进技术，噪声低；

（7）对周围环境影响很小，卫生条件好；

（8）适合大中小型污水处理厂使用。

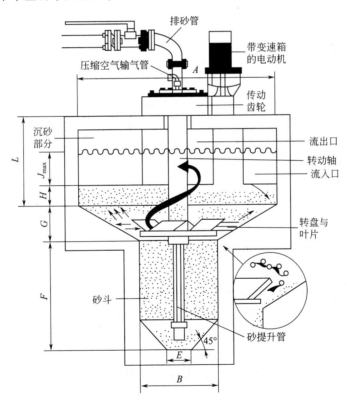

图 3-13　旋流沉砂池剖面图

二、沉砂池的运行管理

（1）在沉淀池的前部，一般都设有细格栅，细格栅上的垃圾应及时清捞，格栅内外的水位差应不大于 20cm。如果垃圾不及时清捞，栅前水位可能升高到漫溢的程度。为了防止此类事故，在栅前应装有水位警报器。

（2）在一些平流沉砂池上常设有浮渣挡板，挡板前浮渣应每天清捞。

（3）沉砂池的最重要的操作是及时排砂。对于用砂斗重力排砂的沉砂池，一般每天排砂一次。排砂时，应关闭进出水闸门，逐一打开排砂闸门，把沉砂池排空。若池底仍有杂粒，可稍微打开进水闸门，用污水冲清池底沉砂。

（4）排砂机械应经常运转，以免积砂过多引起超负荷，排砂机械的运转间隔时间应根据砂量及机械的能力而定。排砂间隔过长，会堵塞排砂管、砂泵，堵卡机械；排砂间隔过短，会使排砂量增大，含水率增高，使后续处理难度增大。用重力排砂时，排砂管堵塞，可用泵反冲洗，疏通排砂管。

（5）曝气沉砂池的空气量应每天检查和调节，调节的依据是空气计量仪表。如果没有空气计量仪表，可测表面流速。若发现情况异常（如曝气变弱），应停车排空检查。清理完毕重新投运，先通气后进水（防止砂粒进入扩散器）。

（6）每周都要对进、出水闸门及排渣闸门进行加油、清洁保养，每年定期油漆保养。对装有机械设备的设施，每次交接班时要检查其性能，保证随时都能正常运转。操作电动闸门时，操作人员不得离开现场，要密切注意电动闸门运行情况。如有异常现象，应立即关闭电源，查明原因，排除故障，才能继续运行。

（7）沉渣应定期取样化验，主要项目有含水率及灰分，沉渣量也应每天记录。

（8）刚排出的沉渣含水率很高，一般在沉渣池下面或旁边应设积砂池。积砂池的墙从上到下有算水孔或缝，用竹算或带孔塑料板挡住，水分通过小孔或缝流走，含水率可降到 60%～70%。沉渣用于充填洼地或放于空地，有些可用做黏性土壤施肥以增加土壤的疏松程度。

（9）沉砂池由于截留大量易腐败的有机物质，恶臭污染严重。特别是夏季，恶臭强度很大，操作人员一定要注意，不要在池上工作或停留时间太长，以防中毒。堆砂处应用氯酸钠溶液或双氧水定期清洗。

（10）各种刮渣机操作保养方法不同，但有几个共同点应注意：

① 经常检查和加油。

② 减速机连续运行一段时间后彻底换油。

③ 运行时注意紧固状态、温升、振动和噪声情况。

④ 及时油漆防锈。

⑤ 由于某些原因，数天未开刮渣机，一旦要重新启动时，必须探明沉砂淤积情况。如淤积过多，超过刮渣机的承受能力，必须设法排除淤积沉砂后再开刮渣机。

第三节　过滤池的调试管理

一、过滤池

过滤是去除悬浮物，特别是去除浓度比较低的悬浊液中微小颗粒的一种有效方法。过滤时，含悬浮物的水流过具有一定空隙率的过滤介质，水中的悬浮物被留在介质表面或内部而除去。在给水处理中，常用过滤处理沉淀或澄清池出水，使滤后出水的浑浊度满足用水要求。在废水处理中，过滤常作为吸附、离子交换、膜分离法等的预处理手段，也作为生化处理后的深度处理，使滤后水达到回用的要求。

1. 过滤池的功能与原理

过滤指通过具有空隙的颗粒状滤料层截留废水中细小固体颗粒的处理工艺。在废水处理中，主要用于去除悬浮颗粒和胶体杂质，特别是用重力沉淀法不能有效去除的微小颗粒（固体和油类）和细菌。颗粒材料过滤对废水的 BOD 和 COD 等也有一定的去除作用。过滤工艺包括过滤和反冲洗两个阶段。图 3-14 为深层过滤过程示意图。

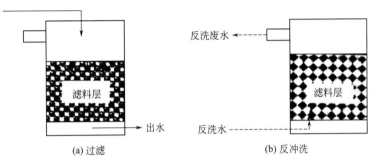

图 3-14　深层过滤过程示意图

（1）过滤阶段　废水由水管经闸门进入池内，并通过滤层和垫层流到池底，水中的悬浮物和胶体被截留于滤料表面和内层空隙中，过滤水由集水系统经闸门排出。随着过滤过程的进行，污物在滤层中不断积累，滤料层内的空隙由上到下逐渐被堵塞，水流通过滤料层的阻力和水头损失随之逐步增大，当水头损失达到允许的最大值时或出水水质达某一定值时，这时滤池就要停止过滤，进行反冲洗。

（2）反冲洗阶段　冲洗水的流向与过滤流向完全相反，是从滤池的底部向滤池上部流动，所以称为反冲洗。冲洗水的流向是：首先进入配水系统向上流过承托层和滤料层，冲走沉积于滤层中的污物，并夹带着污物进入洗砂排水槽，由此经闸门排出池外。冲洗完毕后，即可进行下一循环过滤。

在过滤过程中，水中的污染物颗粒主要通过以下三种作用被去除。

① 筛滤作用。当污水自上而下流过颗粒滤料层时，粒径较大的悬浮颗粒首先被截留在表层滤料的空隙中，随着此层滤料间的空隙率越来越小，截污能力也变得越来越大，逐渐形成一层主要由被截留的固体颗粒构成的滤膜，并由它起重要的过滤作用，这种作用属筛滤作用。悬浮物粒径越大，表层滤料和滤速越小，就越容易形成表层筛滤膜，滤膜的截污能力也越高。

② 沉淀作用。可以把滤料类比成一个层层叠起来的沉淀池，则沉淀池具有巨大的表面积，污水中的部分颗粒会沉淀到滤料颗粒的表面上而被去除。滤料越小，沉降面积越大；滤速越小，则水流越平稳，这些都有利于悬浮物的沉降。

③ 接触吸附作用。由于滤料具有巨大的比表面积，因此必然存在较强的吸附能力。污水在滤层空隙中曲折流动时，杂质颗粒与滤料有着非常多的接触机会，会被吸附到滤料颗粒表面，从污水中去除、被吸附的杂质颗粒一部分可能由于流水的作用而被剥离，但它马上又会被下层的滤料吸附截留。

在实际过滤过程中，上述三种作用往往同时起作用，只是随条件不同而有主次之分。对粒径较大的悬浮颗粒，以筛滤作用为主，因这一过程主要发生在滤料表层，通常称为表面过滤；对于细微悬浮物，以发生在滤料深层的沉淀作用和接触吸附作用为主，称为深层过滤。

2. 过滤池常见类型

（1）按照滤速的大小分类　按滤速大小，滤池可分为快滤池和慢滤池。快滤池的滤速一般在5m/h以上；慢滤池的过滤速度一般在0.1~0.2m/h，其虽然出水水质好，但是处理水量太小，实际中已经很少应用。图3-15为普通快滤池构造及工作过程示意图。

3-4 普通
快滤池

3-5 生物
滤池构造

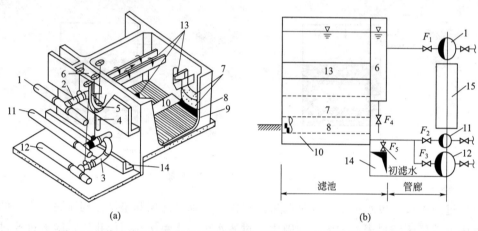

(a)　　　　　　　　　　　　　(b)

图 3-15　普通快滤池构造及工作过程示意图（箭头表示冲洗时水流方向）

1—进水总管；2—进水支管；3—清水支管；4—排水管；5—排水阀；6—集水渠；7—滤料层；8—承托层；
9—配水支管；10—配水干管；11—反冲洗水总管；12—清水总管；13—排水槽；14—废水渠；15—走道空间

（2）按照滤料的分层结构分类

① 单层滤料滤池。这种滤池一般单池面积较大，目前已具有成熟的运行经验。缺点是滤池阀门多，易损坏，而且必须配备成套反冲洗设备。这种滤池适用于给水处理，在污水处理中，仅适用于一些清洁的工业废水处理。当用于处理给水和较清洁的工业废水时，滤料一般用细粒石英砂；当生物处理单元出水时，滤料一般用粗粒石英砂和均质陶粒。

② 双层滤料滤池。双层滤料滤池滤料上层可采用无烟煤，下层可采用石英砂；其他形式的滤层还有陶粒-石英砂、纤维球-石英砂、活性炭-石英砂、树脂-石英砂、树脂-无烟煤等。

双层滤料滤池属于反粒度过滤，即废水先流经粒度较大的滤料层，再流经粒径较小的滤料层。大粒径的滤料层空隙率较大，可以截留废水中较多的污物；小粒径的滤料层空隙率较小，可以起到进一步截留污物，强化过滤效果的作用。这样布置滤料可以充分发挥滤床的截污能力，避免了仅在滤料表层发生过滤作用的缺点。双层滤池具有截留杂质能力强、杂质穿透深、过滤能力大、出水水质好等特点，适合在给水处理和废水处理中使用，其滤速可达到4.8~24m/h。

③ 三层滤料滤池。三层滤料滤池最普通的形式是上层为无烟煤（相对密度为1.5~1.6），中层为石英砂（相对密度为2.6~2.7），下层为磁铁矿（相对密度为4.7）或石榴石（相对密度为4.0~4.2），三层滤料也属于反粒径过滤，更能使水由粗滤层流向细滤层，使整个滤层都能充分发挥截留杂质作用，减少过滤阻力，保持长的过滤时间。三层滤料滤池一般用于中型给水和二级处理出水，这种滤池截污能力大，出水水质较好。

图 3-16 为快滤池不同形式滤层。

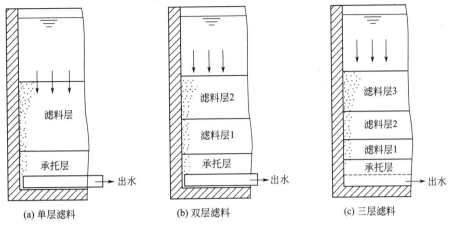

图 3-16 快滤池不同形式滤层

（3）按水流过滤层的方向分类 按照水流过滤层的方向，滤池可分为上向流式、下向流式、双向流式等，如图 3-17 所示。一般的单层滤料滤池，经水反冲洗会使砂层的粒径分布自上而下逐渐增大，因为粒径小的细滤料被浮选到最上层，这样，废水经过滤料时，污染物颗粒基本上被截留在最上层，使下部滤料不能发挥过滤的作用，因而会造成下部滤池工作周期缩短。采用上向流式滤池，可以使滤池的截污能力加强，水头损失减少。废水首先通过粗粒径滤层，再通过细粒径滤层，这样能充分地发挥滤层的作用，延长滤池的运行周期，配水均匀，易于观察出水水质。但污染物被截留在滤池下部，滤料不容易冲洗干净，这种池型较适用于中小型给水和工业废水的处理。双向流式滤池一般在废水处理中很少采用。

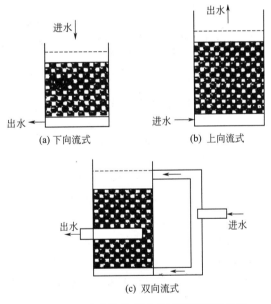

图 3-17 按水流方向划分的滤池类型示意图

（4）按照作用水头分类 按照作用水头分类，滤池可分为重力式滤池和压力式滤池，如图 3-18 和图 3-19 所示。压力式滤池有立式或卧式两类，一般有如下特点：允许水头损失高，重力式滤池允许水头损失一般为 2m，而压力式滤池可达 6～7m；各滤池的出水水管可连起来，互为冲洗水，从而省去了反冲洗罐和水泵；由于池体密封，可防止有害气体从废水中逸出，但清砂不方便。

3. 过滤池的主要组成部分

过滤池的主要组成部分包括：滤料层、承托层、配水系统和冲洗系统。

（1）滤料层 滤料层是滤料系统池内的过滤材料，它承担过滤功能的主要部分。常用的滤料是石英砂和无烟煤，目前，陶粒、磁铁矿、石榴石、炉渣、纤维球等各种滤料也得到广泛应用。各种滤料必须具备以下特点：

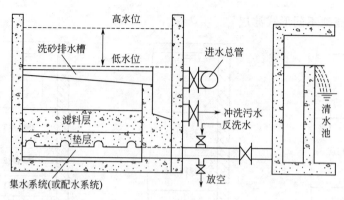

图 3-18 重力式滤池构造及工作过程示意图

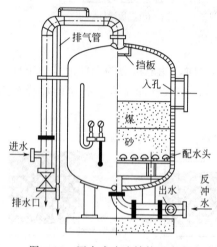

图 3-19 压力式滤池结构示意图

① 足够的机械强度。如果强度不足，在反冲洗过程中，由于相互之间剧烈的摩擦就会被磨损甚至破碎。

② 足够的化学稳定性。滤料不应与污水中的杂质发生化学反应，否则会造成滤料损失或产生新的污染物质。

③ 适当的粒径级配。首先，粒径的大小要满足过滤要求。如果粒径太小，就会缩短滤池的工作周期；如果粒径过大，则污染物颗粒会穿过滤层，降低出水水质。其次，滤料粒径要尽量均匀，如果滤料粒径不均匀，会给冲洗带来困难。冲洗强度满足大颗粒要求时，小颗粒可能被冲走，反之，如果冲洗强度仅满足小颗粒的要求，则大颗粒由于膨胀不起来，导致冲洗不彻底。

④ 在实际中，一般用粒径范围表示滤料粒径的大小，用不均匀系数表示滤料的均匀程度。不均匀系数是指通过滤料样品质量 80%的筛孔孔径与通过同一样品质量的 10%的筛孔孔径之比。滤料的另外一个指标是滤层厚度，滤层的厚度取决于水质、滤料种类以及滤料的级配等因素。

（2）承托层 承托层位于滤池的底部，由大颗粒材料组成。承托层的作用主要是承托滤料，防止滤料进入底部配水系统造成流失，同时保证反冲洗配水均匀。对承托层有两个基本要求：一是在最大强度地反冲洗时，不能松动；二是空隙要尽量均匀，以便配水均匀。常用的承托层材料为天然卵石或碎石，有时也用大粒径的粗砂。

（3）配水系统 配水系统的作用是将反冲洗水均匀地分配到整个滤池中。如果配水不均匀，在配水量小的部位，滤料冲洗不干净，在配水量大的部位又会扰动承托层，导致滤料流失。因此，配水均匀是过滤池正常操作的关键。工程中可采用大阻力配水系统和小阻力配水系统两种方法。大阻力配水系统是由穿孔的主干管及其两侧一系列支管以及卵石承托层组成，每根支管上钻有若干个布水孔眼，如图 3-20 所示。该系统配水均匀，工作可靠，基建费用低，但反冲洗水水头大，动力消耗大，在快滤池中被广泛采用。小阻力配水系统是在滤池底部设有较大的配水室，在其上面铺设阻力较小的多孔滤板、滤头等进行配水。该系统反冲洗水头小，但配水不够均匀，一般适用于反冲洗水头有限的虹吸式滤池和压力式无阀滤池等。

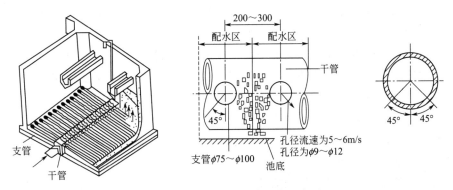

图 3-20　管式大阻力配水系统示意图

　　（4）冲洗系统　滤池工作一段时间之后，滤料截留的污染物质趋于最大容量，若此时仍继续工作，污物会穿透滤层，失去过滤效果。因此，滤池工作一段时间之后，要定期冲洗。值得注意的是，滤池反冲洗质量的好坏，对滤池的工作有很大的影响，滤池反冲洗的目的是恢复滤料层（砂层）的工作能力，要求在滤池冲洗时，应满足下列条件：

　　① 冲洗水在整个底部平面上应均匀分布，这是借助配水系统实现的。

　　② 冲洗水要求有足够的冲洗强度和水头，使砂层达到一定的膨胀高度。

　　③ 要有一定冲洗时间。

　　④ 冲洗的污水要迅速排除。

　　目前，滤料冲洗方法主要有三种：

　　① 反冲洗。反冲洗是指从滤料底部进水，逆工作时的水流对滤料进行冲洗。反冲洗是冲洗的主要方法。

　　② 反冲洗加表面冲洗。在很多种情况下，反冲洗不能保证足够的冲洗效果，可辅以表面冲洗。表面冲洗是在滤料上层表面设置喷头，对膨胀的表层滤料强制冲洗。

　　③ 反冲洗辅以空气冲洗。该方法常称为汽水反冲洗，汽水反冲洗常用于粗滤料的冲洗。因粗滤料要求的冲洗强度很大，如果进行单纯反冲洗，用水量会很大，还会延长反冲洗的时间。实践证明，污水深度处理的过滤，必须采用汽水反冲洗。这是因为污水中的有机物与滤料黏附较紧，所以要求较高的冲洗强度。

　　反冲洗水一般采用滤池正常工作时的出水，供水方式有塔式供水和泵式供水两种。实际常用的为泵式供水，即直接用泵抽水对滤池反冲洗。

二、过滤池的运行管理

1. 过滤工艺控制

　　过滤工艺控制主要包括滤速的控制、工作周期的控制和冲洗效果的控制。

　　（1）滤速的控制　滤速是滤池单位面积在单位时间内的过滤水量。滤速过大或过小都会影响滤池的正常工作能力。当滤速过大时，一方面会使出水质量下降，另一方面会使滤池穿透加快，工作周期缩短，冲洗水量增大；滤速过小时，会使处理能力降低，截污作用主要发生在表层，深层滤料未能发挥作用。在滤料粒径与级配一定的条件下，最佳滤速与入流水质有关，当入流污水水质恶化，污染物浓度升高时，需降低滤速以保证出水水质。

　　每个滤池都有最佳滤速。所谓最佳滤速，是指滤料、入流污水水质及滤料深度在一定的条件下，保证出水要求前提下的最大滤速。通常最佳滤速需要在实际运行中确定。

在实际运行中，一般采用等速过滤和变速过滤两种控制方式。在等速过滤中，必须不断提高滤层上的水位，以克服滤层阻力的增加，保持滤速的恒定。采用变速过滤，其工作周期和出水水质均优于等速过滤。变速过滤要时刻注意单个滤池的滤水量变化和总进水量之间的平衡，因此运行调度较为复杂。

（2）工作周期的控制　滤池工作周期是指开始过滤至需要冲洗所持续的时间。一般情况下，按已确定的工作周期运行。但是，当滤池水头损失增至最高允许值或出水水质低于最低允许值时，应提前对滤池冲洗。

在滤速一定的条件下，过滤周期的长短受水温影响较大。冬季水温低，水的黏度较大，杂质不易与水分离，易穿透滤层，周期短，这将会使反冲洗频繁，应降低滤速。夏季水温高，周期长，但滤料空隙间的有机物易产生厌氧分解，应适当提高滤速，缩短工作周期。

（3）冲洗效果的控制

① 冲洗强度。冲洗强度是单位滤池面积在单位时间内消耗的冲洗水量，单位为 $L/(s \cdot m^2)$。石英砂滤料层快滤池的经验表明，冲洗时滤料层的膨胀率为 40%～50%，冲洗时间为 5～7min，冲洗强度以 12～14L/(s·m²) 较为适宜。

② 冲洗历时。一般情况下，普通快滤池冲洗时间不少于 5～7min，普通双层滤池的冲洗时间不少于 6～8min。如冲洗时间不足，滤料得不到足够的水流剪切和碰撞摩擦时间，则清洗不干净。但冲洗时间过长，会造成产品水的浪费。

③ 滤层膨胀率。滤层膨胀率是指滤料层在冲洗时滤层膨胀后所增加的厚度与膨胀前厚度之比，以%表示。滤层膨胀率与反冲洗强度及滤料的种类和粒径有关。对于一定种类和粒径的滤料来说，滤层膨胀率与冲洗强度成正比，即反冲洗强度越大，膨胀率也越大。在污水深度处理中，过高的膨胀率不一定有较好的冲洗效果。因为污水中的有机物与滤料黏附较紧，当膨胀率较高时，滤料之间的间隙较大，且这些有机物会牢牢地粘在滤料表面与滤料一起膨胀和下降，起不到冲洗效果。相反，将膨胀率控制在 10% 以下，使滤料处于膨胀状态，则可使滤料颗粒之间增加相互挤撞摩擦的机会，使其表面黏附的有机物去除，这也是污水深度过滤必须采用汽水反冲洗的原因。

2. 过滤池的操作运行

（1）过滤操作　缓慢开启进水阀，当水位升到排水槽上缘时，逐渐打开出水阀，开始过滤，待出水水质达到设计指标时方可全部开启，对过滤过程的时间、进出水水质、水头损失等主要运行参数做好记录。

3-6 虹吸滤池　　3-7 虹吸滤池
过滤过程　　　　反冲洗过程

（2）冲洗操作

① 冲洗条件。出水水质超过设计要求；过滤时间达到规定的时间；滤层内水头损失达到额定要求。

② 冲洗准备。检查供水水泵是否能正常运转或者高位水箱中水量是否足够。

③ 冲洗程序。关闭进水阀，待滤池内水位下降到滤料层面以上 10～20cm 时关闭出水阀；开启排水阀，排出滤池内余水；打开反冲洗水阀进行冲洗，冲洗 5～7min，待反洗水的出水符合要求时，关闭反冲洗水阀，停止冲洗工作。

④ 恢复过滤。关闭排水阀；打开进水阀；按过滤要求，恢复滤池正常运转。

3. 过滤工艺维护管理要点

（1）时常注意滤池进水的水质变化，当入流废水污染物浓度太高时，应督促加强或提高前级工序的处理效果，或增加投入运行的滤池数量，确保滤池出水水质达标。

（2）时常注意滤池出水的水质变化，若出水水质没有达到设计要求，应查看是否有漏砂现象，配水是否均匀，承托层是否松动，这类情况应及时检查并停池修复。

（3）时常注意反冲洗时，是否有大量气泡自液面冒出，如果有即发生了气阻现象。造成气阻现象的原因可能是：反冲洗水夹带一定的空气；滤池发生滤干后，未倒滤又继续进水；滤池内产生厌氧分解。应及时针对上述原因采取措施处理，如不及时处理会造成：滤池水头损失增加过快，使滤池产生裂缝，产生水流短流，造成漏砂跑砂等情况。

（4）时常注意反冲洗水的浊度变化，必要时调整反冲洗水强度，保证反冲洗的效率。

（5）定期放空滤池进行全面检查。例如，检查过滤及反冲洗后滤层表面是否平坦、是否有裂缝；滤层四周是否有脱离池壁现象，并设法检查承托层是否松动。

（6）对表面滤料定期进行大强度表面冲洗或更换。

（7）各种闸、阀应经常维护，保证开启正常。喷头应经常检查是否堵塞。

（8）时刻保持滤池池壁及排水槽清洁，并及时清除生长的藻类。

（9）出现以下情况时，应停池大修：

① 滤池含泥量显著增加，泥球过多并且靠冲洗已无法解决；

② 砂面裂缝太多，甚至已脱离池壁；

③ 冲洗后砂团凹凸不平、砂层逐渐降低，出水中携带大量砂粒；

④ 配水系统堵塞或管道损坏，造成严重冲洗不匀；

⑤ 滤池已连续运行 10 年以上。

滤池的大修包括以下内容：

① 将滤料取出清洗，并将部分予以更换；

② 将承托层取出清洗，损坏部分予以更换；

③ 对滤池的各部位彻底清洗；

④ 对所有管路系统进行完全的检查修理，水下部分予以防腐处理。

（10）将滤料清洗或更换后，重新铺装时应注意以下问题：

① 遵循分层铺装的原则，每铺完一层后，首先检查是否达到要求的高度刮匀，再进行下一层铺装。

② 如有条件，应尽量采用水中撒料的方式装填滤料。装填完毕后，将水放干，将表层过细的砂粒或杂物清除刮掉。

③ 对于双层滤料，装完底层滤料后，应先冲洗，刮除表层的极细颗粒及杂物，再进行上层滤料的装填。

④ 滤层实际铺装高度应比设计高度高出 50mm。

⑤ 对于无烟煤滤料，投入滤池后，应在水中浸泡 24h 以上，再将水排干后冲洗刮平。

⑥ 更换完滤料后，初次进水时，应尽量从底部进水，并浸泡 8h 以上，方可正式投入日常运行。

（11）每班做好相关的记录与监测工作。每班应记录：进入滤池废水的流量、流速，每池的工作周期，每次冲洗的强度及时间，冲洗出水含砂量等。每班应监测的项目：进水出水的 SS、浊度、COD_{Cr}、BOD。

4.快滤池运行异常问题分析及对策（表 3-3）

表 3-3　快滤池运行异常问题分析及对策

异常现象	原因分析	解决对策
气阻现象：反冲洗时有大量气泡自液面冒出。气阻可使滤池水头损失增加过快，工作周期缩短；也可能使滤层产生裂缝，产生水流短路，降低出水质量或导致漏砂	在过滤末期，局部滤层的水头损失可能大于该处实际的水压力，即出现负水头，此时部分滤层水中溶解的气体将释放出来，积聚在空隙中，阻碍水流通过，以致滤水量显著减少	1.及时调整工作周期，提高滤层上部水位，消除负水头； 2.在配水系统末端设排气管，防止反冲洗水中带入的气体积聚在垫层或滤层中
	滤池运行周期过长，滤层内发生厌氧分解，产生气体	1.可适当加大滤速，缩短过滤周期； 2.采用预加氯杀藻（必要时）
	滤池发生滤干，未经反冲洗、排气又再过滤，使空气进入滤层，反冲洗水塔内存水用完，空气随水进入滤层	1.用清水倒滤排除滤层空气后再进水过滤，反冲洗后过滤前应使滤料处于淹没状态； 2.控制塔内水位，水塔中储存水量要比一次反冲洗量多一些
结泥球：由于长时间冲洗不净，滤料结成泥球。泥球会阻塞砂层，或产生裂缝，并进而使出水水质恶化；泥球往往腐蚀发酵，直接影响滤池的正常运转	反冲洗效果不好或反冲洗水未排净	1.提高反冲洗强度和冲洗时间，有条件时可另加表面冲洗装置或压缩空气辅助冲洗； 2.翻池人工清洗，或彻底换滤料（必要时）
	冲洗系统配水不匀，滤料上层不平或存在裂缝	检修配水系统： 1.看承托层有无移动； 2.检查配水系统有无堵塞
	原水中污物浓度过高，尤其是油质、黏性污染物含量过高，使滤池负担过重	加强前处理，降低沉淀池出口浊度
	滤速太慢，菌藻滋生	适当提高滤速并进行预氯化（滤池反冲洗后暂停使用），然后保留滤料面上水深 20～30cm，加氯浸泡 12h，氧化有机污泥，然后再进行反冲洗，滤池加氯量约为 $1kg/m^3$ 漂白粉或 $0.3kg/m^3$ 液氯
	泥球生成速度与滤料粒径的三次方成正比。细滤料越多，表面越易结泥球	1.可辅以压力水进行表面冲洗； 2.结泥球严重时应更换滤料
喷口：滤料表层不平，并出现喷口现象。这种现象会导致过滤不均匀，使出水水质降低	滤料凸起，可能是由于承托层或配水系统堵塞	及时停池检查并疏通
	滤料凹下，可能由承托层局部塌陷所致	及时检查并修复
跑砂漏砂：滤池出水中携带砂粒，并由于砂的流失影响正常运行	冲洗强度过大，膨胀率过大或滤料级配不当	1.降低冲洗强度； 2.如滤料级配不当，应更换滤料
	反冲洗水配水不均匀，使承托层松动，可导致漏砂	及时停池检修
	气阻现象导致漏砂	消除气阻
滤速逐渐降低，周期变短，影响滤池正常生产	冲洗不良，滤层积泥或藻类滋生	1.改善冲洗条件； 2.用预加氯杀藻类
	滤料强度差，颗粒破碎	刮除表层滤料，换上符合要求的滤料
出水水质下降：前述现象都可导致出水水质下降	进水污染物浓度太高	加强前级工艺的处理效果
	滤速太大	降低滤速
	滤层内产生裂缝，使污水发生短流	停池检修
	滤料太粗，滤层太薄	更换或加厚滤料
	入流污水的可滤性太差	在滤池前添加混凝剂

第四节　中和处理污水法的调试管理

一、中和处理法

中和处理法是利用化学酸碱中和的原理消除污水中过量的酸或碱，使其 pH 值达到中性或接近中性的过程。中和处理法分为酸性废水的中和处理和碱性废水的中和处理。通常，酸性废水中含有无机酸（如硫酸、硝酸、盐酸、氢氟酸、氢氰酸等），有的含有有机酸（如乙酸、甲酸、柠檬酸等）；碱性废水中含有碱性物质，如苛性钠、碳酸钠、硫化钠等。

1. 中和处理法的功能和原理

在处理酸碱废液时，对于浓度较高的酸碱废液（如酸含量大于 3%～5% 的废酸液或碱含量大于 1%～3% 的废碱液）时，应首先考虑综合利用，这样既可回收酸碱，又可大大减轻或消除酸碱污水的处理成本。如利用钢铁酸洗废液制造混凝剂 $FeSO_4$ 或聚合硫酸铁，也可用扩散渗析法回收钢铁酸洗废液中的硫酸；用蒸发浓缩法回收苛性钠等。对于浓度较低的酸碱废液，采用向污水中投加化学药剂，使其与污染物发生酸碱中和反应，调节污水的酸碱度，使污水呈中性或接近中性，调至下一步污水处理适宜的 pH 值范围。

中和处理法适用于污水处理中的下列情况：

（1）污水排入受纳水体前，受纳水体中水生生物对 pH 值的变化极其敏感，其 pH 值指标超过排放标准，会对其产生不良影响，这时采用中和处理，以减少对水生生物的影响。

（2）工业废水排入城市下水道系统前，由于酸、碱对排水管道产生腐蚀作用，采用中和处理以免对管道系统造成腐蚀。

（3）化学处理或生物处理之前，对生物处理而言，需将处理系统的 pH 值维持在 6.5～8.5 范围内，以确保构筑物内的微生物维持最佳活性。

2. 中和处理方法

（1）酸性、碱性废水相互中和　酸碱废水相互中和是一种既简单又经济的以废治废的处理方法，适用于各种浓度的酸碱废水，被许多有条件的企业特别是化工园众多企业优先采用。应用该方法时，首先应进行中和能力的计算，即参与反应的酸和碱的当量应相同。如碱量不足，应补充碱性药剂；如酸量不足，则还需补充酸性药剂。需要注意的是，对于弱酸或弱碱，由于反应生成的盐易水解，溶液 pH 值取决于生成盐的水解度。

（2）药剂中和　药剂中和法是一种广泛应用的中和方法，包括酸性废水的药剂中和和碱性废水的药剂中和两种方法，此法可以处理任何浓度、任何性质的酸碱废水，对水质和水量波动适应性强，中和药剂利用率高。

① 酸性废水的药剂中和。最常采用的方法是石灰乳法，即将石灰消解成石灰乳后投加，其主要成分是 $Ca(OH)_2$。$Ca(OH)_2$ 对废水中的杂质有凝聚作用，适用于含杂质多的酸性废水。

此外，作为综合利用，还可选用一些碱性废渣、废液，如化学软水站排出的废渣，其主要成分为碳酸钙；有机化工或乙炔发生站排放的电石废渣，其主要成分为氢氧化钙；钢厂或电石厂筛下的废石灰；热电厂的炉灰渣或硼酸厂的硼泥等。

　　在硫酸废水的中和过程中，用石灰作中和剂时，生成 $CaSO_4 \cdot 2H_2O$。硫酸钙在水中的溶解度很小，易形成沉淀，而且当硫酸浓度很高时，在药剂表面会产生硫酸钙的覆盖层，阻碍中和反应的继续进行。所以，在采用石灰石或白云石作中和药剂时，药剂颗粒的大小应在0.5mm 以下。

　　由于药剂中不参与中和反应的惰性杂质（如砂土、黏土）、酸性废水中影响中和反应的杂质（如金属离子等）的存在以及中和反应混合不均匀等，中和药剂的实际耗量比理论耗量高。

　　② 碱性废水的药剂中和。碱性废水的处理药剂主要有硫酸、盐酸、硝酸等。最常用的是相对较经济的工业盐酸，使用盐酸的最大优点就是反应产物的溶解度大，泥渣量少，但出水溶解固体浓度高。由于工业废液成分复杂，实际药剂投加量不能只按化学计算得出，应该留有一定的余量。

　　酸性中和剂单位消耗量见表3-4。

表 3-4　酸性中和剂单位消耗量

碱	中和 1g 碱所需酸的量/mL					
	H_2SO_4		HCl		HNO_3	
	100%	98%	100%	36%	100%	65%
NaOH	1.22	1.24	0.91	2.53	1.37	2.42
KOH	0.88	0.90	0.65	1.80	1.13	1.74
$Ca(OH)_2$	1.32	1.34	0.99	2.74	1.70	2.62
NH_3	2.83	2.93	2.12	5.90	3.71	5.70

　　(3) 过滤中和　过滤中和是指以具有中和能力的碱性固体颗粒物为滤料，采用过滤的形式使酸性废水通过滤料而得到中和的一种方法。这种方法适用于中和处理不含其他杂质的盐酸废水、硝酸废水和浓度不大于 $2\sim3g/L$ 的硫酸废水等生成易溶盐的各种酸性废水，不适合处理含有大量 SS、油、重金属盐、砷、氟等物质的酸性废水。该法与药剂中和法相比，具有操作简单、不影响环境卫生、运行费用低及劳动条件好等优点，但进水浓度不能太高。主要的碱性滤料有石灰石、大理石、白云石。前两种的主要成分是 $CaCO_3$，后一种的主要成分是 $CaCO_3$ 和 $MgCO_3$。

　　(4) 烟道气中和　利用烟道气来处理碱性废水是常采用的一种中和方法。烟道气中 CO_2 气体质量分数可高达 24%，此外，有时还含有 SO_2、H_2S 等，故可用来中和碱性废水。其中，中和产物 Na_2CO_3、Na_2SO_3、Na_2S 均为弱酸强碱盐，具有一定的碱性，因此酸性物质必须超量供应。

二、中和处理法的运行管理

1. 酸碱废水互相中和的设施

　　(1) 简易中和设备　当水质水量变化较小，或废水缓冲能力较大，后续构筑物对 pH 值要求范围较宽时，可在集中井（或管道、曲径混合槽）内进行简易设备的中和混合反应。

　　(2) 连续流式中和池　当水质水量变化不大，废水也有一定缓冲能力，但为了使出水的 pH 值更有保证时，应单设连续流式中和池，如图 3-21 和图 3-22 所示。

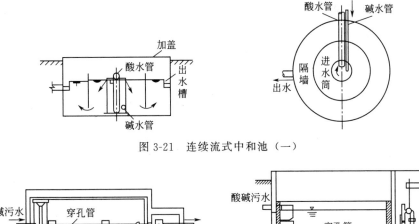

图 3-21 连续流式中和池（一）

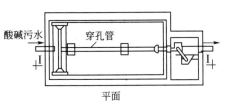

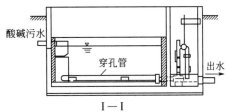

图 3-22 连续流式中和池（二）

（3）间歇流式中和池 当水质水量变化较大，且水量较小时，连续流无法保证出水 pH 值的要求，或出水水质要求较高，废水中还含有其他杂质或重金属离子时，较稳妥可靠的做法是采取间歇流式中和池。该池的有效容积可按废水排放周期（如一班或一昼夜）中的废水量计算。池一般至少设两座，以交替使用。

2. 药剂中和设施

药剂中和法的工艺过程主要包括以下几个步骤：废水的预处理，中和药剂的制备与投配，混合与反应，中和产物的分离，泥渣的处理与利用。药剂中和处理工艺流程如图 3-23 所示。废水的预处理包括悬浮杂质的去除和水质及水量的均和。前者可以减少投药量，后者可以创造稳定的处理条件。

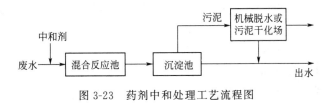

图 3-23 药剂中和处理工艺流程图

（1）药剂配置与投加系统 以石灰的配置与投加为例进行介绍，投加石灰有干投法和湿投法两种方式。

① 干投法。干投时，为了保证均匀投加，可用具有电磁振荡装置的石灰投配器将石灰粉直接投入废水中，如图 3-24 所示。干投法设备简单，药剂的配置与投加容易，但反应缓慢，中和药剂耗用量大（约为理论用量的 1.4～1.5 倍）。

② 湿投法。湿投法即首先将石灰在消解槽内消解为浓度 40%～50% 的乳液，排入石灰乳储槽，并配成浓度为 5%～10% 的工作液，然后投加，如图 3-25 所示。石灰乳储槽及消解槽可以用机械搅拌或水泵循环搅拌，以防止沉淀。搅拌不宜采用压缩空气，因其中的 CO_2 易与 CaO 反应生成 $CaCO_3$，既浪费中和药剂，又易引起堵塞。投配系统采用溢流循环方式，即石灰乳输送到投配槽中的量大于投加量，剩余量沿溢流管流回石灰乳储槽，这样可以

维持投配槽内液面稳定不变，投加量只由孔口或阀门开度大小控制，还可以防止沉淀和堵塞。

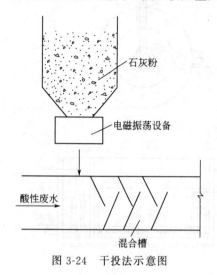

图 3-24 干投法示意图

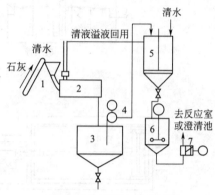

图 3-25 湿投法示意图

1—石灰输送带；2—消石灰机；3—石灰乳槽；
4—石灰乳泵；5—石灰乳储存箱；
6—石灰乳投药箱；7—石灰乳计量泵

(2) 中和反应槽　中和反应槽有两种类型，应用广泛的是带搅拌的混合反应池。池中常设置隔板将其分成多室，以利混合反应。反应池的容积通常按 5～20min 的停留时间设计。另一种是带折施板的管式反应器，该反应器中混合搅拌的时间很短，仅适用于中和产物溶解度大、反应速度快的中和过程。

3-8 机械搅拌　　3-9 机械
搅拌反应池

中和过程中形成的各种泥渣（如石膏、铁矾等）应及时分离，以防止堵塞管道。分离设备可采用沉淀池或气浮池。分离出来的沉淀（或浮渣）需进一步浓缩、脱水。

投药中和法的优点是可处理任何浓度、任何性质的酸性或碱性废水；废水中容许有较多的悬浮杂质，对水质、水量的波动适应性强；中和剂利用效率高，中和过程容易调节。缺点是劳动条件差，药剂配制及投加设备较多，基建投资大，泥渣多且脱水难。

为了获得满意的中和效果，一般石灰加入反应池是分步进行的，即多级串联的方式，如图 3-26 所示，以获得稳定可靠的中和效果。

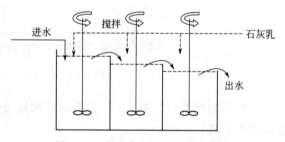

图 3-26 分步中和工艺流程示意图

3. 中和过滤池

常用的中和过滤池有普通中和滤池、等速升流式膨胀中和过滤池、变速升流式膨胀中和过滤池及滚筒式中和过滤池。

(1) 普通中和滤池　普通中和滤池，按水的流向有平流式和竖流式两种，竖流式又分为升流式和降流式两种，如图 3-27 所示。普通中和滤池为固定床，即中和所用的滤料是固定不动的，水流流过滤料，因此表面易结垢，易堵塞，过滤速度低。

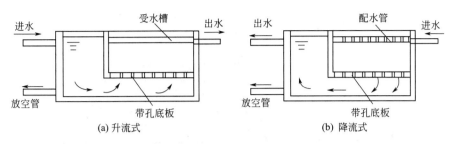

进水　　受水槽　　出水　　　　出水　　　　配水管　　进水

放空管　　　　带孔底板　　　放空管　　　　带孔底板

(a) 升流式　　　　　　　　　　　(b) 降流式

图 3-27　普通中和滤池

（2）等速升流式膨胀中和过滤池　等速升流式膨胀中和过滤池如图 3-28 所示。其特点为：滤料粒径小（0.5～3mm）、滤速高（60～70m/h）。废水由下向上流过过滤床时，在高流速的作用下，滤料呈悬浮状态，滤层膨胀，加上产生的 CO_2 气体的作用，使滤料互相碰撞摩擦，表面形成的硬壳容易被剥离下来，中和作用得以不断进行，从而可以适当增加进水中硫酸的允许含量。由于是升流运动，剥离的硬壳容易随水流走。CO_2 气体易排出，不致造成滤床堵塞。由于粒径小，就增加了反应面积，可以大大缩短中和时间。

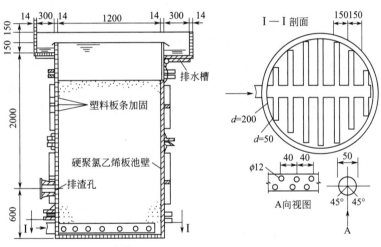

图 3-28　等速升流式膨胀中和过滤池结构示意图

3-10　变速升流式膨胀中和过滤池

滤料层厚度在运行初期为 1～1.2m，最终换料时为 2m，滤料膨胀率保持在 50%。池底设 0.15～0.2 m 的卵石垫层，池顶保持 0.5m 的清水区。采取等速升流式膨胀中和过滤池处理含硫酸废水，硫酸允许浓度可提高到 2.2～2.3g/L。

（3）变速升流式膨胀中和过滤池　如果将装填料的圆筒做成锥形，上大下小，则底部的滤速较大，上部的滤速较小，这样就形成了变速升流式膨胀中和过滤池，如图 3-29 所示。这种滤池下部滤速仍保持 60～70m/h，而上部滤速减为 15～20m/h，既保持较高的过滤速度，又不至于使细小滤料随水流失，使滤料尺寸的使用范围增大。采用这种滤池处理含酸废水，可使硫酸允许浓度提高至 2.5g/L。酸性废水处理装置流程如图 3-30 所示。

变速升流式膨胀中和过滤池要求布水均匀，因此常采用大阻力

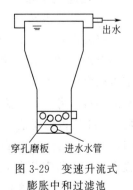

出水

穿孔磨板　进水水管

图 3-29　变速升流式
膨胀中和过滤池

配水系统和比较均匀的集水系统。此外，要求池子直径不能太大，一般不大于 1.5～2m。

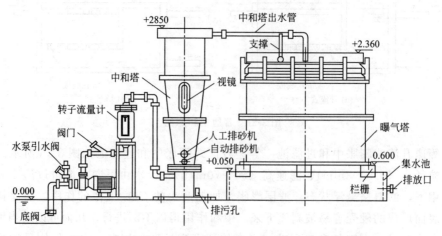

图 3-30 变速升流式膨胀中和过滤池酸性废水处理装置流程

（4）滚筒式中和过滤池　滚筒式中和过滤池的结构如图 3-31 所示。

滚筒用钢板制成，内衬防腐层。筒为卧式，直径 1m 或更大，长度为直径的 6～7 倍。筒内壁设有挡板，带动滤料一起翻滚，使沉淀物外壳难以形成，并加快反应速率。

滤料的粒径较大（达十几毫米），装料体积约占转筒体积的一半。这种装置的最大优点是进水的硫酸浓度可以超过允许浓度数倍，而滤料不必破碎得很小。其缺点是负荷率低（约为 36m/h）、构造复杂、动力费用高、运转时噪声较大，同时对设备材料的耐蚀性能要求高。

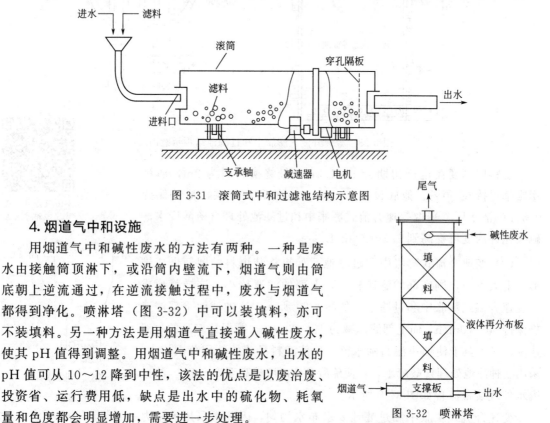

图 3-31 滚筒式中和过滤池结构示意图

4. 烟道气中和设施

用烟道气中和碱性废水的方法有两种。一种是废水由接触筒顶淋下，或沿筒内壁流下，烟道气则由筒底朝上逆流通过，在逆流接触过程中，废水与烟道气都得到净化。喷淋塔（图 3-32）中可以装填料，亦可不装填料。另一种方法是用烟道气直接通入碱性废水，使其 pH 值得到调整。用烟道气中和碱性废水，出水的 pH 值可从 10～12 降到中性，该法的优点是以废治废、投资省、运行费用低，缺点是出水中的硫化物、耗氧量和色度都会明显增加，需要进一步处理。

图 3-32 喷淋塔

第五节 吸附法处理污水的调试管理

一、吸附法

在水处理领域，吸附法主要用以脱除水中的微量污染物，应用范围包括脱色、除臭、除重金属、除各种溶解性有机物、除放射性元素等。在处理流程中，吸附法可作为离子交换、膜分离等方法的预处理手段，也可以作为二级处理后的深度处理手段，以保证回用水的质量。

（一）吸附法的原理

1. 吸附原理

溶质从水中移向固体颗粒表面发生吸附，主要是水、溶质和固体颗粒三者互相作用的结果。引起吸附的原因主要是溶质对水的疏水特性和溶质对固体颗粒的高度亲和力。溶质的溶解程度是确定其疏水特性的重要因素，溶质的溶解度越大，其向吸附界面运动的可能性就越小。溶质对固体颗粒的高度亲和力，表现为吸附剂表面的吸附力，由分子间力（范德华力）、化学键力和静电引力引起，因此吸附可分为三种类型：物理吸附、化学吸附和交换吸附。

（1）物理吸附 物理吸附是溶质与吸附剂之间的分子产生的吸附，它是一种常见的吸附现象。物理吸附的特点是：过程为放热反应，但放热量较小；没有特定的选择性，由于物质间普遍存在着分子力，同一种吸附剂可以吸附多种吸附质，可以是单分子层吸附，也可以是多分子层吸附；吸附的牢固程度不如化学吸附；吸附动力来自分子间力，吸附力较小，因而在较低温度下就可以进行；被吸附的物质由于分子的热运动会脱离吸附剂表面发生自由转移，出现解吸现象，所以吸附质在吸附剂表面可以较易解吸。

（2）化学吸附 化学吸附是吸附质与吸附剂发生化学反应，形成牢固的吸附化学键和表面络合物，吸附质分子不能在表面自由移动。化学吸附的特征为：一般在较高温度下进行，吸附热大，相当于化学反应热，一般为 $83.7 \sim 418.7 kJ/mol$；有选择性，一种吸附剂只能对一种或几种吸附质发生吸附作用，且只能形成单分子层吸附；化学吸附比较稳定，当吸附的化学键力较大时，吸附反应为不可逆。因此，化学吸附再生困难，必须在高温下才能解吸。解吸下来的可能是原吸附质，也可能是新的物质。吸附剂表面的化学性能、吸附质的化学性能以及温度条件等，对化学吸附有较大的影响。

（3）交换吸附 交换吸附是指溶质的离子由于静电引力聚集到吸附剂表面的带电点上，同时吸附剂表面原先固定在这些带电点上的其他离子被置换出来。离子所带电荷越多，吸附作用越强。电荷相同的离子，其水化半径越小，越易被吸附。

大多数的吸附现象往往是上述三种吸附作用的综合结果。在具体吸附处理中，由于各种原因的影响，可能其中某种作用是主要的。

2. 吸附的影响因素

为了选择合适的吸附剂和控制合适的操作条件，首先要了解影响吸附的诸多因素，这些因素主要包括吸附剂的物理化学性质、吸附质的物理化学性质、吸附过程的操作条件。

（1）吸附剂的物理化学性质

① 吸附剂的种类。吸附剂的种类不同，吸附效果也不一样。一般是极性分子或离子型的吸附剂容易吸附极性分子或离子型的吸附质；非极性分子型的吸附剂容易吸附非极性分子型的吸附质。

② 吸附剂的比表面积。单位质量吸附剂的表面积称为比表面积。由于吸附作用是发生在吸附剂的内外表面上，所以吸附剂的比表面积越大，吸附能力就越强。

③ 吸附剂的其他性质。吸附剂的孔隙构造和分布情况、表面化学特性、颗粒尺寸等对吸附也有较大的影响。

（2）吸附质的物理化学性质

① 吸附质在废水中的溶解度。吸附质在废水中的溶解度对吸附有较大的影响。一般说来，吸附质的溶解度越低，越容易被吸附。吸附质的浓度增加，吸附量也随之增加；但浓度增加到一定程度后，吸附量增加得很慢。如果吸附质是有机物，其分子尺寸越小，吸附反应就进行得越快。

② 吸附质的结构。吸附质的结构对吸附效果有很大影响，如活性炭处理废水时，对芳香化合物的吸附效果较脂肪族化合物好，不饱和链有机物较饱和有机物好，非极性或极性小的吸附质较极性强的吸附质好。

（3）吸附过程的操作条件

① 吸附温度。吸附反应通常是放热反应，温度越低越有利于吸附。在废水处理中，温度一般变化不大，因而温度对吸附过程影响很小。考虑到工程实际，通常在常温下进行吸附操作，在高温下进行脱附操作。

② 废水的 pH 值。pH 值对吸附质在废水中的存在形态（分子、离子、络合物等）和溶解度均有影响，因此对吸附效果产生影响。同时，pH 值对吸附剂的表面特性也产生影响。因此，不同污染物吸附的最佳 pH 值应通过实验确定。例如，活性炭一般在酸性溶液中比在碱性溶液中的吸附率高。

③ 接触时间。吸附质与吸附剂要有足够的接触时间，才能达到吸附平衡，充分发挥吸附剂的吸附能力。吸附平衡所需时间取决于吸附速度，吸附速度越快，达到平衡所需时间越短；反之，则需延长接触时间。接触时间可通过控制废水在吸附床中的流速来实现。固定床操作时，一般需控制废水流动的空塔速度在 4~15m/h 之间，接触时间为 0.5~1.0h。

④ 共存物。当多种吸附质共存时，吸附剂对某一种吸附质的吸附能力要比只含这种吸附质时的吸附能力低。悬浮物会阻塞吸附剂的孔隙，油类物质会浓集于吸附剂的表面形成油膜，影响吸附效果，因此，在吸附操作之前要将它们除去。

（二）吸附剂与吸附设备

1. 吸附剂

吸附是一种物质在另一种物质表面上进行自动积累或浓集的现象。在污水处理中，吸附则是利用多孔性固体物质的表面吸附污水中的一种或多种污染物，从而达到净化水质的目的。在水处理领域，吸附法主要用以脱除水中的微量污染物，应用范围包括脱色、除臭、脱除重金属、除各种溶解性有机物、除放射性元素。通常把能起吸附作用的多孔性固体物质称吸附剂，被吸附物质称为吸附质。

可用于水处理的吸附剂种类很多，包括活性炭、磺化煤、焦炭、煤灰、炉渣、硅藻土、白土、沸石、木屑、腐殖酸、氧化硅、活性氧化铝、树脂吸附剂等。其中应用较为广泛的是活性炭、吸附树脂和腐殖酸类吸附剂。

（1）活性炭　活性炭与其他吸附剂相比，具有巨大的比表面积和特别发达的微孔。通常，活性炭的比表面积高达 $800\sim2000m^2/g$，这使得活性炭具有较强的吸附能力和较大的吸附容量。活性炭吸附以物理吸附为主，但由于表面氧化物存在，也有一些化学选择性吸附。如果在活性炭中负载一些具有催化作用的金属离子（如 Ag^+）可以改善处理效果。目前，废水处理中普遍采用的吸附剂就是活性炭，其中粒状炭用量最大。国外使用的粒状炭多为煤质或果壳制无定型炭，国内主要用柱状煤质炭。纤维活性炭是有机碳纤维经活化处理后形成的一种新型高效吸附材料，它具有微孔结构发达、比表面积巨大、官能团众多等优点，吸附性能大大超过目前普通的活性炭。

（2）吸附树脂　吸附树脂是一种新型有机吸附剂，具有立体网状结构，呈多孔海绵状，加热不熔化，可在 $150℃$ 下使用，不溶于一般溶剂及酸、碱溶液，比表面积可达 $800m^2/g$。目前，吸附树脂大体可分为非极性、中极性、极性和强极性四种类型，常见的有美国 XAD 系列、日本 HP 系列、南京大学 NDA 系列等。吸附树脂既具有活性炭的吸附能力，又比离子交换树脂更容易再生，且分子结构容易人为控制，具有适应性强、应用范围广、吸附选择性特殊、稳定性高、易再生等优点。吸附树脂最适宜吸附处理废水中微溶于水，极易溶于甲醇、丙酮等有机溶剂，分子量略大和带极性的有机物。

（3）腐殖酸类吸附剂　腐殖酸是一种芳香结构的、性质相似的酸性物质的复合混合物。它的大分子约由 10 个分子大小的微结构单元组成，每个结构单元由核（主要由五元环或六元环组成）、联结核的桥键（如—O—、—CH$_2$—、—NH—等），以及核上的活性基团所组成。据相关测定，腐殖酸含有羟基、羧基、羰基、氨基、磺酸基、甲氧基等活性基团。正是因为这些活性基团的存在，腐殖酸类物质具有对阳离子的吸附性能。当金属离子浓度低时，以螯合作用为主；当金属离子浓度高时，离子交换占主导地位。因此，腐殖酸类物质可用于处理工业废水，尤其是金属废水及放射性废水中的金属离子。据文献报道，腐殖酸类物质能吸附工业废水中的各种金属离子，如 Hg、Zn、Pb、Cu、Cd 等金属的离子，其吸附率可达 $90\%\sim99\%$。腐殖酸类物度吸附重金属离子饱和后，容易脱附再生，常用的再生剂有 $1\sim2mol/L$ 的 H_2SO_4、HCl、CaCl$_2$、NaCl 等。

2. 吸附设备

在水处理中常用的吸附装置有固定床、移动床和流化床三种吸附设备。

（1）固定床　固定床吸附根据水流动的方向可分为降流式和升流式两种。降流式固定床吸附的出水水质好，但经吸附剂的水头损失较大。特别是在处理含悬浮物较多的废水时，为了防止悬浮物堵塞吸附层，需定期进行反冲洗，有时还可设表面冲洗设备。升流式固定床吸附过程中，当水头损失增大时，可适当提高进水流速，使填充层稍有膨胀（以控制上下层不互相混合为度）而达到自清的目的。降流式固定床吸附塔的构造如图 3-33 所示。升流式固定床吸附塔的构造基本相同，仅省去上部的表面冲洗设备。根据处理水量、原水水质及处理后出水要求，固定床的操作可分为单塔式、多塔串联式和多塔并联式三种，如图 3-34 所示。

（2）移动床　移动床吸附塔构造如图 3-35 所示。原水从吸附塔底部流入与吸附剂逆流接触，处理后的水从塔顶流出，再生后的吸附剂由塔顶加入，接近吸附饱和的吸附剂从塔底间歇地排出。移动床与固定床相比，能够充分利用吸附剂的吸附容量，水头损失小。由于采用升流式，废水自塔底流入，从塔顶流出，被截留的悬浮物可随饱和的吸附剂间歇地从塔底排出。因此不需反冲洗设备，但这种操作方式上下层之间不能互相混合。移动床吸附操作对进水中悬浮物有一定要求（一般小于 30mg/L），因此吸附操作的预处理很重要。

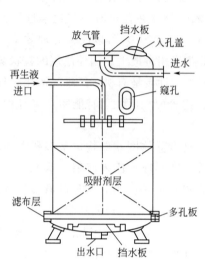

图 3-33　降流式固定床吸附塔构造示意图

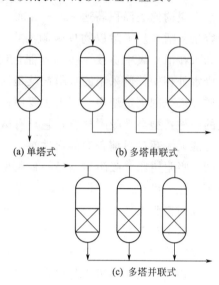

图 3-34　固定床吸附塔的操作示意图

（3）流化床　流化床吸附塔构造如图 3-36 所示，在操作过程中吸附剂悬浮于由下至上的水流中，处于膨胀状态或流化状态。被处理的废水与活性炭基本上也是逆流接触。流化床一般连续卸炭和投炭，空塔速度要求上下不混层，保持炭层成层状向下移动，所以运行操作要求严格。由于活性炭在水中处于膨胀状态，与水的接触面积大，因此用少量的炭就可以处理较多的废水，基建费用低。这种操作适于处理含悬浮物较多的废水，不需要进行反冲洗。

（三）活性炭的再生

活性炭在达到吸附饱和后，必须进行脱附再生，才能重复使用。脱附是吸附的逆过程，即在活性炭结构不变化或者变化极小的情况下，用某种方法将吸附质从活性炭中除去，恢复它的吸附能力。通过再生使用，可以降低处理成本，减少废渣排放，同时回收吸附质。活性炭的再生方法有加热再生、药剂再生、化学氧化再生、生物再生等。在选择再生方法时，主要考虑三方面因素：吸附质的理化选择，吸附机理，吸附质的回收价值。

1. 加热再生

用加热的方法，改变吸附平衡关系，达到脱附和分解的目的。活性炭的吸附能力恢复率可达 95% 以上，烧掉率 5% 以下，但能耗大，设备造价高。废水中的污染物因与活性炭结合较牢固，需要高温加热再生。高温加热再生分五步进行：脱水、干燥、炭化、活化、冷却。用于加热再生的炉型有立式多段炉、转炉、立式移动床炉、流化床炉以及电加热再生炉。图 3-37 为立式多段再生炉结构示意图。立式多段炉外壳用钢板焊制成圆筒，内衬耐火砖。炉内分 1～6 段，各段有 2～4 个搅拌耙，中心轴带动搅拌耙旋转。饱和炭从炉顶投入，依次下落至炉底。在活化段设数个燃料喷嘴和蒸汽注入口，热气和蒸汽向上流过炉床。

3-11 立式
多段再生炉

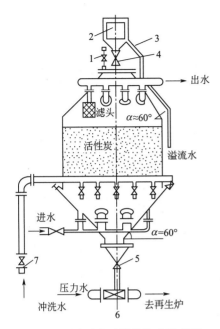

图 3-35　移动床吸附塔构造示意图

1—通气阀；2—进料斗；3—溢流管；

4，5—直流式衬胶阀；6—水射器；7—截止阀

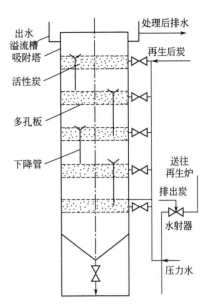

图 3-36　流化床吸附塔构造示意图

在立式多段炉中，上部干燥、中部炭化、下部活化，炉温从上到下依次升高。这种炉型占地面积小，炉内有效面积大，炭在炉内停留时间短，再生炭质量均匀，烧损率一般在5％以下，适合大规模活性炭再生。但操作要求严格，结构较复杂，炉内一些转动部件要求使用耐高温材料。

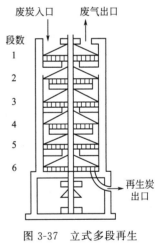

图 3-37　立式多段再生炉结构示意图

2. 药剂再生

药剂再生是用药剂将被活性炭吸附的物质解吸下来，其系统图见图 3-38。常用的溶剂有无机酸（HCl、H_2SO_4）、碱（NaOH）及有机溶剂（如苯、丙酮、甲醇、乙醇、卤代烃）等。药剂再生时，吸附剂损失较小，再生可以在吸附塔中进行，无需另设再生装置，而且有利于回收有用物质。缺点是再生效率低，再生不易完全，随再生次数的增加，活性炭吸附能力降低较为明显。

3. 化学氧化再生

（1）湿式氧化法再生　湿式氧化法是在较高的温度和压力下，用空气中的氧来氧化废水中溶解的、悬浮的有机物和还原性无机物的一种方法。湿式氧化法具有适用范围广（包括对污染种类和浓度的适应性）、处理效率高、二次污染低、氧化速度快、装置小、可回收能量和有用物质等优点。该法多用于粉状活性炭的再生，活性炭湿式氧化再生工艺如图 3-39所示。

（2）电解氧化法再生　用炭作阳极进行水的电解，在活性炭表面氧化吸附质。

（3）臭氧氧化法再生　利用强氧化剂臭氧，将被活性炭吸附的有机物加以氧化分解。由于经济指标等方面原因，此法实际应用不多。

4.生物再生

利用微生物作用，将被吸附的有机物氧化分解，从而可使活性炭得到再生。此法简单易行，基建投资少，运转成本低。

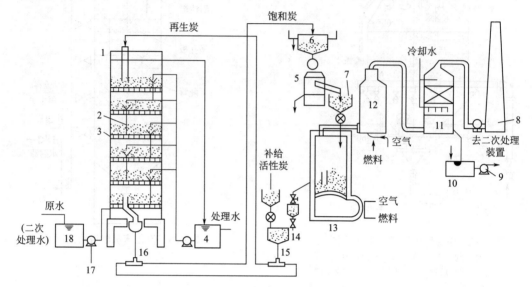

图 3-38　粉状炭流化床及再生系统

1—吸附塔；2—溢流管；3—穿孔板；4—处理水槽；5—脱水机；
6—饱和炭储槽；7—饱和炭供给槽；8—烟囱；9—排水泵；10—废水槽；11—气体冷却器；
12—脱臭炉；13—再生炉；14—再生炭冷却槽；15，16—水射器；17—原水泵；18—原水槽

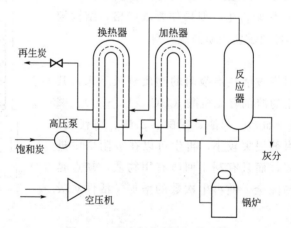

图 3-39　湿式氧化再生工艺流程

二、吸附法的运行管理

以活性炭为吸附剂的吸附装置为例，讲解吸附法的运行管理。

（1）炭的预处理。颗粒活性炭进柱前应在清水中浸泡、冲洗去污物。装柱后用 5% HCl 及 4% NaOH 溶液交替动态处理 1～3 次，流速 18～21m/h，用量为活性炭体积的三倍左右，每次处理后均需用清水淋洗至中性为止。

（2）进水的预处理。废水进入吸附装置前，应尽量去除悬浮物、胶体物质及油类，以防

堵塞炭的细孔和使炭层堵塞，可采用沙滤作为吸附的预处理。

（3）活性炭的投加、排出及输送

① 粉状活性炭。粉状活性炭用于水处理时，首先将粉状炭配制成一定浓度的悬浮液。一般以 5%～10% 的浓度，储存在具有搅拌设备的容器中，待使用时根据水质情况用螺旋齿轮输送泵投加到混合反应池中。由于粉状炭的密度小，因此要采取特殊措施防止泄漏。在粉状活性炭投加室，要设有空气除尘及过滤装置，防止对空气的污染。

粉状炭在使用后以浆状排出，采用加热再生时，首先应进行炭水分离，采用过滤或压滤机械进行脱水，滤饼送至再生炉进行再生。粉状活性炭的炭浆一般用泵输送。

② 粒状活性炭。粒状活性炭投加到吸附装置前，一般经过一定容积的储炭槽（或罐）。其容量根据处理水量或吸附装置的形式及大小而变动。当需要吸附装置补充新炭或再生炭时借助水的流动将粒状炭带出。

饱和炭同样以炭浆形式或用压力水或压缩空气（气罐、离心泵、喷射器或隔膜泵）等输送。用泵输送时，泵的转速不应超过 800～900r/min。为了防止磨损，建议采用橡胶或陶瓷衬里的叶轮型离心泵。从移动床吸附装置卸出的饱和炭较多采用水力喷射器输送，这种设备操作简单，不太需要维修，但流量调节能力较小。因此，设计时必须按最大输送量设计，当输送炭量较低时，会造成用水浪费。

粒状活性炭水力输送时的水与炭的质量比一般为 9∶1，炭浆在管道内的流速最高不得超过 2.5m/s，防止管道腐蚀及炭的磨损。粒状活性炭的炭浆可以成功地用滤网、分离器、重力分离法等来完成脱水。采用振动筛脱水也能使炭浆的含水率降到 50%～60%。

（4）活性炭净化工艺应根据原水水质及其变化情况、水量、出水水质要求、污染物的种类和浓度等因素确定。

（5）炭层滤速的确定，要与吸附塔活性炭填充量、吸附效率、再生频率等综合考虑。

（6）为避免悬浮物和生物产生的黏液堵塞炭层，固定床和降流式移动床必须重视反冲洗，可设置表面冲洗或空气冲洗。冲洗水应尽量用炭滤水，至少应为过滤水，当进入炭层的水质浊度较高或者处理欠佳时，反冲洗后的初滤水应考虑弃流。

（7）活性炭处理某些废水时，在固定床或移动床吸附塔内常有厌氧微生物吸附繁殖生长，使炭层堵塞，出水水质恶化，并带有 H_2S 臭味，给活性炭吸附塔的正常运转带来困难，这种现象与以下因素有关：

① 进水中溶解氧含量过低。

② 进水中 COD 含量过高，使吸附塔的有机负荷过高。

③ 进水中硫酸盐含量过高。

④ 气温或水温较高。

⑤ 废水在炭层内停留时间过长、水流速度较小等。

为了防止出水中的 H_2S 臭味的产生，在设计吸附装置时应采取必要的措施和设置必要的设备及构筑物，如：在活性炭吸附装置前采用生化处理，降低水中 COD 的含量；在活性炭吸附装置前采用适当的预处理，如混凝、过滤，降低进水中悬浮物的含量，防止炭层的堵塞，以保持适当的水流速度；在活性炭吸附装置前设置预曝气装置，提高进水中溶解氧的含量；在夏季高温季节，炭层内厌氧微生物繁殖较快，出水水质恶化时，可采取临时性措施投加硝酸钠，利用硝酸根离子中的氧作为氧源，增加水中溶解氧的含量，抑制厌氧菌的生长。

在实际使用时，由于废水水质不同，影响 H_2S 产生的因素也不同，所以需根据具体情况来定，有时需将几种措施配合使用。

（8）由于活性炭与普通钢材接触将产生严重的电化学腐蚀，因此吸附装置应该优先考虑钢筋混凝土结构或不锈钢、塑料等材料。如选用普通碳钢制作时，则装置内必须采用环氧树脂衬里，且衬里的厚度应大于 1.5mm。另外，输炭管道应考虑对炭的磨损，可采用质量良好的聚乙烯管道。

（9）每座炭塔或炭床应有流量调节设施或计量装置，以便控制。

（10）采用粉末炭时，要考虑防火，以及电气设备的防爆、建筑的采光、通风、防尘及集尘。

（11）做好日常运行记录，包括处理水量、水温、进出水水质、炭的损失量和补加量、冲洗周期、耗电量等。

第六节　消毒法的调试管理

一、消毒原理

城市污水经一级或二级处理后，水质得到改善，但仍存在大量细菌，且有可能含有较多病原微生物。经水传播的疾病主要是肠道传染病，如伤寒、痢疾、霍乱以及马鼻疽、钩端螺旋体病、肠炎病菌等。此外，由病毒引起的传染病如肝炎和结核等也能随水传播。

水中的致病微生物包括病毒、细菌、真菌、原生动物、肠道寄生虫及其卵等。采用常规的废水处理工艺一般不能有效灭活这些病原微生物，如活性污泥法去除率为 $90\% \sim 95\%$，生物膜法去除率为 $80\% \sim 90\%$，自然沉淀法去除率为 $25\% \sim 75\%$。为了防止疾病的传播，必须对这类废水进行消毒处理，消毒仅要求杀灭致病生物。

消毒方法包括物理方法和化学方法两大类。物理方法有加热、光照及超声波等手段，但在废水处理中很少应用。化学方法中消毒剂有多种氧化剂（氯、臭氧、溴、碘、高锰酸钾等）、某些重金属离子（银、铜等）及阳离子型表面活性剂。消毒方法中以氯消毒、臭氧消毒和紫外线消毒法等应用最多，见表 3-5。

表 3-5　消毒方法的选择

消毒方法	优点	缺点	使用条件
液氯	效果可靠，投配设备简单，投量准确，价格便宜	氯化形成的余氯及某些含氯化合物低浓度时对水生生物有毒害，当工业废水的比例大时，氯化物可能生成致癌化合物	适用于大、中规模的污水处理厂
次氯酸钠	用海水或一定浓度的盐水，由污水处理厂就地电解产生消毒剂，也可以买商品次氯酸钠	需要有专用次氯酸钠电解设备和投加设备	适用于边远地区、购液氯等消毒剂困难的小型污水处理厂
臭氧	消毒效率高，并能有效地降解污水中的残留有机物、色、味等，污水的 pH 值、温度对消毒影响很小，不产生难处理的或生物积累性残留物	投资大，成本高，设备管理复杂	适用于出水水质较好，排入水体卫生条件要求高的污水处理厂
紫外线	紫外线照射与氯系消毒共同作用的物理化学方法，消毒效率高，运行安全	投资较大，运行费用相对较高	适用于小、中、大规模污水处理厂

1. 消毒方法

（1）氯系消毒　氯系消毒工艺技术成熟，目前是污水消毒的主要技术，其中液氯消毒多用在大型的污水处理厂，而二氧化氯和次氯酸钠消毒多用在中小型的污水处理厂或医院污水的消毒，氯系消毒的缺点是有可能形成致癌物。

① 氯消毒。氯的消毒作用，利用的不是氯气本身，而是氯与水发生反应生成的次氯酸。次氯酸分子量很小，是不带电的中性分子，可以扩散到带负电荷的细菌细胞表面，并渗入细胞内，利用氯原子的氧化作用破坏细胞的酶系统，使其生理活动停止，最后导致死亡。pH 值越低，消毒效果越好。实际运行中，一般应控制 pH＜7.4，以保证消毒效果，否则应该加酸使 pH 值降低。此外，温度越高，消毒效果越好，其主要原因是温度升高能促进 HClO 向细胞内的扩散。

3-12 液氯
消毒工艺

② 二氧化氯消毒。二氧化氯对细菌的细胞壁有较强的吸附和穿透能力，可快速控制微生物蛋白质的合成，对细胞、病毒等有很强的灭活能力。ClO_2 不与水发生化学反应，故它的消毒作用受水的 pH 值影响小。二氧化氯消毒的特点是，只起氧化作用，不起氯化作用，因而一般不会产生致癌物质。另外，二氧化氯不与氨氮发生反应，因此，在相同的有效氯投加量下，可以保持较高的余氯浓度，取得较好的消毒效果。此外，二氧化氯的消毒能力比氯强。二氧化氯不稳定，因而必须在现场制造。二氧化氯的成本较高，国内目前只是在一些小型的污水处理工程中采用了二氧化氯消毒工艺。

③ 次氯酸钠消毒。次氯酸钠在我国已较为广泛地用于医院污水的消毒。次氯酸钠消毒机理与液氯完全一致，在溶液中生成次氯酸根离子，通过水解反应生成次氯酸，具有与其他氯的衍生物相同的氧化和消毒作用，但其效果不如 Cl_2 强。由于 NaClO 是由 NaOH 和 Cl_2 反应生成的，因而其消毒的直接运行费用高于液氯。但与液氯消毒相比，次氯酸钠消毒工艺运行方便、安全、基建费用低。

（2）臭氧消毒　臭氧有很强的杀菌能力，远超过氯，且不需要太长的接触时间，除能有效杀灭细菌以外，对各种病毒和芽孢也有很大的杀伤效果。臭氧消毒不受污水中 NH_3 和 pH 值的影响，而且其最终产物是二氧化碳和水。臭氧还能除臭、去色，且不会产生有机氯化物。

3-13 臭氧
发生器

3-14 臭氧
消毒流程

臭氧消毒的缺点是：耗电大，运行费用高，臭氧在水中不稳定，易挥发，无持续消毒作用，设备复杂，管理麻烦。目前，制约臭氧消毒普及应用的是设备投资及电耗较高的问题，因此，臭氧消毒多用于出水水质较好，排水水体卫生条件要求较高的场合。

（3）紫外线消毒　汞灯发出的紫外线，能穿透细菌的细胞壁与细胞质发生反应而达到消毒的目的。波长为 350～360nm 之间的紫外线的杀菌能力最强。因为紫外线需要透过水层才能起消毒作用，故水中的悬浮物、浊度和有机物都会干扰紫外线的传播，因此，处理水的光传播系数越高紫外线消毒的效果越好。污水消毒处理中采用的紫外消毒灯有三种类型，即低压低强度紫外灯、低压高强度紫外灯和中压高强度紫外灯。中压灯是所有紫外灯中单根灯管紫外能输出最高的，因此，可以用很少的灯管数量达到较好的消毒效果，适合于大型城市污水处理厂的消毒处理，特别是用地紧张的污水处理厂。

紫外线消毒与液氯消毒比较，具有如下优点：

① 消毒速度快，效率高，经紫外线照射几十秒钟即能杀菌，一般大肠杆菌的病菌去除率

可达98%，细菌总数的平均去除率为96.6%，此外，还能去除液氯法难以杀死的芽孢与病毒。

② 不影响水的物理性质和化学成分，不增加水的臭味。

③ 操作简单，便于管理，易于实现自动化。

主要缺点：要求预处理程度高，处理水的水层薄，耗电量大，成本高，没有持续的消毒作用，不能解决消毒后在管网中的再污染问题。

（4）辐射消毒　辐射消毒是利用高能射线（电子射线、γ射线、X射线、β射线等）来实现消毒作用的一种方法。射线具有较强的穿透能力，可瞬间杀灭细菌，且一般不受废水温度、压力和pH值等因素影响，效果稳定。但是该方法一次性投资较大，需获得辐照源，并需设置安全防护设施。

（5）加热消毒　加热消毒是通过加热来实现消毒作用的一种方法。该方法用于废水消毒处理，费用较高，很不经济。因此，这种方法仅适用于特殊场合少量废水的消毒处理。

2. 影响消毒效率的因素

投加化学药剂（消毒剂）对水进行消毒的过程包括以下几步：消毒剂达到微生物表面渗入细胞壁；与特定酶发生反应，中断细胞的代谢过程。影响消毒效率的因素主要包括：

（1）致病微生物的种类及存在状态　一般而言，病毒比细菌较难杀灭，有芽孢的细菌比无芽孢的细菌较难杀灭（废水中的致病菌多无芽孢）。单个细胞易受消毒剂的致毒作用，而成团细菌的内部菌体因受保护而难以被杀灭。寄生虫卵较易杀死，但原生动物中的痢疾内变形虫的孢囊却很难被杀死。

（2）消毒剂的种类与浓度　在确定消毒剂的种类之后，消毒剂的浓度是重要因素。一般来说，浓度越高，则杀菌效果越好，但这样会造成部分药剂浪费，增加运行费用。可以通过实验的方法确定一个适宜的消毒剂投加量，以达到既能满足消毒灭菌的指标要求，又能保证较低的运行费用。在工程投入运行后，通过控制投药量的增加或减少对设计参数进行修正。

（3）水质特征　温度越高，杀菌效果越好；pH值对氯的杀菌作用影响大，而对臭氧的影响不大；悬浮物能掩蔽菌体，使之不受消毒剂作用的影响；有机物的存在，消耗氧化性的消毒剂；氨能降低氯的杀菌强度，但却能维持其持久性。

（4）接触时间　接触时间越长，致病微生物的杀灭率越高。

（5）消毒剂与微生物的混合接触情况　混合效果越好，消毒剂与微生物接触的概率越大，杀菌效果越好。

（6）处理工艺　一级处理出水比二级或三级处理出水难消毒，因为前者有较多的有机物、还原性无机物等杂质存在，这些杂质消耗部分消毒剂，在一定程度上降低了杀菌效果。

二、消毒池的运行管理

1. 加氯设备的运行管理

（1）氯投加量　氯投加量是一个非常重要的控制条件，对于不同的消毒对象要求不同的投加量，需要通过实验确定。城市污水经二级处理，排入受纳水体之前，进行加氯消毒并保持一定的余氯浓度，一般加氯量为5～10mg/L，初级处理出水需加氯15～25mg/L。深度处理中，除要求达到一定的消毒效果外，还要求回用水管网末梢保持一定的余氯量。加氯量是否适当，可由处理效果和余氯量指标评定。

（2）接触时间　是污水在接触池的水力停留时间。一般来说，在保证消毒效果一定的前提下，接触时间延长，加氯量可适当减少。但接触时间很大程度上取决于设计，一般来说，应控制在 30min 以上。污水量增加时，接触时间会缩短，此时应适当增加加氯量。

（3）做好日常运行记录　主要内容包括：处理水量、水温、氯投加量、出水余氯量、消毒效果。

（4）氯气的运行管理　氯气是一种剧毒气体，在运行管理中，氯气的安全使用非常重要，应特别注意以下事项：

① 氯瓶运输或移动过程中，应轻装轻卸，严禁滑动、抛滚或撞击，并严禁堆放。

② 氯瓶入库前应检查是否漏氯，并做必要的外观检查。检漏方法是用 10％的氨水对准可能漏氯部位数分钟。如果漏氯，会在周围形成白色烟雾（氯与氨生成的氯化铵晶体微粒）。外观检查包括瓶壁是否有裂缝、鼓包或变形。有硬伤、局部片状腐蚀或密集斑点腐蚀时，应认真研究是否需要报废。

③ 氯瓶存放应按照先入先取先用的原则，防止某些氯瓶存放期过长。

④ 每班应检查库房是否有泄漏，库房内应常备 10％氨水，以备检查使用。

⑤ 氯瓶在开启前，应先检查氯瓶的放置位置是否正确，然后试开氯瓶总阀。不同规格的氯瓶有不同的放置要求。

⑥ 氯瓶与加氯机紧密连接并投入使用之前，应用 10％氨水检查连接处是否漏氯。

⑦ 氯瓶在使用过程中，应经常用自来水冲淋，以防止瓶壳由于降温而结霜。在冬季加氯期间，氯瓶周围要有适当的保温措施，以防止瓶内形成氯冰，但严禁用明火等热源为氯瓶保温。

⑧ 氯瓶使用完毕后，应保证留有 0.05～0.1MPa 的余压，以免遇水受潮后腐性钢瓶，同时也是氯瓶再次充氯的要求。加氯机的安全使用，详见所采用的加氯机使用说明。

⑨ 加氯间应设有完善的通风系统，并时刻保持正常通风，每小时换气量应在 12 次以上，由于氯气比空气重，因此排气孔应设置在低处。

⑩ 加氯间内应在最显著、最方便的位置放置灭火工具及防毒面具。加氯间内应设碱液池，并时刻保证池内碱液有效。当发现氯瓶严重泄漏时，应先戴好防毒面具，然后立即将漏露的氯瓶放入碱液池中。通向加氯间的压力水管道应保持不间断供水，并尽量保持管道内水压稳定。加氯设备（包括管道）应保持不间断工作，并根据具体情况考虑设置备用数量，一般每种不少于两套。

2. 臭氧消毒设备的运行管理

臭氧消毒设备由消毒剂发生器、投加设备和接触反应池组成。由于臭氧有毒、不稳定、容易分解，需要现场制备。臭氧发生器在国内有很多厂家生产，用户可以根据具体的需要进行选择。由于臭氧是气体，为了提高臭氧的利用率和消毒效果，接触反应池最好建成水深为 5～6m 的深水池或建成封闭的几格串联的接触池，通过管式或板式微孔扩散器投加臭氧。扩散器用陶瓷或聚氯乙烯微孔塑料或不锈钢制成。接触池排出的剩余臭氧，具有腐蚀性，因此排出的剩余臭氧需进行消除处理。

3. 紫外消毒设备的运行管理

（1）紫外线消毒系统

① 封闭管道式紫外线消毒装置。该系统如图 3-40 所示，筒体常用不锈钢或铝合金制造，内壁多作抛光处理以提高对紫外线的反射能力和增强辐射强度，可以根据处理水量的大

小调整紫外灯的数量。紫外灯管清洗更换时需要停机，需要备用设备及泵、管道、阀门等配套设备，维护复杂，成本高，不适合大规模推广应用。

②明渠式紫外线消毒系统。该系统如图3-41所示，系统由若干独立的紫外灯模块组成，水流靠重力流动，不需要泵、管道以及阀门等配套设备。紫外灯模块可轻易地从明渠中直接取出进行维护，维护时系统无须停机，无须备用设备，从而使得系统维护简单方便，大大降低了紫外线法污水消毒的成本。此外，可根据处理水量的大小调整紫外灯模块的数量，无需添购整套系统。

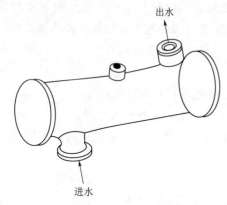

图3-40　封闭管道式紫外线消毒装置示意图

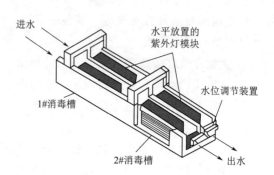

图3-41　明渠式紫外线消毒系统示意图

（2）紫外线消毒系统的维护

①紫外灯的使用寿命。紫外灯在使用过程中，随着时间的增加，紫外灯放出紫外线的强度会逐渐降低，因而在设计紫外线消毒系统的过程中，需要考虑在灯的使用末期如何保证足够的杀菌剂量。在国外的消毒系统中，推荐使用的紫外灯更换时间大约是5000h，但在很多厂中紫外灯的寿命超过了8000h。在运行当中当灯管的紫外线强度低于$2500\mu W/cm^2$时，应该更换灯管。由于测定紫外线强度较困难，实际上灯管的更换都以使用时间为准，计数时除将连续使用时间累计之外，还需加上每次开关灯对灯管的损耗，一般开关一次按使用3h计算。

②紫外线消毒系统结垢的清洗。在紫外线消毒的过程中，由于水中存在的许多杂质会沉淀黏附在石英套管外壁上，引起套管结垢，从而使经过套管进入水中的紫外光的强度降低，当水中存在有高浓度的铁、钙或锰时，套管结垢非常迅速，因此需要定期对石英套管清洗。清洗方式分为两大类：人工清洗和自动清洗。

人工清洗就是将灯管从明渠中取出，用清洗液喷淋到套管上，然后用棉布擦拭清洁。或将几个紫外灯模块放到移动式清洗罐中用清洗液同时搅拌清洗，清洗罐中带有曝气搅拌装置。当灯管数量较多时，也可一次将整个灯组（由若干个模块组成）从明渠中吊起来放入固定的清洗池内用清洗液清洗，池中带有曝气搅拌装置。从劳动强度和经济性上分析，人工清洗比较适合小型或中型污水处理厂。

自动清洗可以分为纯机械自动清洗和机械加化学式自动清洗。纯机械自动清洗系统实际上是用铁弗龙环来回刮擦套管表面，而机械加化学式自动清洗系统则是在清洗头内装有清洗液，在清洗头机械刮擦套管表面的同时通过清洗头内的清洗液去掉难以通过刮擦有效去除的污垢。纯机械式自动清洗系统需要频繁（10～30min清洗一次）地来回刮擦以减缓套管表面污垢的积累，清洗头磨损快，寿命短，一般半年到一年就需要更换，维护要求劳动强度和清洗成本较高。机械加化学式自动清洗一般一天清洗一次，清洗头寿命在 5 年左右，清洗效果较好。

第七节　混凝沉淀工艺的调试管理

一、混凝沉淀的机理

混凝就是通过向水中投加一些药剂（常称混凝剂），使水中难以沉淀的细小颗粒（粒径大致在 $1 \sim 100 \mu m$）及胶体颗粒脱稳并互相聚集成粗大的颗粒而沉淀，从而实现与水分离，达到水质的净化。混凝可以用来降低污水的浊度和色度，去除多种高分子有机物，尤其是某些重金属物和放射性物质。此外，混凝法能改善污泥的脱水性能。该方法在污水处理工艺中可以作为预处理、中间处理或最终处理工艺。

1. 混凝的原理

不同的混凝剂能使胶体以不同的方式脱稳、凝聚或絮凝。按机理不同，混凝可分为压缩双电层、吸附电中和、吸附架桥、沉淀物网捕四种。

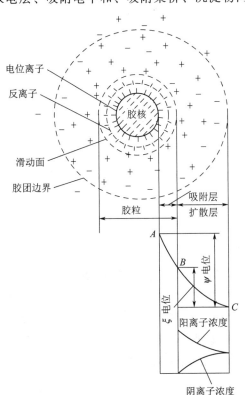

图 3-42　胶体粒子的结构及其电位分布

（1）压缩双电层　胶体离子的双电层结构如图 3-42 所示，反离子的浓度在胶粒表面最大，并沿着胶粒表面向外扩散，与距离呈递减分布，最终与溶液中离子浓度相等。当向溶液中投加电解质后，使溶液中与胶体反离子相同电荷的离子浓度增高，这些离子与扩散层原有反离子之间的静电斥力把原有部分反离子挤压到吸附层中，从而使扩散层厚度减小，胶粒所带电荷数减少。

由于扩散层厚度减薄，ζ 电位相应降低，因此胶粒间相互排斥力也减小。另外一方面，由于扩散层变薄，它们碰撞的距离也减小，因此相互之间的吸引力相应变大，使其排斥力与吸引力的合力由以斥力为主变成以引力为主（排斥能消失），胶粒间相互聚合与凝聚。

（2）吸附电中和　当向溶液中投加电解质作混凝剂，混凝剂水解后在水中形成络离子（其所带电荷与水的原有胶粒所带电荷相反），这些络离子不仅能压缩双电层，而且能够通过胶核外围的反离子层进入固液界面。由于异性电荷之间有强烈的吸附作用，这种吸附作用中和了电位离子所带电荷，减少了静电斥力，降低了 ζ 电位，使胶体脱稳并发生凝聚。若混凝剂投加过多，混凝效果反而下降，因为胶粒吸附了过多的反离子，使原来的电荷变性，排斥力变大，从而发生了再稳现象。

（3）吸附架桥　吸附架桥作用主要是指高分子聚合物与胶粒和细微悬浮物等发生吸附、桥联的过程。高分子絮凝剂具有水溶性链状结构，具有能与胶粒和细微悬浮物发生吸附的活性部位。通过静电引力、范德华力和氢键力等与胶粒表面产生特殊反应而互相吸附，在相距较远的两胶粒间进行吸附架桥，使颗粒逐渐变大，从而形成较大的絮凝体（矾花）。聚合物的链状分子在其中起了桥梁和纽带的作用。

吸附桥联的模式如图3-43所示。在吸附桥联形成絮凝体的过程中，胶粒和细粒悬浮物并不一定要脱稳，也无须直接接触，尽管电位大小也不起决定作用，但聚合物的加入量及搅拌强度和搅拌时间必须严格控制。如果加入量过多，一开始微粒就被若干个高分子链包围，微粒再没有空白部位去吸附其他的高分子链，结果形成无吸附部位的稳定颗粒。如果搅拌强度过大或时间过长，桥联就会断裂，絮凝体破碎，并形成二次吸附再稳颗粒。

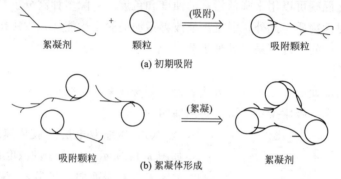

图 3-43　高分子聚合物对胶体或微粒的吸附架桥作用示意图

（4）沉淀物网捕　若采用硫酸铝、石灰或氯化铁等高价金属类作混凝剂，当投加量大得足以使金属氢氧化物 [如 $Al(OH)_3$，$Fe(OH)_3$] 或金属碳酸盐（如 $CaCO_3$）迅速沉淀时，水中的胶粒和细微悬浮物可被这些沉淀物在形成时作为晶核或吸附质所网捕。

在污水处理中往往这四种机理是同时或交叉发挥作用的，只是在一定情况下以某种作用机理为主而已。低分子电解质混凝剂，以双电层作用产生凝聚为主；高分子聚合物则以架桥联结产生絮凝为主。

2. 混凝条件

（1）浊度　浊度过高或过低都不利于混凝。浊度不同，所需的混凝剂用量也不同。

（2）pH 值　水的 pH 值大小直接关系到选用药剂的种类、加药量和混凝沉淀效果。水中的 H^+ 和 OH^- 参与混凝剂的水解反应，因此，pH 值极大影响混凝剂的水解速度、产物的存在形态与性能。在混凝过程中，都有一个相对最佳 pH 值存在，使混凝反应速率最快，絮体溶解度最小，此 pH 值可通过实验确定。如聚合硫酸铁作为混凝剂时，最佳 pH 值是 5.0～8.5，但在 4.0～11.0 范围内仍可使用；聚合氯化铝作为混凝剂时，最佳 pH 值是 6.0～8.5。

（3）温度　水温对混凝效果影响很大。

① 温度影响药剂在水中起化学反应的速度，特别是对金属盐类混凝剂影响很大，因其水解是吸热反应，温度过低会降低水解速度。如硫酸铝，当水温低于5℃，水解速度变慢，不易生成 $Al(OH)_3$；但水温也不宜太高，否则易使高分子絮凝剂老化或分解生成不溶性物

质，反而降低混凝效果，因而硫酸铝的最佳混凝温度是 $35\sim40℃$。

② 温度影响矾花的形成和质量。水温较低时水的黏度较大，布朗运动强度减弱，脱稳胶粒就此接触碰撞的机会减少，不利于相互凝聚，也使絮凝体生长受阻，絮凝体形成缓慢，结构松散，颗粒细小，反之则相反。

（4）共存杂质

① 有些杂质的存在能促进混凝过程，比如除硫、磷化合物以外的其他各种无机金属盐，均能压缩胶体粒子的扩散层厚度，促进胶体凝聚，且浓度越高，促进能力越强，并可使混凝范围扩大。

② 有些物质则会不利于混凝的进行，如磷酸根离子、亚硫酸根离子、高级有机酸离子会阻碍高分子絮凝作用。水中黏土杂质，粒径细小而均匀者，对混凝不利，粒径参差不齐对混凝有利。颗粒浓度过低往往对混凝不利，回流沉淀物或投加混凝剂可提高混凝效果。另外氯、螯合物、水溶性高分子物质和表面活性剂物质都不利于混凝。

（5）混凝剂的种类、投加量及投加顺序

① 混凝剂种类。混凝剂的选择主要取决于胶体和细微悬浮物的性质及其在废水中的质量分数。如果水中污染物主要呈胶体状态，且 ξ 电位高，则应先投加无机混凝剂（如聚铁，聚铝），使其脱稳凝聚；如果絮体细小，还需投加高分子混凝剂（如聚丙烯酰胺）或配合使用活性硅酸等助凝剂。很多情况下，无机混凝剂与高分子混凝剂配合使用，混凝效果好，应用范围大。

② 混凝剂投加量。混凝剂投加量有其最佳值，这与水中微粒种类、性质、浓度、混凝剂品种、投加方式和介质条件有关。混凝剂投加量不足，则水中杂质未能充分脱稳去除，加入太多则会再稳定。在实际生产中，混凝剂品种的选择和最佳投加量、最佳操作条件主要通过混凝试验来确定。一般的投加量范围是：普通的铁盐、铝盐是 $10\sim100mg/L$；聚合盐为普通盐的 $1/2\sim1/3$；有机高分子絮凝剂为 $1\sim5mg/L$。

③ 混凝剂投加顺序。当多种混凝剂配合使用时，最佳投加顺序可通过试验来确定，通常情况下，先投加无机混凝剂，再投加有机混凝剂。但当处理的胶粒粒径在 $50\mu m$ 以上时，常先投加有机混凝剂吸附架桥，再加无机混凝剂压缩扩散层而使胶体脱稳。

（6）水力条件（搅拌）　搅拌主要帮助混合反应、凝聚和絮凝，过于激烈地搅拌会打碎已经凝聚和絮凝的絮状沉淀物，反而不利于混凝沉淀，所以要控制搅拌强度和搅拌时间。在混合阶段，要求混凝剂与污水迅速均匀地混合，搅拌强度要控制在 $500\sim1000r/min$，搅拌时间应控制在 $10\sim30s$。在反应阶段，既要创造足够的碰撞机会和良好的吸附条件让絮体有足够的成长机会，又要防止生成的小絮体被打碎，因此搅拌强度要小，控制搅拌强度为 $20\sim70r/min$，反应时间需加长，一般为 $15\sim30min$，可以先采用烧杯进行絮凝实验。

二、加药量的确定

1. 混凝剂最佳投加量的确定

混凝剂投加量是否合适，是取得良好混凝效果的重要因素。混凝剂最佳投加量是指达到既定水质目标的最小混凝剂投加量，其与原水水质条件、混凝剂品种、混凝条件等因素有关。目前我国大多数中小水厂是根据实验室试验和实际观察来确定，然后人工调节控制。这种方法简单易行，但试验结果指导生产往往滞后 $1\sim3h$，在水质或水量变化较多、较大的情况下，难以及时调节。在国外和国内大中水厂已较多应用的投药自动控制装置能达到按最佳投加量准确投加、及时调节，且节省药剂。

（1）实验室杯罐试验法应用　杯罐试验的设备和操作都很简便，其试验的基本设备包括搅拌器、烧杯和浊度检测或 pH 值检测等相关仪器仪表。在杯罐试验设备中所发生的混凝过程，就相当于一个微型的间歇式完全混合反应器内的混凝过程。从长期使用的经验中得出，在选用足够大的水样体积和严格的操作条件下，杯罐试验完全能够模拟生产规模的混凝过程，得出反映混凝过程中影响因素复杂关系的结果以指导生产，是研究或控制混凝过程的最主要方法。因此，足够大的水样体积（1L）和严格的操作条件（如 G 值或 GT 值：凝聚段为 $700 \sim 1000 s^{-1}$，絮凝段为 $20 \sim 70 s^{-1}$ 或 $1 \times 10^4 \sim 1 \times 10^5$ 等）是杯罐试验结果可靠的关键。

（2）现场模拟试验法应用　采用现场模拟装置来确定和控制投药量是较简单的方法。常用的模拟装置是斜管沉淀器、过滤器或两者并用。当原水浊度较低时，采用过滤器（直径一般为 100mm）；当原水浊度较高时，斜管沉淀器和过滤器串联使用。连续测定模拟滤后水的浊度，由此判断投药量是否适当，再反馈至生产调控投药量。因为是连续检测，故能实现投药自动控制，但仍存在反馈滞后现象（一般约十几分钟）。应用中，斜管沉淀器或过滤器应经常冲洗，以防因堵塞致使模拟效果不可靠。

（3）特性参数法应用　混凝效果的影响因素复杂，但在某种情况下，视某一特性参数为影响混凝效果的主要因素，据此特性参数的变化反映混凝程度的方法即为特性参数法。

流动电流检测法（SCD）是利用与水中胶体 ξ 电位有正相关关系的流动电流这一特性参数的变化反映胶体脱稳程度，进而反映混凝效果。SCD 法控制因子单一，操作简便，投资较低，克服滞后，实现了生产上的在线检测与控制；对以胶体电中和脱稳絮凝为主的混凝作用，控制精度较高。应用中应注意的是检测点的选定、检测探头的保洁与控制系统的参数设定。此方法的局限性表现在用于以吸附架桥为主的高分子絮凝剂时，投药量与流动电流的相关性不显著。SCD 法检测控制系统示意图见图 3-44。

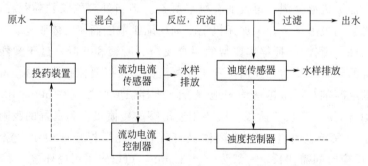

图 3-44　SCD 法检测控制系统示意图

显示式絮凝投药控制法（Fractal Dimension Analyszer，FDA）是分形理论在混凝研究中的应用。通过分形理论，以结构表征技术分析絮凝体形成及其与各种因素间的相互关系，采用分形维数作为主要控制特征参数。FDA 系统主要包括原水流量前馈控制、絮凝体分形维数反馈控制与沉后水浊度反馈调节 3 个部分。系统通过视频摄像装置采集水下絮凝体的图像信号，同时将原水流量信号和沉后水浊度信号输入计算机，通过建立的模糊投药控制模型分析，输出投药量控制信号，调节混凝剂的投加量。FDA 法絮凝投药控制系统示意图见图 3-45。

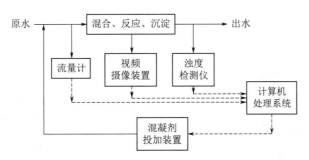

图 3-45　FDA 法絮凝投药控制系统示意图

2. 石灰投加量确定

对铝盐或铁盐混凝剂而言，只有在适宜的 pH 值范围内才能有较好的混凝效果。当原水碱度不足致使铝盐或铁盐水解困难时，投加石灰可以增加水中碱度，改善混凝条件，促使混凝过程顺利进行。石灰投加量应通过混凝试验确定，也可以根据其化学反应按下式计算：

$$Al_2(SO_4)_3 + 3H_2O + 3CaO \Longrightarrow 2Al(OH)_3 + 3CaSO_4$$

$$2FeCl_3 + 3H_2O + 3CaO \Longrightarrow 2Fe(OH)_3 + 3CaCl_2$$

$$[CaO] = 3[\alpha] - [x] + [\delta]$$

式中　$[CaO]$——纯石灰 CaO 投加量，mmol/L；

　　　$[\alpha]$——混凝剂投加量，mmol/L；

　　　$[x]$——原水碱度，按 CaO 计，mmol/L；

　　　$[\delta]$——保证混凝顺利进行的剩余碱度，一般取 0.25～0.5mmol/L(CaO)。

三、混凝反应池的运行管理

1. 混凝设备

（1）混凝剂的配制与投加设备

① 混凝剂的配置设备。混凝剂的配置设备包括溶药池和药液储存池。溶药池是把固体药剂溶解成浓溶液，溶解可采用水力、机械或压缩空气等搅拌方式，如图 3-46～图 3-48 所示。根据药量的大小和药剂的性质选择搅拌的方式，一般药量小时采用水力搅拌，药量大时采用机械搅拌。溶药池体积一般为溶液池的 20%～30%。另外，注意定期排除溶药系统中的沉渣。

② 药液投加设备。药液的投配要求计量准确、调节灵活、设备简单。目前较常用的有计量泵、水射器、虹吸定量投药设备和孔口计量设备。其中计量泵最简单可靠，生产型号也较多。水射器主要用于向压力管内投加药液，使用方便。虹吸定量投药设备是利用空气管末端与虹吸管出口间的水位差不变，投药量保持恒定而设计的投配设备。孔口计量设备主要用于重力投加系统，溶液液位由浮子保持恒定，溶液由孔口经软管流出，只要孔上的水头不变，投药量就保持不变，可通过调节孔口的大小来调节投药量的大小。

a. 高位溶液池重力投加装置如图 3-49 所示，它依靠药液的高位水头直接将混凝剂溶液投入管道内。

b. 虹吸定量投加装置如图 3-50 所示，它利用变更虹吸管进、出口高度差 H 控制溶液配量。

c. 水射流器投加装置如图 3-51 所示，该系统设备简单，使用方便，工作可靠，常用于向压力管内投加药液和药液的提升。水射流器结构如图 3-52 所示。

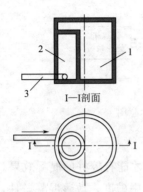

图 3-46　混凝剂水力搅拌装置

1—溶液池；2—溶药池；3—压力水管

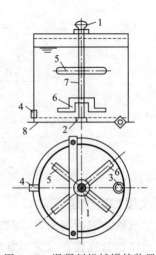

图 3-47　混凝剂机械搅拌装置

1，2—轴承；3—异径管箍；4—出管；
5—桨叶；6—锯齿角钢桨叶；7—立轴；8—底板

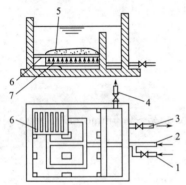

图 3-48　缓凝剂的压缩空气装置

1—进水管；2—进气管；3—出液管；
4—排渣管；5—药剂；6—格栅；7—空气管

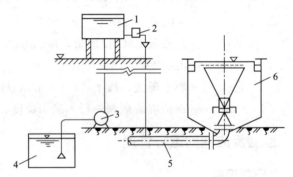

图 3-49　高位溶液池重力投加装置

1—溶液箱；2—投药箱；3—提升泵；
4—溶液池；5—原水进水管；6—澄清池

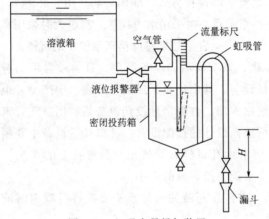

图 3-50　虹吸定量投加装置

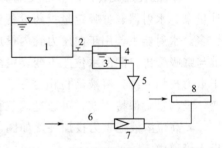

图 3-51　水射流器投加装置示意图

1—溶液箱；2，4—阀门；3—投药箱；
5—漏斗；6—高压水管；
7—水射器；8—原水管

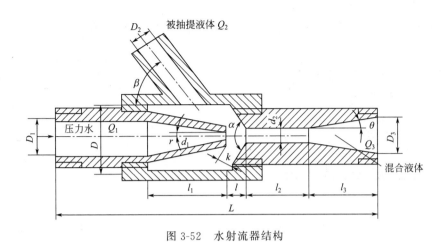

图 3-52　水射流器结构

各种投加方式比较见表 3-6。

表 3-6　各种投加方式比较

投加方式		设备	适用范围	特点
重力投加	高液位重力投加	溶液槽、提升泵、高位溶液槽、投药箱、计量设备	1. 投入水池、水井或水泵出水管路； 2. 使用于中小型污水处理厂	1. 操作简单； 2. 投加安全可靠
	泵前重力投加	投配设备高液位重力投加的设备，附浮球阀水封箱	1. 投入污水泵前管路中； 2. 使用于中小型污水处理厂	1. 操作简单； 2. 借助水泵叶轮，使药剂与水均匀混合
压力投加	泵投加	计量加药泵、溶液槽	1. 药液投入压力管路中； 2. 使用于大中型污水处理厂	不用计量设备
		耐酸水泵、溶液槽、转子流量计	1. 药液投入压力管路中； 2. 使用于大中型污水处理厂	1. 设备易得； 2. 使用方便； 3. 工作可靠
	水射器投加	溶液槽、投药箱、水射器、高压水管	1. 药液投入压力管路中； 2. 各种规模污水处理厂均可使用	1. 设备简单，使用方便； 2. 工作可靠； 3. 效率低

（2）混合与搅拌设备　混合与搅拌设备可分为水力混合设备和机械搅拌混合设备两类。

① 水力混合设备。

a. 隔板混合。图 3-53 为分流隔板式混合槽示意图。槽内设隔板，药剂于隔板前投入，水在隔板通道间流动过程中与药剂充分混合。其混合效果比较好，但占地面积大，水头损失也大。

图 3-54 为多孔隔板式混合槽，槽内设若干穿孔隔板，水流经小孔时作旋流运动使药剂与原水充分混合。当流量变化时，可调整淹没孔口数目，以适应流量变化。缺点是水头损失较大。隔板间距为池宽的 2 倍，也可取 60～100cm，流速取值在 1.5m/s 以上，混合时间一般为 10～30s。

b. 水泵混合。当水泵与絮凝反应设备距离较近时，将混凝剂溶液在输水泵的吸入管加入，利用叶轮旋转产生的涡流达到混合。这种方式简便易行，能耗低且混合均匀，但需在水泵内侧、吸入管及排出管内壁衬耐酸、耐腐蚀材料。水泵与反应器的距离不能太远，因为已形成的絮体在管道出口一经破碎便难以重新聚结，不利于以后的絮凝。

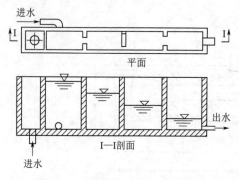

图 3-53　分流隔板式混合槽示意图

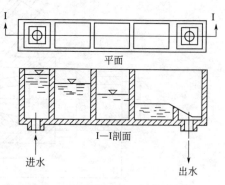

图 3-54　多孔隔板式混合槽示意图

c.管道混合。将混凝剂溶液加入压力管，利用管内紊流使药剂扩散于水中。管道混合的结构如图 3-55 所示，管内水流速宜采用 1.5～2.0m/s，投药后的管内水头损失不大于 0.3～0.4m。为了提高混合效果，可在管内增设孔板或 2～3 块交错排列的挡板 ［图 3-55(c) 和图 3-55(d)］。管道混合无活动部件，结构简单，安装使用方便。

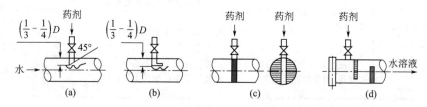

图 3-55　管道混合的几种结构形式

② 机械搅拌混合设备。机械搅拌混合设备是由搅拌桨快速旋转造成紊流来完成混合的，结构如图 3-56 所示。为了提高混合效果，槽内应设内壁挡板，每块挡板宽度 b 取 （1/10～1/12) D （为混合槽内径），其上、下缘距静止液面和池底皆为 $D/4$。搅拌器桨板直径 D_0 为 (1/3～2/3)D，搅拌器桨板宽度 B 为 (0.1～0.25)D_0。槽体有效容积按水力停留时间为 10～30s 计算，有时还乘以 1.2 的放大系数。桨叶外缘线速度：对于桨式搅拌桨，外缘线速度取 1.5～3.0m/s；对于推进式搅拌桨，外缘线速度取 5～15m/s。机械搅拌混合设备的主要优点是混合效果好且不受水量变化的影响，适用于各种规模的污水处理厂（站）；缺点是增加了机械设备，相应增加了维修工作量。

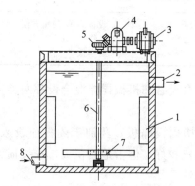

图 3-56　机械搅拌混合设备结构示意图
1—挡板；2—出水管；3—电动机；
4—减速器；5—齿轮；6—轴；
7—桨板；8—进水管

（3）反应设备　常用的有隔板反应池、涡流式反应池和机械搅拌反应池。

① 隔板反应池。隔板反应池主要有往复式和回转式两种。

a.往复式隔板反应池如图 3-57 所示，它是在一个矩形水池内设置许多隔板，水流沿隔板之间的廊道往复前进。隔板间距（廊道宽度）自进水端至出水端逐渐增加，从而使水流速度逐渐减小，以避免逐渐增大的絮体在水流剪切力下破碎。通过水流在廊道间往返流动，造成颗粒碰撞聚集，水流的能量消耗来自反应池内的水位差。往复式隔板反应池在水流转角处能量消耗大，对絮体成长不利。在180°的急剧转弯下，虽会增加颗粒的碰撞概率，但也易使絮体破碎。隔板式反应池构造简单，管理方便，效果较好，但反应时间较长，容积较大，主要适用于处理水量较大的处理厂。因水量过小时，隔板间距过窄，难以施工和维修。

　　b.回转式隔板反应池如图3-58所示。为了克服往复式隔板反应池的不足，减少不必要的能量消耗，于是将180°转弯改为90°转弯，形成回转式隔板反应池。为便于与沉淀池配合，水流自反应池中央进入，逐渐转向外侧。廊道内水流断面自中央至外侧逐渐增大，原理与往复式相同。

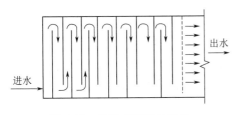

图3-57　往复式隔板反应池

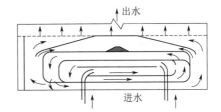

图3-58　回转式隔板反应池

　　② 涡流式反应池。涡流式反应池的结构如图3-59所示。其下半部为圆锥形，水从锥底部流入，形成涡流打散后缓慢上升，随锥体面积由小变大，反应液流速由大变小，流速的变化有利于絮凝体的形成。涡流式反应池的优点是反应时间短、容积小、易布置，可以安装在竖流式沉淀池中，使用水量比隔板反应池小。

　　③ 机械搅拌反应池。机械搅拌反应池如图3-60所示。图中的转动轴是垂直的，也可以用水平轴式。机械搅拌反应池效果好，大小处理厂都可使用，并能适应水质、水量的变化，但需要机械设备，增加了机械维修保养工作和动力消耗。

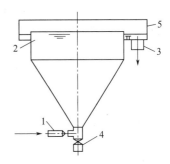

图3-59　涡流式反应池
1—进水管；2—圆锥集水槽；
3—出水管；4—放水阀；5—格栅

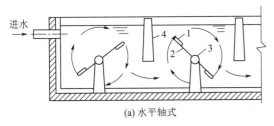

(a) 水平轴式

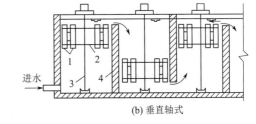

(b) 垂直轴式

图3-60　机械搅拌反应池
1—桨叶；2—叶轮；3—搅拌轴；4—隔墙

　　常见混凝反应池的优缺点与适用条件见表3-7。

表3-7　常见混凝反应池的优缺点与适用条件

反应池类型	优点	缺点	适用条件
往复式隔板反应池	反应效果好，构造简单，施工方便	容积较大，水头损失大	水量大于1000m³/h，水量变化较小的系统中

续表

反应池类型	优点	缺点	适用条件
回转式隔板反应池	反应效果好,水头损失小,构造简单,管理方便	池较深	水量大于 $1000m^3/h$,水量变化较小的改扩建系统中
涡流式反应池	反应时间短,容积小,造价低	池较深,截面圆锥形池底难施工	水量小于 $1000m^3/h$
机械搅拌反应池	反应效果好,水头损失小,可适应水质水量变化	部分设施在水下,维护不便	水量适应范围广

（4）分离设备　通常采用沉淀池将矾花从水中分离,可以选择的沉淀池类型有平流式沉淀池、斜板（斜管）式沉淀池和辐流式沉淀池,也可以采用气浮进行矾花的分离。

澄清池是一种将絮凝反应过程与澄清分离过程综合于一体的构筑物。它是利用接触絮凝的原理,来强化混凝过程,即:在池中让已经生成的絮凝体悬浮在水中成为悬浮泥渣层（接触凝聚区）,该层悬浮物浓度约为 $3\sim10g/L$,当投加混凝剂的水由下向上流动,泥渣层由于重力作用在上升水流中处于动态平衡,废水中新生成的微絮粒迅速吸附在悬浮泥渣上,从而达到良好的去除效果。澄清池的关键部位是接触絮凝区。保持泥渣处于悬浮、浓度均匀稳定的工作条件已成为所有澄清池共同的特点。

常见的澄清池主要有机械搅拌澄清池、水力循环澄清池、脉冲澄清池、悬浮澄清池等。其特点和适用条件见表 3-8。

表 3-8　常用澄清池的特点和适用条件

类型	特点	适用条件
机械搅拌澄清池	1.处理效率高,单位面积产水量大; 2.处理效果稳定,适应性强; 3.需要机械搅拌设备,维修较麻烦	1.进水悬浮物含量小于5000mg/L,短时间内允许在5000～10000mg/L; 2.适用于中、大型污水处理厂
水力循环澄清池	1.无机械搅拌设备,构筑物简单; 2.投药量较大; 3.对水质、水温变化适应性差; 4.水头损失较大	1.进水悬浮物含量小于2000mg/L,短时间内允许在5000mg/L; 2.适用于中、小型污水处理厂
脉冲澄清池	1.混合充分,布水均匀,池深较浅; 2.需要一套抽真空设备; 3.虹吸式水头损失较大,脉冲周围较难控制; 4.对水质、水量变化适应性较差; 5.操作管理要求较高	1.进水悬浮物含量小于3000mg/L,短时间内允许在5000～10000mg/L; 2.适用于各种规模污水处理厂
悬浮澄清池	1.无穿孔底板式构造较简单; 2.双层式加悬浮层,底部开孔,能处理3000mg/L高浊度原水,但需设气水分离器; 3.双层式池深较大; 4.对水质、水量适应性较差; 5.处理效果不够稳定	1.单层池:适用于进水悬浮物含量小于3000mg/L; 2.双层池:适用于进水悬浮物含量3000～10000mg/L; 3.流量变化一般每小时不大于10%; 4.水温变化每小时不大于1℃

机械加速澄清池,多为圆形钢筋混凝土结构,小型的池子有时也采用钢板结构,主要组成部分有混合室、反应室、导流室和分离室。混合室周围被伞形罩包围,在混合室上部设有涡轮搅拌桨,由变速电动机带动涡轮转动,如图 3-61 所示。

机械加速澄清池的工作过程为:废水从进水管进入环形配水三角槽,混凝剂通过投加药管加在配水三角槽中,再一起流入混合室,在此进行水与药剂和回流污泥的混合。由于涡轮

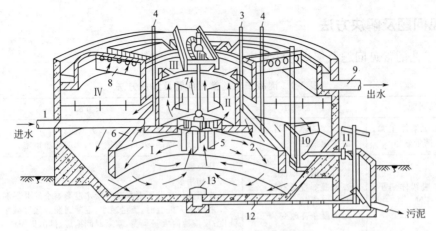

图 3-61　机械加速澄清池结构剖面图

Ⅰ—混合室；Ⅱ—反应池；Ⅲ—导流室；Ⅳ—分离室；

1—进水管；2—三角配水槽；3—排气管；4—投药管；5—搅拌桨；6—伞形罩；

7—导流板；8—集水槽；9—出水管；10—泥渣浓缩池；11—排泥管；12—排空管；13—排空阀

的提升作用，混合后的泥水被提升到反应室，继续进行混凝反应，并溢流到导流室。导流室中有导流板，其作用在于消除反应室传来的环形运动，使废水平稳地沿伞形罩进入分离室。分离室中设有排气管，作用是将废水中的空气排出，减少对泥水分离的干扰。

处理效果除与池体各部分尺寸是否合理有关外，主要取决于以下两点：

① 搅拌速度。为使泥渣和水中小絮体充分混合，并防止搅拌不均引起部分泥渣沉积，要求加快搅拌速度。但速度若太快，会打碎已形成的絮体，影响处理效果。因此，搅拌速度应根据污泥浓度确定：污泥浓度低，搅拌速度小；污泥浓度高，就要增大搅拌速度。

② 泥渣回流量及浓度。一般回流量大，反应效果好。但回流量太大，会导致流速过大，从而影响分离室的稳定，因此一般控制回流量为水量的 3～5 倍。泥渣浓度越高，越容易截留废水中悬浮颗粒，但泥渣浓度越高，澄清水分离越困难，以至于使部分泥渣被带出，影响出水水质。因此，在不影响分离室工作的前提下，尽量提高泥渣浓度。泥渣浓度可通过排泥来控制。

2. 混凝设备运行中的注意事项

（1）每班应观察并记录矾花生成情况，并将其与历史资料比较，发现异常应及时判明原因，采取相应措施。

（2）经常检查溶药系统和投加系统的运行情况，及时排出药液中的沉渣，防止堵塞；定期清洗加药设备。

（3）定期核算混合反应池的速度梯度值，检查系统的腐蚀情况。

（4）防止药剂（如 $FeSO_4$）变质失效。

（5）定期进行沉降试验和烧杯搅拌试验，检查是否为最佳投药量。根据混合池和反应池的絮体、出水水质等变化情况，及时调整混凝剂的投加量。

（6）连续或定期检测水温、pH 值、浊度、SS、COD 等水质指标，并做好日常运行记录。

（7）当冬季水温较低，影响混凝效果时，除可采取增加投药量的措施外，还可以投加适量的铁盐混凝剂。经常检查加药管的运行情况，防止堵塞或冻裂。

四、常见问题及解决方法

混凝工艺的常见问题及解决方法见表 3-9。

表 3-9　混凝工艺的常见问题及解决方法

常见问题	产生原因	解决方法
反应池末端絮体正常，沉淀池出水携带絮体	1. 沉淀池超负荷； 2. 水流短路	1. 增加运行池数，降低表面水力负荷； 2. 查明短路原因(死角、密度流)，采取整流措施
反应池末端絮体细小，沉淀池出水浑浊	1. 进水碱度偏低； 2. 混凝剂投量不足； 3. 水温降低； 4. 混凝条件改变	1. 补充碱液； 2. 增加用量； 3. 改用无机高分子混凝剂等受水温影响小的混凝剂； 4. 采用水力混合时，流量减小，混凝剂混合强度减小，提高混合强度；反应池内大量集泥，絮凝时间缩短，排出集泥
反应池末端絮体松散，沉淀池出水清澈(浑浊)，出水携带絮体	混凝剂投加过量	降低混凝剂投加量

第八节　沉淀池的调试管理

一、沉淀的基本原理

1. 沉淀的作用

沉淀是使水中悬浮物质（主要是可沉固体）在重力作用下下沉，从而与水分离，使水澄清。这种方法简单易行，分离效果良好，是水处理的重要工艺，在每一种水处理过程中几乎都不可缺少。在各种水处理系统中，沉淀的作用有所不同，大致如下：

① 作为化学处理与生物处理的预处理；

② 用于化学处理或生物处理后，分离化学沉淀物、活性污泥或生物膜；

③ 污泥的浓缩脱水；

④ 灌溉农田前作灌前处理。

2. 沉淀的类型

按照水中悬浮颗粒的浓度、性质及其絮凝性能的不同，沉淀现象可分为以下几种类型。

① 自由沉淀。悬浮颗粒的浓度低，在沉淀过程中互不黏合，不改变颗粒的形状、尺寸及密度，如沉砂池中颗粒的沉淀。

② 絮凝沉淀。当悬浮物浓度较低（约为 $50\sim500\mathrm{mg/L}$）时，在沉淀过程中，颗粒与颗粒之间可能相互碰撞产生絮凝作用，使颗粒的粒径与质量逐渐加大，沉淀速度不断加快，如活性污泥在二次沉淀池中的沉淀就是此种类型。

③ 拥挤沉淀。水中悬浮颗粒的浓度比较高，在沉降过程中，产生颗粒互相干扰的现象，在清水与浑水之间形成明显的交界面，并逐渐向下移动，因此又称成层沉淀。活性污泥法后的二次沉淀池以及污泥浓缩池中的初期情况均属这种沉淀类型。

④ 压缩沉淀。一般发生在高浓度的悬浮颗粒的沉降过程中，颗粒相互接触并部分地受

到压缩物支撑，下层颗粒间隙中的液体被挤出界面，固体颗粒群被浓缩。浓缩池中污泥的浓缩过程属此类型。

二、沉淀池的操作管理

1. 沉淀池的构造与工作特征

（1）平流式沉淀池　平流式沉淀池池形呈长方形，水在池内按水平方向流动，从池一端流入，从另一端流出，如图 3-62 所示。按功能区分，沉淀池可分为流入区、流出区、沉降区、污泥区以及缓冲层五个部分。流入区的任务是使水流均匀地流过沉降区，流入装置常用潜孔，在潜孔后（沿水流方向）设有挡板，其作用一方面是消除入流污水能量，另一方面也可使入流污水在池内均匀分布。入流处的挡板一般高出池水水面 0.1～0.15m，挡板的浸没深度在水面下应不小于 0.25m，并距进水口 0.5～1.0m。

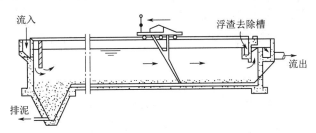

图 3-62　平流式沉淀池

流出区设有流出装置（多采用自由堰形式），出水堰可用来控制沉淀池内的水面高度，且对池内水流的均匀分布有着直接影响，安置要求是沿整个出流堰的单位长度溢流量相等。

沉降区是可沉颗粒与水进行分离的区域。污泥区用于贮放与排出污泥，在沉淀前端设有污泥斗，其池底设有 0.01～0.02 的底坡。收集在泥斗内的污泥通过排泥管排出池外，排泥方法分重力排泥与机械排泥，重力排泥的水静压力应大于或等于 1.5m，排泥管的直径通常不小于 200mm。为了保证已沉入池底与泥斗中的污泥不再浮起，有一层分隔沉降区与污泥区的水层，称为缓冲层，其厚度为 0.3～0.5m。

为了不设置机械刮泥设备，可采用多斗式沉淀池，在每个贮泥斗单独设置排泥管，各自独立排泥，互不干扰，以保证污泥的浓度。

平流式沉淀池的沉降区有效水深一般为 2～3m，污水在池中停留时间为 1～2h，表面负荷 1～3m³/(m³·h)，水平流速一般不大于 5mm/s。为了保证污水在池内分布均匀，池长与池宽比以 4～5 为宜。

平流式沉淀池的主要优点是：有效沉降区大，沉淀效果好，造价较低，对污水流量适应性强。缺点是：占地面积大，排泥较困难。

（2）竖流式沉淀池　竖流式沉淀池在平面图形上一般呈圆形或正方形，原水通常由设在池中央的中心管流入。在沉降区的流动方向是由池的下面向上作竖向流动，从池的顶部周边流出，如图 3-63 所示。池底锥体为贮泥斗，它与水平的倾角常不小于 45°，排泥一般采用静水压力。

竖流式沉淀池的直径或边长一般在 8m 以下，沉降区的水流上升速度一般采用 0.5～1.0mm/s，沉降时间 1～1.5h。为保证水流自下而上垂直流动，要求池子直径与沉降区深度之比不大于 3：1。中心管内水流速度应不大于 0.03m/s，而当设置反射板时，可取 0.1m/s。

污泥斗的容积视沉淀池的功能各异。对于初次沉淀池，池斗一般以贮存 2d 污泥量来计算，而对于使用活性污泥法后的二次沉淀池，其停留时间以取 2h 为宜。

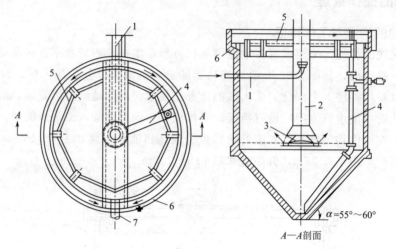

图 3-63 圆形竖流式沉淀池
1—进水管；2—中心管；3—反射板；4—排泥管；5—挡板；6—流出槽；7—出水管

竖流式沉淀池的优点是：排泥容易，不需设机械刮泥设备，占地面积较小。其缺点是：造价较高，单池容量小，池深大，施工较困难。因此，竖流式沉淀池适用于处理水量不大的小型污水处理厂。

（3）辐流式沉淀池　辐流式沉淀池也是一种圆形的、直径较大而有效水深则相应较浅的池子，池径一般在 20～30m 以上，池深在池中心处为 2.5～5m，在池周处为 1.5～3m，池径与池高之比一般为 4～6。污水一般由池中心管进入，在穿孔挡板（称为整流板）的作用下使污水在池内沿辐射方向流向池的四周，水力特征是水流速度由大到小变化。由于池四周较长，出口处的出堰口不容易控制在一致的水平，通常用锯齿形三角堰或淹没溢孔出流，尽量使出水均匀。

圆形大型辐流式沉淀池常采用机械刮泥，把污泥刮到池中央的泥斗，再靠重力或泥浆泵把污泥排走。当池径小于 20m 时，可考虑采用方形多斗排泥，污泥自行滑入斗内，并用静水压力排泥，每斗设独立的排泥管。其工艺构造如图 3-64 所示。

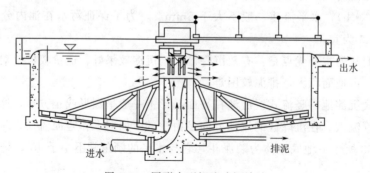

图 3-64 圆形大型辐流式沉淀池

辐流式沉淀池的优点是：建筑容量大，采用机械排泥，运行较好，管理较简单。其缺点

是：池中水流速度不稳定，机械排泥设备复杂，造价高。这种池子适用于处理水量大的场合。

（4）斜板式（斜管）沉淀池　这是利用浅池沉淀原理而发展出来的一种池型，其可减少沉淀池的深度，可以缩短沉降时间，因而可减少沉淀池的体积，也可提高沉降效率。

在斜板式沉淀池与斜管沉淀池中，水流方向相对于平面而言是呈倾斜方向的，可称为斜流式沉淀池。斜板式沉淀池按水流方向，可分为上向流（又称异向流）、平向流（又称侧向流）、下向流（又称同向流）三种。斜管沉淀池只有上向流与下向流两种。

图 3-65 为异向流斜板式沉淀池。异向流斜板（管）长度通常采用 1～1.2m，倾角 60°，板间垂直间距不能太小，以 8～12cm 为宜。为防止沉淀污泥的上浮，缓冲层高度一般采用 0.5～1.0m。

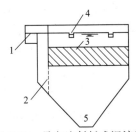

图 3-65　异向流斜板式沉淀池
1—进水槽；2—布水孔；
3—斜板；4—出水槽；5—污泥斗

斜板式（斜管）沉淀池的优点：水流接近层流状态，对沉淀有利，且增大了沉淀面积以及缩短了颗粒沉淀距离，因而大大减少了污水在池中的停留时间，初沉池约 30min，这种池的处理能力高于一般沉淀池，占地也小。但存在以下一些缺点：造价较高，斜板（管）上部在日光照射下会产生大量藻类，增加污泥量，易在板间积泥，不宜用于处理黏性较高的泥渣。

2. 初沉池的运行管理

（1）工艺控制　污水厂入流污水量、水温及 SS 的负荷总是处于变化之中，因而初沉池的 SS 的去除效率也在变化。应采取措施应对入流污水的这种变化，使初沉池 SS 的去除率基本保持稳定。工艺措施主要是改变投运池数，而大部分污水厂初沉池都有一部分余量；对污水参数的短期变化，也可以采用控制入池的方法，将污水在上游管网内进行短期贮存，有的污水厂初沉池的后续处理单元允许入流的 SS 有一定的波动，此时可不对初沉池进行调节；在没有其他措施的情况下，向初沉池的配水渠道内投加一定量的化学絮凝剂，但前提是在配水渠道内要有搅拌或混合措施。工艺控制的目标是将工艺参数控制在要求的范围内。运行管理人员在运转实践中摸索出本厂各种季节的污水特征以及要达到要求的 SS 去除率，水力负荷要控制在最佳范围。因为水力负荷太高，SS 的去除率将会下降，水力负荷过低，不但造成浪费，还会因污水停留过长使污水腐败，运行过程中应控制好水力停留时间、堰板水力负荷和水平流速在合理的范围内，水力停留时间不应大于 1.5h，堰板溢流负荷一般不应大于 $10m^3/(m \cdot h)$，水平流速不能大于冲刷流速 50mm/s，如发现上述任何一个参数超出范围，应对工艺进行调整。

（2）刮泥操作　污泥在排出初沉池之前首先被收集到污泥斗中。刮泥有两种操作方式——连续刮泥和间歇刮泥，采用哪种操作方式，取决于初沉池的结构形式。平流式沉淀池采用行车刮泥机因而只能间歇刮泥，辐流式沉淀池应采用连续刮泥方式。运行中应特别注意周边刮泥机的线速度不能太高，一定不能超过 3m/min，否则会使周边污泥泛起，直接从堰板溢流走。

（3）排泥操作

① 操作。排泥是初沉池运行中最重要也是最难控制的一项操作，有连续和间歇排泥两种操作方式。平流式沉淀池采用行车刮泥机只能间歇排泥，因为在一个刮泥周期内只有污泥

刮至泥斗后才能排泥，否则将是污水。此时刮泥周期与排泥必须一致，刮泥与排泥必须协同操作。每次排泥持续时间取决于污泥量、排泥泵的容量和浓缩池要求的进泥浓度。一般来说，既要把污泥干净地排走，又要得到较高的含固量，操作起来非常困难，如果浓缩池有足够的面积，不一定追求较高的排泥浓度。

② 排泥时间的确定。对于一定的排泥浓度可以估算排泥量，然后根据排泥泵的容量确定排泥时间。排泥时间的确定为：当排泥开始时，从排泥管取样口连续取样分析其含固量的变化，从排泥开始到含固量降至基本为零即为排泥时间。排泥的控制方式有很多种，小型污水厂可以人工控制排泥泵的开停，大型污水处理厂一般采用自动控制，最常用的控制方式是时间程序控制，即定时排泥、定时停泵，这种排泥方式要达到准确排泥，需要经常对污泥浓度进行测定，同时调整泥泵的运行时间。

（4）初沉池运行管理的注意事项

① 根据初沉池的形式和刮泥机的形式，确定刮泥方式、刮泥周期的长短，避免沉积污泥停留时间过长造成浮泥，或刮泥过于频繁或刮泥过快扰动已沉下的污泥。

② 初沉池一般采用间歇排泥，最好实现自动控制；无法实现自控时，要总结经验，人工掌握好排泥次数和排泥时间；当初沉池采用连续排泥时，应注意观察排泥的流量和排泥的颜色，使排泥浓度符合工艺的要求。

③ 巡检时注意观察各池出水量是否均匀，还要观察出水堰口的出水是否均匀，堰口是否被堵塞，并及时调整和清理。

④ 巡检时注意观察浮渣斗上的浮渣是否能顺利排除，浮渣刮板与浮渣斗是否配合得当，并应及时调整，如果刮板橡胶板变形应及时更换。

⑤ 巡检时注意辨听刮泥机、刮渣、排泥设备是否有异常声音，同时检查是否有部件松动等，并及时调整或检修。

⑥ 按规定对初沉池的常规的检测项目进行化验分析，尤其是 SS 等重要项目要及时比较，确定 SS 的去除率是否正常，如果下降应采取整改措施。

3. 二沉池的运行管理

二沉池的作用是泥水分离，使经过生物处理的混合液澄清，同时对混合液进行浓缩，并为生化池提供浓缩后的活性污泥回流。

（1）二沉池运行管理的注意事项

① 经常检查并调整二沉池的配水设备，确保进入各池的混合液流量均匀。

② 检查积渣斗的积渣情况并及时排除，还要经常用水冲洗浮渣斗，注意浮渣刮板与浮渣斗挡板配合是否得当，并及时调整和修复。

③ 经常检查并调整出水堰口的平整度，防止出水不均匀和短流现象的发生，及时清除挂在堰板上的浮渣和挂在出水堰口生物膜及藻类。

④ 巡检时仔细观察出水的感官指标，如污泥界面的高低变化、悬浮污泥的多少、是否有污泥上浮现象，发现异常现象应采取相应措施解决，以免影响出水水质。

⑤ 巡检时注意辨听刮泥、刮渣、排泥设备是否有异常声音，同时检查其是否有部件松动，并及时调整或检修。

⑥ 由于二沉池埋深较大，当地下水位较高而需要将二沉池放空时，为防止出现漂池现象，要事先确认地下水位，必要时可先降低地下水位再排空。

⑦ 按规定对二沉池常规检测的项目进行及时的分析化验。

（2）二沉池常规检测项目

① pH 值。pH 值与污水水质有关，一般略低于进水值，正常值为 6～9。如果偏离此值，可以从进水的 pH 值的变化和曝气池充氧效果找原因。

② 悬浮物。活性污泥系统运转正常时，其出水 SS 应当在 30mg/L 以下，最大不应当超过 50mg/L。

③ 溶解氧（DO）。因为活性污泥中的微生物在二沉池继续消耗溶解氧，出水的溶解氧略低于生化池。

④ COD 和 BOD。这两项指标应达到国家标准，不允许超标准运行，数值过低会增加处理成本，应综合两者因素，用较低的处理成本，达到最好的处理效果。

⑤ 氨氮和硝酸盐。这两项指标应达到国家有关排放标准，如果长期超标，而且是进水的氮和磷含量过高引起的，就应当加强除磷脱氨措施的管理。

⑥ 泥面。泥面的高低可以反映活性污泥在二沉池的沉降性能，是控制剩余污泥排放的关键参数。正常运行时二沉池的上清液的厚度应不少于 0.5～0.7m，如果泥面上升，在生物系统运行正常时，二沉池出水中的悬浮物都应该见到可沉降的片状。此时无论悬浮物多还是少，二沉池出水的外观都应该是透明的，否则出水呈乳灰色或黄色，其中夹带大量的非沉淀的悬浮物。

三、沉淀池的污泥上浮

沉淀池污泥上浮会直接影响出水 COD，污泥上浮导致出水时上浮污泥跟随水流流出沉淀池，使出水水质变差，大多呈现棕色且 SS 过高。导致沉淀池污泥上浮的原因有很多，主要原因及解决方式有如下几点：

（1）污泥泵抽泥不及时，沉淀池里的污泥越来越多，从而导致污泥上浮。解决方法是控制好污泥泵的开启与关闭时间，及时抽泥。

（2）沉淀池底部坡度不够，导致污泥在沉淀时无法集结于污泥泵的进口处，部分污泥黏附于污泥斗上，无法被污泥泵抽出。解决方法是对沉淀池底部坡度进行合理设计。

（3）进水负荷突然增加，增加了沉淀池水力负荷，流速增大，影响污泥颗粒的沉降，造成污泥上浮。解决办法是均衡水量，合理调度。

（4）活性污泥膨胀使污泥沉降性能变差，泥水界面接近水面，造成出水大量带泥。解决办法是找出污泥膨胀原因加以解决。

（5）活性污泥解体造成污泥絮凝性下降，造成污泥上浮。解决办法是查找污泥解体原因，逐一排除和解决。

（6）活性污泥在沉淀池停留时间太长，污泥因缺氧而解体。解决办法是增大回流比，缩短在沉淀池的停留时间。

（7）水中硝酸盐浓度较高，水温在 15℃ 以上时，沉淀池局部出现污泥反硝化现象，氮类气体裹挟泥块随水溢出。解决办法是加大污泥回流量，减少污泥停留时间。

四、常见问题及解决方法

在运行中，对于产生的异常问题，首先应认真分析其产生的原因，对症下药，逐一排除。

1. SS 去除率降低

（1）原因

① 工艺控制不合理，体现在水力负荷太大或水力停留时间太短。

② 沉淀池内出现短流，可能是堰板溢流负荷太大、堰板不平整、池内有死区、入流温度变化太大，形成密度流；进水整流栅板损坏或设置不合理；或受风力影响引起出水不均匀等。

③ 排泥不及时，池内积砂或浮渣太多，可能是由于刮泥机出现故障，造成池内积砂或浮渣太多；排泥泵出现故障或进泥管路堵塞，使排泥不畅；排泥周期太长或排泥时间太短等。导致浮渣从堰板溢流的原因可能是浮渣刮板与浮渣槽不密合；浮渣挡板淹没深度不够；入流中油脂类物质太多或者清渣不及时。导致排泥下降的原因可能是排泥时间太长；各池排泥不均匀；泥斗严重积砂，有效容积较小；刮砂与排泥步调不一致；SS 去除率太低。

④ 由于入流工业废水中耗氧物质太多或污水在管路中停留时间太长使得入流污水严重腐败，不易沉淀。

（2）解决方法

① 调节进水量或增加水力停留时间。

② 检查刮泥机和排泥泵，如有故障及时处理。

③ 减少进水有机负荷，减少废水停留时间。

2. 浮渣从堰板溢流

（1）原因　由浮渣刮板与浮渣槽不密合、浮渣刮板损坏、浮渣挡板淹没深度不够、入流油脂类工业废水太多、清渣不及时等原因造成。

（2）解决方法　检查浮渣刮板和浮渣槽，如有故障及时处理，及时清渣。

3. 排泥浓度下降

（1）原因　排泥时间太长、各池排泥不均匀、积泥斗严重积砂使泥斗有效容积减少、刮泥与排泥步调不一致、SS 去除率太低。

（2）解决方法　减少排泥时间，调整刮泥与排泥的时间，使步调一致。

第九节　气浮的调试管理

一、气浮的工作原理

1. 气浮原理

气浮技术的基本原理是向水中通入空气，使水产生大量的微细气泡，并促使其黏附于杂质颗粒上，形成密度小于水的浮选体，在浮力作用下，上浮至水面，形成泡沫或浮渣，使水中的悬浮物质得以分离，从而实现固液或液液分离，图 3-66 为颗粒与气泡的作用形式示意图。其处理对象是：靠自然沉降或上浮难以去除的乳化油或相对密度近于 1 的微小悬浮颗粒。

2. 气浮类型

气浮按气泡产生方法的不同，可分为溶气气浮、布气气浮和电解气浮三类。

（1）溶气气浮　溶气气浮是使空气在一定压力作用下，溶解于水中，并达到过饱和的状态，然后再突然使溶气在常压下将空气以微小气泡的形式从水中逸出，进行气浮。溶气气浮形成的气泡细小，其初粒度为 $80\mu m$ 左右。在操作过程中，可以人为地控制气泡与废水的接触时间。溶气气浮设备可分为加压溶气气浮设备和溶气真空气浮设备两种。溶气真空气浮设备只适用于污染物浓度不高的污水，且设备构造复杂，运行维修管理不便，目前已逐步淘汰。加压溶气气浮设备是目前应用最广泛的一种气浮设备，该设备净化效果较好，特别在含油废水及含纤维废水处理、污泥浓缩等方面已得到广泛应用。加压溶气气浮工艺主要有三种形式，即回流加压式、部分进水加压式和全部进水加压式，如图 3-67 所示。

加压溶气气浮工艺主要由三部分组成，即加压溶气系统、溶气释放系统及气浮分离系统。

① 加压溶气系统。

a. 压力溶气罐。溶气罐的作用是在一定的压力（一般 $0.2\sim0.6MPa$）下，保证空气能充分地落于水中，并使水、气良好地混合，混合时间一般为 $1\sim3min$。溶气罐的顶部设有排气阀，以便定期将积存在顶部未溶解的空气排掉，以免减少罐容。罐底设放空阀，以便在清洗时排空溶气罐。压力溶气罐形式多样，可分为静态型和动态型两大类。静态型包括纵隔板式、花板式、横隔板式等，这种溶气罐多用于泵前进气。动态型分为填充式、涡轮式等，多用于泵后进气。图 3-68 为各种溶气罐型式，国内多采用花板式和填充式。图 3-69 为目前推荐采用的能耗低、溶气效率高的空气压缩机供气喷淋式填料罐的构造图。该压力溶气罐用普通钢板卷焊而成，制作时按一类压力容器要求考虑。常用的填料为塑料阶梯环，填充高度一般取 1m 左右。同时采用浮球液位传感器，自动控制罐内最佳液位，以保证适宜的气水比。

b. 压力溶气的供气方式。压力溶气的供气方式可分为空压机供气、射流进气和泵前插管进气三种方式，如图 3-70 所示。

空压机供气优点是气量、气压稳定，并有较大的调节余地，但噪声大，投资较高。一般在采用填料溶气罐时，以空压机供气为好。

射流进气以加压泵出水的全部或部分作为射流器的动力水，当水流以 3040m/s 的高速从喷嘴喷出，并穿过吸气室进入混合室，便在吸气室内造成负压而将空气吸入。气水混合物在混合管（喉管）内剧烈紊动、碰撞、剪切，形成乳化状态。进入扩散管后，动能转化为压力而使空气溶于水，随后进入溶气罐。该供气方式设备简单，操作维修方便，气水混合物溶解充分，缺点是射流器阻力损失大而使能耗偏高。采用空管时，为了保证较高的溶气效率，宜采用射流进气。

泵前插管进气是在加压的吸水管上设置一个膨胀的插管管头。在管头轴线上沿水流方向插入 $1\sim3$ 支 $90°$ 的进气管。水泵运行时，叶轮旋转产生的负压将空气从进气管吸入，并与水一起在泵内增压、混合和部分溶解。这种供气方式简便易行、能耗低，但气水比最高不能超过 10%，一般为 5%～8%，过高会引起气蚀现象的发生，损坏加压泵。

② 溶气释放系统。释放器的作用是通过减压，迅速将溶于水中的空气以极小的气泡形式释放出来。一般微气泡的直径在 $20\sim100\mu m$。常用释放器有 TS 型及其改进型 TJ 型和 TV 型。

a. TS 型溶气释放器。TS 型低压溶气释放器如图 3-71 所示。它是早期国内首创的专用释放器，在堵塞时，可以不拆卸而在原位冲洗，但它存在管嘴出水分布不够均匀及会导致增

加抽真空装置的不足等缺点。主要技术性能：在 $2kgf/cm^2$（$1kgf=9.80665N$）的低气压下，就能有效地工作；释出气泡的平均直径仅在 $20\sim30\mu m$；释气率高达 99% 以上。

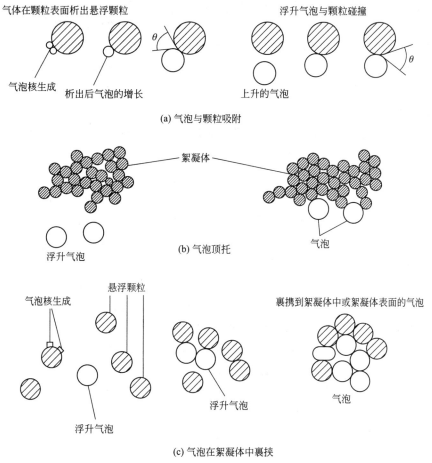

图 3-66　颗粒与气泡的作用形式示意图

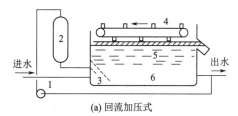

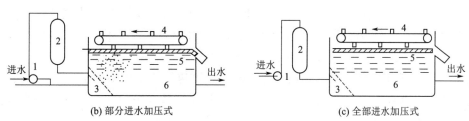

图 3-67　加压溶气气浮的三种形式

1—进水泵；2—压力溶气罐；3—气浮释放区；4—表面刮渣板；5—悬浮区；6—澄清区

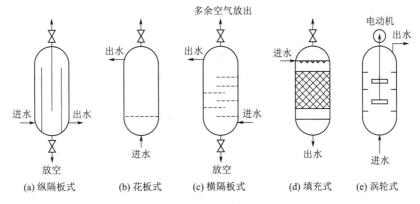

图 3-68　各种溶气罐型式

(a) 纵隔板式　　(b) 花板式　　(c) 横隔板式　　(d) 填充式　　(e) 涡轮式

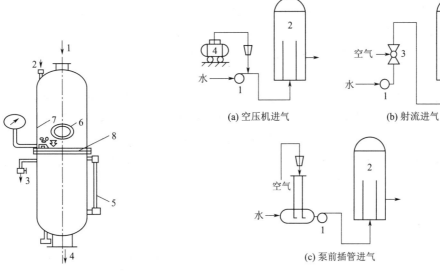

图 3-69　喷淋式填料塔

1—进水管；2—进气管；3—放气管；4—出水管；
5—水位计；6—观察窗（进出料孔）；
7—填料孔；8—加强筋

图 3-70　压力溶气的三种供气方式

1—加压泵；2—溶气罐；3—射流器；4—空压机

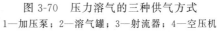

(a) 空压机进气　　　　(b) 射流进气

(c) 泵前插管进气

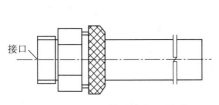

图 3-71　TS 型低压溶气释放器

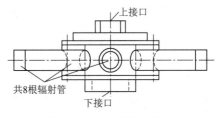

图 3-72　TJ 型溶气释放器

　　b. TJ 型溶气释放器。TJ 型溶气释放器如图 3-72 所示。它是在 TS 型的基础上，经过改进而来，反冲洗方便，不易堵塞。释放器内有一可升降的舌簧，在正常工作时，该舌簧利用泵的压力（通过水射器及抽空管传递）处于工作位置。当水中杂质堵塞释放器而影响正常释气时，可开启水射器后的闸门，使水射器工作。此时，在抽真空管内产生负压，将舌簧拉起，这样加大了水流的通道，从而将杂质排出。待冲洗一段时间后（十余秒），关闭闸门，即能使舌簧复位,投入正常工作。主要特点:在 2kgf/cm^2 压力下,即能有效地工作;释出气泡平均直径在 30μm 左右;释气率在 99% 以上。

c.TV 型溶气释放器。TV 型溶气释放器如图 3-73 所示。它是继 TS 型、TJ 型溶气释放器后最新研制的第三代溶气释放器,是在现有释放器的基础上,结合振动原理而研制成功的。它既吸收 TS 型、TJ 型溶气释放器的各项优良性能,又提高了释放器出水的分布均匀性,增加了微气泡与待处理水中杂质碰撞黏附的概率,从而进一步改善气浮净水效果。此外,释放器如一旦受堵,只要在气浮池外打开通气阀,接通压缩空气气源,

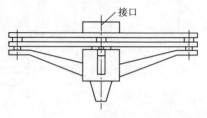

图 3-73　TV 型溶气释放器

就能利用溶气水将释放器内的堵物冲洗干净,这就克服了 TS 型溶气释放器易堵的弊病,同时,也比 TJ 型溶气释放器节省了抽真空装置。主要特点:必须先将压力溶气水总、支管冲洗干净后,方可安装 TV 型溶气释放器;释出气泡的平均直径仅在 20~30μm;不管释放器正装还是倒装,水射器及控制闸门都宜装在便于操作处。

③ 气浮分离系统。

a.气浮池。气浮池是进行气浮过程的主要设备。在气浮池中,污水中的空气以微小气泡形式逸出,气泡在上升过程中吸附乳化油和细小悬浮颗粒,上浮至水面形成浮渣,由刮渣机刮出而实现污染物与水的分离。气浮池的结构形式根据处理水的水质特点、处理要求及各种具体条件,目前已经建成了许多形式的气浮池,其中有平流与竖流、方形与圆形等结构,如图 3-74~图 3-78 所示,同时也出现了气浮与反应、沉淀、过滤等工艺一体化的缝合形式。

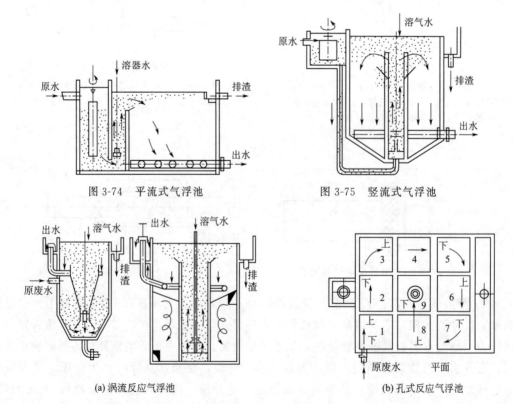

图 3-74　平流式气浮池　　　　　图 3-75　竖流式气浮池

(a) 涡流反应气浮池　　　　　(b) 孔式反应气浮池

图 3-76　气浮-反应一体式

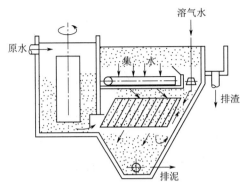

图 3-77　与向流斜管沉淀池结合的气浮池

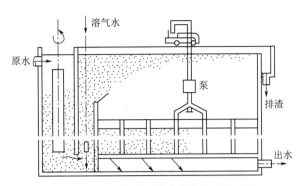

图 3-78　与移动冲洗罩滤池结合的气浮池

b. 刮渣机。目前对矩形气浮池均采用桥式刮渣机，其型号有 TQ-1～TQ-8 型。对圆形气浮池，大多采用行星式刮渣机，其型号有 JZ-1～JZ-3 型。

(2) 布气气浮　布气气浮是利用机械剪切力，将混合于水中的空气粉碎成微小气泡以进行浮选的方法。布气气浮设备按粉碎气泡方法的不同，可分为以下四种类型。

① 叶轮气浮设备。气浮池底部设有叶轮叶片，由池上部的电动机驱动，叶轮上部装设带有导向叶片的固定盖板，盖板与叶轮间有 10mm 的间距，导向叶片与叶轮之间有 5～8mm 的间距，盖板上开有 12～18 个孔径为 20～30mm 的孔洞，盖板外侧的底部空间装有整流板。

叶轮在电动机驱动下高速旋转，在盖板下形成负压，从进气管吸入空气，废水由盖板上的小孔进入。在叶轮的搅动下，空气被粉碎成细小的气泡，并与水充分混合形成气水混合体甩出导向叶片之外，导向叶片可使阻力减小，再经整流板稳流后，在池体内平稳地垂直上升，形成的泡沫不断地被缓慢转动的刮板刮出槽外。

叶轮直径一般为 200～400mm，最大不超过 700mm，叶轮转速多采用 900～1500r/min，圆周线速度为 10～15m/s，气浮池充水深度与吸入的空气量有关，通常为 1.5～2.0m。叶轮与导向叶片间的间距也会影响吸气量的大小，该间距若超过 8mm，则会使进气量大大降低。叶轮气浮设备适用于处理水量不大、污染物浓度较高的废水，除油效率可达 80% 左右。该设备的优点是不易堵塞；缺点是不能处理水量大、污染物浓度高的污水，且产生的气泡较大，气浮效果较差。图 3-79 为叶轮气浮设备结构示意图。

② 水泵吸水管吸气气浮设备。利用水泵吸水管部位的负压作用，将外界空气吸入水泵吸水管，在水泵叶轮的高速搅拌和剪切作用下形成气水混合流体进入气浮池，实现液固或液液分离。但由于水泵特性的限制，吸入空气量不能过多，一般不大于吸水量的 10%（按体积计）。当吸入气体量过大时，水泵将会产生气蚀。

③ 射流气浮设备。由喷嘴射出的高速污水使吸入室形成负压，并从吸气管吸入空气，在水汽混合体进入喉管段后进行激烈的能量交换，空气被粉碎成微小气泡，然后进入扩压段（扩散段），进一步压缩气泡，增大了空气在水中的溶解度，然后进入气浮池中进行泥水分离。该设备优点是结构简单、投资少；缺点是动力消耗大、效率低、喷嘴及喉管容易被油污堵塞。图 3-80 为射流器结构示意图。

④ 扩散板曝气气浮设备。扩散板曝气气浮设备是压缩空气通过具有微细孔隙的扩散板或微孔管，使空气以细小气泡的形式进入水中，进行浮选。该设备由于微孔易堵塞，气泡较

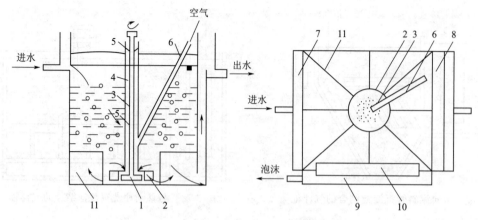

图 3-79 叶轮气浮设备结构示意图

1—叶轮；2—盖板；3—转轴；4—轮套；5—轴承；6—进气管；7—进水槽；
8—出水槽；9—泡沫槽；10—刮沫板；11—整流板

大，浮选效果不好，近年已较少使用。图 3-81 为扩散板曝气气浮装置结构示意图。

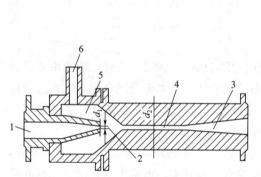

图 3-80 射流器结构示意图

1—喷嘴；2—渐缩段；3—扩散段；
4—喉管段；5—吸入室；6—吸气室

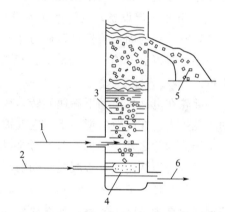

图 3-81 扩散板曝气气浮装置结构示意图

1—进水；2—进气；3—分离柱；
4—微孔陶瓷扩散板；5—浮渣；6—出水

（3）电解气浮　电解气浮法是采用不溶性阳极和阴极作两极，在直流电的作用下，直接电解污水，分别产生氢和氧的微气泡。氢、氧气泡的直径很小，仅有 $20\sim100\mu m$。污水中的悬浮颗粒黏附在氢气泡上，随其上浮，从而达到了净化污水的目的。与此同时，在阳极上电离形成的氢氧化物起着混凝剂的作用，有助于水中的污染物上浮或下沉。图 3-82 为双室平流式电解气浮池示意图。

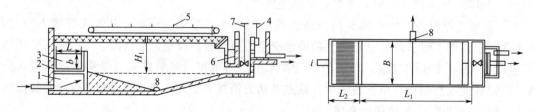

图 3-82 双室平流式电解气浮池示意图

1—入流室；2—整流栅；3—电极组；4—出口水位调节器；5—刮渣机；6—浮渣室；7—排渣阀；8—污泥排出口

电解气浮池的优点是：能产生大量小气泡；当利用可溶性阳极时，气浮过程和混凝过程结合进行；装置构造简单；生产污泥量少，占地少，不产生噪声；除用于固液分离外，还有降低 BOD、氧化、脱色和杀菌作用。

3. 气浮法应用范围

在水处理技术中，气浮法不宜用于高浊度原水的处理，它主要适用于如下场合。

（1）用于处理低油、含藻类及一些浮游生物的饮用水处理工艺中（一般原水常年悬浮物含量在 100mg/L 以下）。

（2）用于石油、化工及机械制造业中的含油（包括乳化油）污水的油水分离中。

（3）用于有机及无机污水的物化处理工艺中。

（4）用于污水中有用物资的回收，如造纸厂污水中纸浆纤维及填料的回收工艺。

（5）用于水源受到一定污染及色度高、溶解氧低的原水的处理。

（6）用于污水处理厂剩余污泥的浓缩处理工艺。

二、气浮池的运行管理

1. 气浮系统调试

（1）调试前的工作

① 对各设备进行彻底的清扫、检查，包括进水泵、回流泵、空压机等。

② 拆下所有释放器，反复清洗管路及溶气罐，直至出水中无杂质；检查连接溶气罐和空压机管路上的单向阀的水流方向是否指向溶气罐。

③ 检查电源、线路并做短暂的空载运转，以判断泵与空压机的转向是否正确、有无杂声及发热现象。

④ 检查刮渣机的传动部分及刮板，并查看空车运行是否正常。

⑤ 按要求配制混凝剂，控制好浓度，并根据小试结果，初步确定药剂投加量。

（2）调试时的工作

① 先用清水调试压力溶气罐、溶气释放系统和气浮池，待该系统运行正常后，再向气浮池内注入待处理的废水。

② 开启回流水泵和空压机，待空压机的压力超过水泵的压力时，稍稍打开闸阀，使气、水同时进入溶气罐溶气。此时，应注意不能将气阀开得过大，以免空压机压力急剧下降而产生水倒灌现象。

③ 当观察到溶气罐水位指示管达到 1m 左右时，应全部打开溶气罐出水阀门，并在气浮池观察溶气水的释放情况及效果。待溶气与释放系统完全正常后，开启进水泵，同时投加稍过量的混凝剂。

④ 控制气浮泡出水调节阀，将气浮池水位稳定在集渣槽口以下 5～10cm 处。待水位稳定后，用进出水阀门调节和测量处理水量，直至达到设计流量。

⑤ 浮渣积厚至 5～8cm 后，即可开动刮渣机进行刮渣。检查刮渣和排渣是否正常进行，出水水质是否受到影响。

2. 气浮系统日常管理与维护

（1）定期检查空压机、水泵等设备的运转情况，需要润滑的零件应经常加油。

（2）根据气浮池的浮渣和出水水质，结合混凝实验小试结果，调整混凝剂的最佳投加量。同时，应注意检查并防止投药管堵塞。

（3）经常观察气浮池池面浮渣情况：如果发现接触区浮渣面不平，局部冒出大气泡，则可能是释放器堵塞，这时应及时取下释放器排除堵塞；如果分离区浮渣面不平，池面上经常有大气泡破裂，则表明气泡与絮粒黏附不好，应检查并对混凝系统进行调整。

（4）掌握浮渣积累规律，设定适宜的刮渣周期，选择最佳的浮渣含水率，以保证在最大限度地不影响出水水质的前提下进行刮渣。

（5）经常观察溶气罐的水位指示管，使其控制在 60～100cm 之内，以保证溶气效果。避免因落气罐水位脱空，导致大量空气窜入气浮池而破坏净水效果与浮渣层。对已装有溶气罐液位自动控制装置的，则需注意设备的维护保养。

（6）冬季水温低时，絮凝效果不佳，出水水质变差。应增加投药量、增加回流水量或增加溶气压力，以增加微气泡的数量及与絮体的黏附，从而弥补因水温降低、水流黏度增大而引起的带气絮体上浮性能降低，保证出水水质。

（7）做好日常运行记录，包括处理水量、水温、进出水 SS、混凝剂投加量、溶气水量、溶气罐压力、刮渣周期、泥渣含水率、耗电量等。

第十节　污泥脱水机房调试管理

一、脱水机的运行管理

污泥经浓缩之后，其含水率仍在 94％以上，呈流动状，体积很大。浓缩污泥经消化之后，如果排放上清液，其含水率与消化前基本相当或略有降低；如不排放上清液，则含水率会升高。总之，污泥经浓缩或消化之后，仍为液态，体积很大，难以处置消纳，因此还需进行污泥脱水。浓缩主要是分离污泥中的空隙水，而脱水则主要是将污泥中的吸附水和毛细水分离出来，这部分水分约占污泥中总含水量的 15％～25％。假设某处理厂有 1000m³ 由初沉污泥和活性污泥组成的混合污泥，其含水率为 97.5％，含固量为 2.5％；经浓缩之后，含水率一般可降为 95％，含固量增至 5％，污泥体积则降至 500m³。此时体积仍很大，外运处置仍很困难。如经过脱水，则可进一步减量，使含水率降至 75％，含固量增至 25％，体积则减至 100m³。因此，污泥经脱水以后，其体积减至浓缩前的 1/10，减至脱水前的 1/5，大大降低了后续污泥处置的难度。

1. 污泥脱水的方法与设备

污泥脱水分为自然干化脱水和机械脱水两大类。自然干化脱水是将污泥摊置到由级配砂石铺垫的干化场上，通过蒸发、渗透和清液溢流等方式，实现脱水。机械脱水的种类很多，按脱水原理可分为真空过滤脱水、压滤脱水和离心脱水三大类，国外目前正在开发螺旋压榨脱水，但尚未大量推广。真空过滤脱水是将污泥置于多孔性过滤介质上，在介质另一侧造成真空，将污泥中的水分强行"吸入"，使之与污泥分离，从而实现脱水，常用的设备有各种形式的真空转鼓过滤脱水机。压滤脱水是将污泥置于过滤介质上，在污泥一侧对污泥施加压力，强行使水分通过介质，使之与污泥分离，从而实现脱水，常用的设备有各种形式的带式压滤脱水机和板框压滤机。离心脱水是通过水分与污泥颗粒的离心力之差，使之相互分离，

从而实现脱水，常用的设备有各种形式的离心脱水机。

以上几种脱水设备都已有几十年的使用历史，但具体使用情况存在很大差别。二十世纪六七十年代建设的处理厂，大多采用真空过滤脱水机，但由于其泥饼含水率较高、噪声大、占地也大，而其构造及性能本身又无

3-15 板框式
压滤机

较大的改进，二十世纪八十年代以来已很少采用。板框压滤脱水机泥饼含水率最低，因而一直在采用。但这种脱水机为间断运行，效率低，且操作麻烦，维护量很大，所以使用并不普遍，仅在要求出泥含水率很低的情况下使用。目前国内新建的处理厂，绝大部分都采用带式压滤脱水机，因为该种脱水机具有出泥含水率较低且稳定、能耗少、管理控制不复杂等特点。离心脱水机噪声大、能耗高、处理能力低，因此以前使用较少。但二十世纪八十年代中期以来，离心脱水技术有了长足的发展，尤其是有机高分子絮凝剂的普遍应用，使离心脱水机处理能力大大提高，加之全封闭无恶臭的特点，离心脱水机采用得越来越多。因此本节主要介绍离心脱水机与带式压滤脱水机。

污泥在机械脱水前，一般应进行预处理，也称为污泥的调理或调质。这主要是因为城市污水处理系统产生的污泥，尤其是活性污泥脱水性能一般都较差，直接脱水将需要大量的脱水设备，因而不经济。所谓污泥调质，就是通过对污泥进行预处理，改善其脱水性能，提高脱水设备的生产能力，获得综合的技术经济效果。污泥调质方法有物理调质和化学调质两大类。物理调质有淘洗法、冷冻法及热调质法等方法，而化学调质则主要指向污泥中投加化学药剂，改善其脱水性能。以上调质方法在实际中都有采用，但以化学调质为主，原因在于化学调质流程简单，操作不复杂，且调质效果很稳定。

2. 离心脱水机

（1）离心脱水机原理及其工作过程　污泥脱水机主要采用卧螺式离心脱水机，如图 3-83 所示。其原理及工作过程为：污泥由同心转轴送入转筒后，先在螺旋输送器内加速，然后经螺旋筒体上的进料孔进入分离区，在离心加速度作用下，污泥颗粒被甩在转鼓内壁上，形成环状固体层，并被螺旋输送器推向转鼓锥端，而排出水则在内层，由转鼓大端端盖的溢流孔排出。

3-16 离心
脱水机

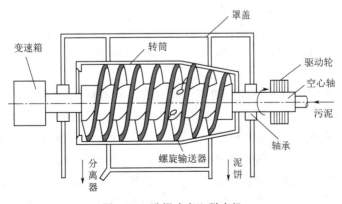

图 3-83　卧螺式离心脱水机

按进泥方向分为顺流式和逆流式两种机型。

① 顺流式卧螺式离心脱水机进泥方向与固体输送方向一致，即进泥口和排泥口分别在转筒两端。

② 逆流式卧螺式离心脱水机进泥方向在中途转向，在转筒内产生水力搅动，因而与固体输送方向相反，即进泥口和排泥口同在转筒一端。

逆流式污泥泥饼含固率稍低于顺流式。顺流式转筒和螺旋因通过介质而全程存在磨损，而逆流式在部分长度上存在磨损。

（2）离心脱水机运行与管理

① 开车前检查要点。一般情况下离心脱水机可以遥控启动，但如果该设备是因为过载而停车的，在设备重新启动前必须进行如下检查：上、下罩壳中是否有固体沉积物；排料口是否打开；用手转动转鼓是否容易；所有保护是否正确就位。如果离心机已经放置数月，轴承的油脂有可能变硬，使设备难以达到全速运转，可手动慢慢转动转鼓，同时注入新的油脂。

② 离心脱水机启动。松开"紧急停车"按钮；启动离心机的电机，在转换角形连接之前，等待 2～4min，使离心脱水机在星形连接下达到全速运行；启动污泥输送机或其他污泥输送设备；启动絮凝剂投加系统；开启进泥泵。

③ 离心脱水机的停车。关闭絮凝剂投加泵；关闭进泥泵及进料阀（如果已安装）。

④ 设备清洗。

a.直接清洗。脱水机停机前其以不同的速度将残存物甩出；关闭电机继续清洗，转速降到 300r/min 以下时停止冲洗，直到清洗水变得清洁；检查冲洗是否达到了预期的效果，例如使中心齿轮轴保持不动，用手转动转鼓是否灵活，否则使转鼓转速高于 300r/min 旋转并彻底用水冲洗干净。每次停车应立即进行冲洗，因为清除潮湿和松软的沉淀物比清除长时间的硬化的沉淀物要容易。如果离心机在启动时的振动比正常的振动要高，则冲洗时间应延长，如果没有异常振动，可按正常清洗。如果按上述方法清洗不成功，则转鼓必须拆卸清洗。

b.分步清洗。脱水机的分步清洗分以下几步进行。高速清洗：首先以最高转鼓转速进行高速清洗，将管道系统、入口部分、转鼓的外侧和脱水机清洗干净。低速清洗：高速清洗转鼓中遗留的污泥，在低速清洗过程中被清洗掉，相应的转速在 50～150r/min 的范围内。辅助清洗：在特殊情况下，仅仅用水是不能清除污垢和沉淀物的，水的清除能力有限，为了达到清洗的目的，必须加入氢氧化钠溶液（5%）作补充措施，碱洗后，还可进行酸洗，用 0.5%硝酸溶液比较合适。当转鼓得到彻底清洗后停运离心脱水机的主电机。

⑤ 离心脱水机运行最佳化。调整下列参数来改变离心脱水机的性能以满足运行的需要。

a.调整转鼓的转速。改变转鼓的转速，可调节离心脱水机适合某种物料的要求，转鼓转速越高，分离效果越好。

b.调整脱水机出水堰口的高度。调节液面高度可使液体澄清度与固体干度之间取得最佳平衡，方法是可选择不同的堰板。一般说液面越高，液相越清，泥饼越湿，反之亦然。

c.调整速差。速差是指转鼓与螺旋的转速之差，即两者之间的相对转速。当速差小时，污泥在机内停留时间加长，泥饼的干度可能会增加，扭矩则要增加，使处理能力降低。速差太小，由于污泥在机内积累，使固环层厚度大于液环层的厚度，导致污泥随分离液大量流失，液相变得不清澈，反之亦然。最好的办法是通过扭矩的设定，实现速差的自动调整。

d.进料速度。进料速度越低分离效果越好，但处理量低。最好的办法是在脱水机的额定工况条件下，通过进泥含固率的测定来确定进泥负荷，最大限度提高处理量，防止设备超负荷运行造成的损坏。

e.扭矩的控制。实现扭矩的控制是离心式最佳运行的途径，当进泥含固率一定的情况下，确定进泥负荷，实现速差的自动调整，确保污泥含固率和固体回收率达到要求。

⑥ 离心脱水机日常维护管理。经常检查和观测油箱的油位、设备的振动情况、电流读数等，如有异常，立即停车检查；离心脱水机正常停车时先停止进泥和进药，并将转鼓内的污泥推净，及时清洗脱水机，确保机内冲刷彻底；离心机的进泥一般不允许大于 0.5cm 的浮渣进入，也不允许 65 目以上的砂粒进入，应加强预处理系统对砂渣的去除；应定期检查离心脱水机的磨损情况，及时更换磨损部件。离心脱水机效果受温度影响很大，北方地区冬季泥含固率可比夏季低 2%～3%，因此冬季应注意增加污泥投药量。

⑦ 异常问题的分析与排除

a. 分离液浑浊，固体回收率降低。其原因及解决对策：液环层厚度太薄应增大液环层厚度，必要时，提高出水堰口的高度；进泥量太大，应减少进泥量；速差太大，应降低速差；进泥固体超负荷，核算后调整到额定负荷以下；螺旋输送器磨损严重，应更换；转鼓转速太低，应增大转速。

b. 泥饼含固率降低。其原因及解决对策：速差太大，应减少速差；液环层厚度太大，应降低其厚度；转鼓转速太低，应增大转速；进泥量过大，应减少进泥量；调质过程中加药量过大，应降低干污泥的投药量。

c. 转轴扭矩过大。其原因及解决对策：进泥量太大，应降低进泥量；进泥含固率太高，应核对进泥负荷；速差太小，应增大速差；浮渣或砂进入离心机，造成缠绕或堵塞，应停车检修予以清除；齿轮箱出现故障，应加油保养。

d. 离心机振动过大。其原因及解决对策：润滑系出现故障，应检修并排除；有浮渣进入机内缠绕在螺旋上，造成转动失衡，应停车清理；机座松动，应及时检修。

e. 能耗增大，电流增大。如果能耗突然增加，则离心机出泥口被堵，由于转速差太小，导致固体在机内大量积累，可增大转速差，如仍增加，则停车清理并清除；如果电耗逐渐增加，则螺旋输送器已严重磨损，应予以更换。

3. 带式压滤脱水机

（1）带式压滤脱水机原理　带式压滤脱水机是使用很普遍的加压过滤脱水装置，如图 3-84 所示。由上、下两条张紧的滤带夹带着淤泥层，从一连串规律排列的辊压筒中呈 S 形弯曲经过，靠滤带本身的张力形成对污泥层的压榨和剪切力，把污泥层的毛细水挤压出来，获得含固率较大的泥饼，从而实现污泥脱水。带式压滤机有很多种形式，但一般分成四个工作区。

3-17　污泥
压滤机

① 重力脱水区。在该区滤带水平行走。污泥经调质后，部分毛细水转化成游离水，这部分水在该区借自身重力穿过滤带，从污泥中分离出来。

② 楔形脱水区。该区是一个三角形的空间，上、下两层滤带在该区逐渐向两头靠拢，污泥在两条滤带之间逐渐开始受到挤压。在该区，污泥的含固率进一步提高，并由半固态向固态转变，为进一步进入压力脱水区做准备。

③ 低压脱水区。污泥经楔形区后，被夹在两条滤带之间，污泥绕辊压筒做 S 形上下移动。施加到泥层的压榨力取决于滤带的张力和辊压筒的直径，张力一定时，辊压筒的直径越大，压榨力越小。脱水机前边三个辊压筒直径较大，一般在 50cm 以上，施加到泥层的压力较小，因此称低压。污泥经低压区后，含固率进一步提高。

④ 高压区。经低压区之后的污泥，进入高压区，泥层受到的压榨力逐渐增大。其原因

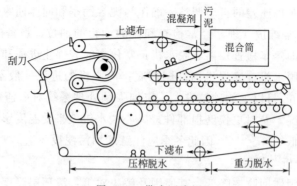

图 3-84 带式压滤机

是辊压筒的直径越来越小。至高压区的最后一个辊压筒，直径一般小于 25cm，压榨力增至最大。污泥经高压区后含固率一般大于 20%。

（2）工艺运行控制   不同种的污泥要求不同的工作状态，即使同一种污泥，其泥质也因前一级的工艺状态的变化而变化。实际运行中，应根据进泥的泥质变化，随时对脱水机的工作状态进行调整，包括带速的调节、滤带张力的调节以及污泥调质效果的控制。

① 带速的调节。滤带的行走速度控制着污泥在每一工作区的脱水时间，对泥饼的含固率、泥饼的厚度及泥饼剥离的难易程度都有影响。带速越低，泥饼含固率越高，泥饼越厚越易从滤带上剥离，其处理能力越小。对于某一特定的污泥来说，存在最佳带速控制范围。对于初沉池污泥和活性污泥组成的混合的污泥来说，带速应控制在 2～5m/min，活性污泥一般不宜单独进行带式压滤脱水，否则带速控制在 1.0m/min 以下，很不经济。不管进泥量多少，带速一般控制在 5m/min 之内。

② 滤带张力的调节。滤带的张力会影响泥饼的含固率，滤带的张力决定施加到污泥上的压力和剪切力。滤带的张力过大，泥饼的含固率越高。对于城市污水厂混合污泥，一般将张力控制在 0.3～0.7MPa，正常控制在 0.5MPa。但当张力过大时，会将污泥在低压区或高压区挤压出滤带，导致跑料，或将污泥压进滤带。

③ 污泥调质效果的控制。带式压滤机对调质的依赖很强，如果加药量不足，调质效果不佳时，污泥中的毛细水不能转化成游离水在重力区被脱去，而由楔形区进入低压区的污泥仍呈流态，无法挤压；反之，如果加药量过大，一则增加成本，二则造成污泥黏性增大，容易造成滤带的堵塞。具体投药量应由实验确定，或在运行过程进行调整。

（3）带式压滤脱水机维护和管理

① 注意经常观察滤带的损坏情况，并及时更换新滤带。

② 每天保证足够的滤布冲洗时间及冲洗压力（0.05MPa）。

③ 定期进行机械检修和维护。

二、污泥脱水间的运行管理

污泥脱水间是将生化系统、污泥消化系统排出的剩余污泥，经重力浓缩池浓缩，一般含水率为 96.5%～97.5%，经污泥调质后，在污泥脱水系统实现脱水，经脱水后湿污泥一般含水率在 80%～85% 之间，便于运输与填埋。其主要设备包括：脱水机、污泥切割机、污泥泵、加药装置、污泥输送机等。本部分主要介绍带式压滤脱水机的脱水间。

1. 脱水机

不同种类的污泥要求不同的工作状态，即使同一种污泥，其泥质也因前级工艺运行状态的变化而改变。实际运行中，应根据进泥泥质的变化，随时调整脱水机的工作状态，主要包括带速的调节、滤带张力的调节、调质效果的控制以及处理能力的确定。带式压滤脱水机带速的调节、滤带张力的调节以及调质效果的控制前部分已进行介绍，不再详述。

（1）处理能力的确定　带式压滤脱水机的处理能力有两个指标：一个是进泥量，另一个是进泥固体负荷。进泥量是指每米带宽在单位时间内所能处理的湿污泥量［单位为 $m^3/(m \cdot h)$］，常用 q 表示。进泥固体负荷是指每米带宽在单位时间内所能处理的总干污泥量［单位为 $kg/(m \cdot h)$］，常用 q_s 表示。很明显，q 和 q_s 取决于脱水机的带速和滤带张力以及污泥的调质效果，而带速、张力和调质又取决于所要求的脱水效果，即泥饼含固量和固体回收率。因此，在污泥性质和脱水效果一定时，q 和 q_s 也是一定的，如果进泥量太大或固体负荷太高，将降低脱水效果。一般来说，q 可达到 $4 \sim 7m^3/(m \cdot h)$，q_s 可达到 $150 \sim 250kg/(m \cdot h)$。不同规格的脱水机，带宽也不同，但一般不超过 3m，否则，污泥不容易摊布均匀。q 和 q_s 乘以脱水机的带宽，即为该脱水机的实际允许进泥量和进泥固体负荷；运行中，运行人员应根据本厂泥质和脱水效果的要求，通过反复调整带速、张力和加药量等参数，得到本厂的 q 和 q_s，以方便运行管理。

（2）日常运行维护与管理

① 注意观测滤带的损坏情况，并及时更换新滤带。滤带的使用寿命一般在 3000 ～ 10000h 之间，如果滤带过早损坏，应分析原因。滤带的损坏常表现为撕裂、腐蚀或老化。以下情况会导致滤带被损坏，应予以排除：滤带的材质或尺寸不合理；滤带的接缝不合理；辊压筒不整齐，张力不均匀，纠偏系统不灵敏；由于冲洗水不均匀，污泥分布不均匀，使滤带受力不均匀。

② 每天应保证足够的滤布冲洗时间。脱水机停止工作后，必须立即冲洗滤带，不能过后冲洗。一般来说，处理 1000kg 的干污泥约需冲洗水 $15 \sim 20m^3$。在冲洗期间，每米滤带的冲洗水量需 $10m^3/h$ 左右，每天应保证 6h 以上的冲洗时间，冲洗水压力一般应不低于 586kPa。另外，还应定期对脱水机周身及内部进行彻底清洗，以保证清洁，降低恶臭。

③ 按照脱水机的要求，定期进行机械检修维护，例如按时加润滑油、及时更换易损件等。

④ 脱水机房内的恶臭气体，除影响身体健康外，还腐蚀设备，因此脱水机易腐蚀部分应定期进行防腐处理。加强室内通风，增大换气次数，也能有效地降低腐蚀程度，如有条件应对恶臭气体封闭收集，并进行处理。

⑤ 应定期分析滤液的水质。有时通过滤液水质的变化，能判断出脱水效果是否降低。正常情况下，滤液水质应在以下范围：SS 为 $200 \sim 1000mg/L$，BOD_5 为 $200 \sim 800mg/L$。如果水质恶化，则说明脱水效果降低，应分析原因。当脱水效果不佳时，滤液 SS 会达到数千毫克每升。冲洗水的水质一般在以下范围：SS 为 $1000 \sim 2000mg/L$，BOD_5 为 $100 \sim 500mg/L$。如果水质太脏，说明冲洗次数和冲洗历时不够；如果水质高于上述范围，则说明冲洗量过大，冲洗过频。

⑥ 及时发现脱水机进泥中砂粒对滤带、转鼓或螺旋输送器的影响或破坏情况，损坏严重时应及时更换。

⑦ 由于污泥脱水机的泥水分离效果受污泥温度的影响，尤其是离心机冬季泥饼含固量一般，可比夏季低 2%～3%，因此在冬季应加强保温或增加污泥投药量。

⑧ 做好分析测量与记录。污泥脱水岗位每班应检测的项目：进泥的流量及含固量、泥饼的产量及含固量、滤液的 SS、絮凝剂的投加量、冲洗介质或水的使用量、冲洗次数和冲洗历时。污泥脱水机房每天应测试的项目：滤液的产量、滤液的水质（BOD_5 或 COD_{Cr}、TN、TP）、电能消耗。污泥脱水机房应定期测试或计算的项目：转速或转速差、滤带张力、固体回收率、干污泥投药量、进泥固体负荷或最大入流固体流量。

（3）异常问题的分析与解决

① 泥饼含固量下降，其原因及解决对策如下。

a.调质效果不好。一般是由于加药量不足。当进泥泥质发生变化，脱水性能下降时，应重新试验，确定出合适的干污泥投药量。有时是由于配药浓度不合适，配药浓度过高，絮凝剂不易充分溶解，虽然药量足够，但调质效果不好；也有时是由于加药点位置不合理，导致絮凝时间太长或太短。以上情况均应进行试验并予以调整。

b.带速太大。带速太大，泥饼变薄，导致含固量下降。应及时地降低带速，一般应保证泥饼厚度为 5～10mm。

c.滤带张力太小。此时不能保证足够的压榨力和剪切力，使含固量降低。应适当增大张力。

d.滤带堵塞。滤带堵塞后，不能将水分滤出，使含固量降低。应停止运行，冲洗滤带。

② 固体回收率降低，其原因及控制对策如下。

a.带速太大导致挤压区跑料，应适当降低带速。

b.张力太大导致挤压区跑料，并使部分污泥压过滤带，随滤液流失，应减小张力。

③ 滤带打滑，其原因及控制对策如下。

a.进泥超负荷，应降低进泥量。

b.滤带张力太小，应增加张力。

c.辊压筒损坏，应及时修复或更换。

④ 滤带时常跑偏，其原因及控制对策如下。

a.进泥不均匀，在滤带上摊布不均匀，应调整进泥口或更换平泥装置。

b.辊压筒局部损坏或过度磨损，应予以检查更换。

c.辊压筒之间相对位置不平衡，应检查调整。

d.纠偏装置不灵敏，应检查修复。

⑤ 滤带堵塞严重，其原因及控制对策如下。

a.每次冲洗不彻底，应增加冲洗时间或冲洗水压力。

b.滤带张力太大，应适当减小张力。

c.PAM 加药过量，黏度增加，常堵塞滤布。另外，未充分溶解的 PAM，也易堵塞滤带。

d.进泥中含砂量太大，易堵塞滤布，应加强污水预处理系统的运行控制。

2.高分子絮凝剂配置与投加过程

目前新建的城市污水处理厂采用自动配置和投加系统，自动化程度高、管理方便、精度高、可操作性强，尤其适合高分子絮凝剂的配置与投加。

（1）自动配药过程　加药前检查系统，调配罐的液位是否处于最低保护液位。如果系统第一次启动或更新絮凝剂的品种，应根据工艺需要，确定药液浓度，依据配药罐的有效体积及落粉量，确定落药时间，然后将落药时间输入系统，作为运行参数；检查系统水压是否达到要求，把配药系统的模式转换为自动状态。满足上述要求后，配药系统供水电磁阀自动开启，配药罐内的搅拌器开始工作。待配药罐达到最低保护液位后，系统自动落药，干粉的落药时间达到设定后，落药停止，搅拌器继续工作，进水至配药罐最高保护液位，进水电磁阀自动关闭，储药罐达到最低保护液位，配药罐落药电磁阀自动开启，待配药罐达到最低液位，电磁阀关闭，系统进入下一周期的配药过程。

（2）手动配药过程　系统因某种原因不能实现自动加药，需手动加药。首先将配药系统的控制模式转换为手动状态，同时检查供水系统的水压是否达到要求；开启进水电磁阀，确保配药罐达到一定水位后，启动搅拌器，待配药罐达到最低保护液位，启动落粉系统，用秒表准确记录落粉时间，达到规定的落药时间，关闭落药系统，并观察配药罐液位，当达到配药罐最高保护液位，关闭进水电磁阀；应定时巡检系统，当贮药罐达到最低保护液位后，开启配药罐的药液电磁阀，配药系统进入下一周期的配药。

（3）加药　根据脱水系统开启的脱水机的台数，启动相应的加药泵和稀释水电磁阀，并调节稀释水的进水比例；根据污泥的性质和絮凝剂的药效选择合理的加药点，尤其更换新药时，更要反复实验；脱水机正常工作后，定期测定进泥、出泥和出水的含固率，根据情况调整进药量和稀释水。

3. 污泥切割机

为防止大块的杂物进入螺杆泵而引发故障，一般在螺杆泵前安装污泥切割机，用以切碎进入系统内的卫生用品、纤维物等。

（1）污泥切割机结构　主要由三相异步电动机、减速机、主动轴、从动轴、合金刀片、轴承及密封件等构成。

（2）污泥切割机工作原理　由于装在主动轴的齿轮齿数与装在从动轴的齿数不等，装在主、从动轴的刀片产生相对运动，从而切碎杂物。

（3）污泥切割机运行操作

① 初次运行前应检查系统、减速机内的润滑油及刀片的旋转方向，从进料口观测，刀片向中心旋转。

② 启动。运行机体的振动不大于1mm峰值，减速箱及轴承温升不超过35℃。

③ 初次运行后，200h换减速机润滑油，以后每100h检查油质、油量，每1500h取样测定一次，每3000h更换一次润滑油。

④ 每次换油应检查密封是否漏水，检查时打开油堵，放出减速机内油液，并观察是否有水。如果发现漏水应及时更换密封。

4. 螺杆泵

（1）分类　螺杆泵分为单螺杆泵、双螺杆泵及三螺杆泵。

（2）组成　主要使用单螺杆泵。单螺杆泵又称莫诺泵，它是一种独特构造方式的容积泵，主要由驱动电机、减速机、连轴杆及连杆箱、定子及转子等部分组成。

（3）工作原理　工作时转子由电机驱动，在定子内做行星转动，相互配合的转子和定子的弹性对套，形成了几个互不相通的密封腔。由于转子的转动，密封腔沿轴向螺杆的吸入端向排出端方向运动，介质在空腔内连续地由吸入端转向输出端。

（4）螺杆泵的主要性能参数

① 压力与扬程。螺杆泵的转子每转一周，封闭的内腔移动的距离为一个导程。如果一台螺杆泵的转子和定子有两个导程的长度，则称这台螺杆泵为两级螺杆泵，每一级的允许压力 0.3～0.6MPa。其扬程是由其工作压力、介质的黏度、管道的直径与长度来决定。对相同的介质，泵的级数越大，其工作压力越大。当转子及定子经一段时间的磨损，其间隙变大，扬程和流量将会减小。

② 流量。由于转子与定子之间的空间是一个不变的量，当泵的转速一定时，其流量也是一个定值，它不随扬程的变化而变化。因此通过改变转子的转速来控制流量。

③ 吸程。由于螺杆泵的定子和转子之间接触形成的螺旋形密封线，将吸入腔与排出腔完全分开，泵本身具有阀门的阻隔作用，实现了液体、固体、气体的多相混合输送。因此泵开始启动时，可自动把管道及泵内的空气排出，当空气排出后，对于密度在 $1g/cm^3$ 左右的介质，其吸程可达 8.5m，这是一般离心泵难以达到的。

（5）螺杆泵的防护　为防止大块的杂物进入螺杆泵而发生各种故障，污水处理厂在螺杆泵前安装了管道破碎机，用以破碎进入管道的塑料包装物、卫生用品、丝棉制品，它对于一些小石块和铁丝等也有一定的破碎作用。当发生阻塞时，破碎机会自动停机，然后反转以清理堵塞物，反转与正转交替进行，停机后故障指示灯亮，待反转排除故障再重新启动。

练习题

1. 选择题

（1）链条式机械格栅的优点是（　　）。

A. 可不停水检修　　　　　　　　　B. 无水下固定部件的设备，检修维护方便

C. 动作可靠，容易检修　　　　　　D. 构造简单，制造方便，占地面积小

（2）常见混凝反应池中的机械搅拌反应池的适用范围是（　　）。

A. 水量大于 $1000m^3/h$　　　　　　B. 水量小于 $1000m^3/h$

C. 水量适应范围广　　　　　　　　D. 水量 $500～1000m^3/h$

（3）滤池的组成部分不包括（　　）。

A. 滤料层　　　　　　　　　　　　B. 承托层

C. 配水系统与冲洗系统　　　　　　D. 风机

（4）吸附剂的再生方法不包括（　　）。

A. 加热再生　　　　　　　　　　　B. 化学氧化再生和湿式氧化再生

C. 生物再生　　　　　　　　　　　D. 紫外线辐射再生

（5）在水处理技术中，气浮不适用于（　　）场合。

A. 污水中有用物资的回收

B. 污水处理厂剩余污泥的浓缩处理

C. 石油、化工及机械制造业中的含油（包括乳化油）污水的油水分离

D. 处理高浊、含藻类及一些浮游生物的饮用水处理

2. 填空题

（1）链条式平面格栅除污机主要由驱动机构、主轴、链轮、_____、_____、过载保护装置和框架结构等组成。

（2）常用的沉砂池有平流式沉砂池、_____和旋流式沉砂池等。

（3）各种滤料都必须具备以下几个特点：_____、_____、_____。

（4）加压溶气气浮设备主要包括_____、_____和_____三个部分。

（5）城市污水经二级处理，排入受纳水体之前，要进行加氯消毒并使出水保持一定的余氯浓度，一般加氯量为_____ mg/L。

3. 判断题

（1）气浮处理设备中，常用释放器有 TS 型、TJ 型和 TW 型三种类型。　　（　　）

（2）以活性炭作为吸附剂的吸附设备初次启动时，吸附剂可以不经任何处理直接使用。

　　　　　　　　　　　　　　　　　　　　　　　　　　　　　　（　　）

（3）污水消毒方法包括物理方法、化学方法和生物方法三大类。　　（　　）

（4）带式压滤机是采用加压过滤的脱水装置。　　　　　　　　　（　　）

4. 简答题

（1）格栅除污机常见的故障有哪些？产生的原因及解决方法有哪些？

（2）快滤池运行过程中的异常现象有哪些？简述其产生原因以及解决对策。

（3）简述混凝工艺运行过程中的异常现象、产生原因以及解决方法。

（4）简述活性炭再生的各种方法以及各自的优、缺点。

（5）简述沉淀池常见的异常问题与解决方法。

污水处理厂生化处理系统调试管理

本章学习目标

了解污水处理厂调试及试运行过程和步骤。

了解工程调试初期、调试过程微生物生物相的变化及微生物的指示作用。

熟悉厌氧反应机理、影响因素。

熟悉水解酸化原理、影响因素。

熟悉好氧工艺的机理、调试参数的控制。

熟悉生物脱氮的原理及生物除磷的原理。

掌握厌氧工艺、水解酸化、好氧工艺和生物脱氮除磷系统的调试步骤。

素质目标

培养团队协作、顾全大局的团队精神。

增强规范意识，养成遵守规矩、做事严谨的良好职业作风。

第一节　污水处理厂调试及试运行过程和步骤

一、主要内容

本方案包含四大部分，其中主要有：调试条件、调试准备、试水（充水）方式、单机调试、单元调试、分段调试、接种菌种、驯化培养、全线连调、监测分析、改进缺陷、补充完善、正式运行、常规水质指标监测等内容。

二、调试条件

（1）土建构筑物全部施工完成；

（2）设备安装完成；

（3）电气安装完成；

（4）管道安装完成；

（5）相关配套项目，含人员、仪器、污水及进排管线、安全措施均已完善。

三、调试准备

（1）组成调试运行专门小组，含土建、设备、电气、管线、施工人员以及设计与建设方代表；

（2）拟定调试及试运行计划安排；

（3）准备好试验需要的所有有关的操作及维护手册、备件和专用工具，进行相应的物质准备，如水（含污水、自来水）、气（压缩空气、蒸汽）、电、药剂的购置及准备；检查和清洁设备，清除管道和构筑物中的杂物；

（4）准备必要的排水及抽水设备、堵塞管道的沙袋等；

（5）必需的检测设备、装置（pH计、试纸、COD检测仪）；

（6）制定相应的试验、试车计划，准备相应的测试表格，并报请建设单位、监理工程师、厂商代表的批准；

（7）建立调试记录、检测档案。

四、功能试验（空载试验）和试水（充水）方式

1. 功能试验（空载试验）

（1）在建设单位、监理工程师、厂商代表同意的时间开始试验。

（2）在供货商指导下给设备加注润滑油脂。在建设单位、监理工程师都出席的情况下进行功能试验，直到每个独立的系统都能按有关方面规定的时间连续正常运行，达到生产厂商关于设备安装及调节的要求为止，并以书面形式表明所有的设备系统都可以正常运转使用，系统及子系统都能实现其预定的功能。

（3）空载试验首先保证电气设备的正常运行，并对设备的振动、响声、工作电流、电压、转速、温度、润滑冷却系统进行监视和测量，作好记录。

（4）试验直到每个独立的系统都能按有关方面规定的时间连续正常运行，达到生产厂商关于设备安装及调节的要求为止，并以书面形式表明所有的设备系统都可以正常运转使用，系统及子系统都能实现其预定的功能。

2. 试水（充水）方式

（1）按设计工艺顺序向各单元进行充水试验：中小型工程可完全使用洁净水或轻度污染水（积水、雨水）；大型工程考虑到水资源节约，可一半用净水或轻污染水或生活污水，一半用工业废水（一般按照设计要求进行）。

（2）建构筑物未进行充水试验的，充水按照设计要求一般分三次完成，即1/3、1/3、1/3充水，每充水1/3后，暂停3~8h，检查液面变动及建构筑物池体的渗漏和耐压情况。特别注意：设计不受力的双侧均水位隔墙，充水应在两侧同时冲水。已进行充水试验的建构筑物可一次充水至满负荷。

（3）充水试验的另一个作用是按设计水位高程要求，检查水路是否畅通，保证正常运行后满水量自流和安全超越功能，防止出现冒水和跑水现象。

五、单机调试

（1）工艺设计的单独工作运行的设备、装置或非标均称为单机。应在充水后，进行单机

调试。

(2) 单机调试应按照下列程序进行：

① 按工艺资料要求，了解单机在工艺过程中的作用和管线连接。

② 认真消化、阅读单机使用说明书，检查安装是否符合要求，机座是否固定牢靠。

③ 凡有运转要求的设备，要用手启动或者盘动，或者用小型机械协助盘动。无异常时方可点动。依照厂商润滑设备说明，在手动位置操作阀门全开或全闭，检查并设定限位开关位置是否有阻碍情况。

④ 按说明书要求，加注润滑油（润滑脂）至油标指示位置。

⑤ 了解单机启动方式，如离心式水泵则可带压启动；定容积水泵则应接通安全回路管，开路启动，逐步投入运行；离心式或罗茨风机则应在不带压的条件下进行启动、停机。

⑥ 点动启动后，应检查电机设备转向，在确认转向正确后方可二次启动。

⑦ 点动无误后，作 3～5min 试运转，运转正常后，再作 1～2h 的连续运转，此时要检查设备温升，一般设备工作温度不宜高于 50～60℃。除说明书有特殊规定者，温升异常时，应检查工作电流是否在规定范围内，超过规定范围的应停止运行，找出原因，消除后方可继续运行。单机连续运行不少于 2h。

(3) 单车运行试验后，应填写运行试车单，签字备查。

六、管道试压、冲洗和单元调试

空气管按设计要求进行强度及严密性试验，其他管路进行压力试验。

1. 管道试压

(1) 钢管试压

① 由于管道输送的介质（空气、污泥、进水）不同，故各种管道的试验压力不同，采用的试验介质亦不同。

② 各种管道试验操作方法参照《工业金属管道工程施工规范》（GB 50235—2010）。水压试验采用厂区临时上水，气压试验采用空压机供气。

(2) UPVC 管试压

① 准备工作。

a. UPVC 管管线接头巩固防护：管段试压时，在弯头和接头处巩固加以防护，防止试压后发生移动。

b. 对管道、节点、接口、支墩等其他附属构筑物的外观进行认真的检查，并根据设计用水准仪检查管道能否正常排气及放水。

c. 对试压设备、压力表、放气管及进水管等设施加以检查，保证试压系统的严密性及其功能，同时对管端堵板、弯头及三通等处支撑的牢固性进行认真检查。

② 试验。

a. 缓慢地向试压管道中注水，同时排出管道内的空气。管道充满水后，在无压情况下至少保持 12h。

b. 进行管道严密性试验，将管内水加压到 0.35MPa，并保持 2h。检查各部位是否有渗漏或其他不正常现象，为保持管内压力可向管内补水。

c. 严密性试验合格后进行强度试验，按要求管内试验压力保持试压 2h 或满足设计的特殊要求。每当压力降落 0.02MPa 时，则向管内补水。为保持管内压力所增补的水为漏水量的计算值，根据有无异常和漏水量来判断强度试验的结果。

d. 试验后，将管道内的水放出。

e. 水压试验符合下列规定：

（a）严密性试验。在做严密性试验时，若在 2h 内无渗漏现象为合格。

（b）强度试验。在做强度试验时，若漏水量不超过所规定的允许值，则在试验管段进行强度试验。每公里管段允许漏水量为 0.2~0.24L/min。

f. 试压时遵守下列规定：

（a）对于粘接连接的管道在安装完毕 48h 后才能进行试压。

（b）试压管段上的三通、弯头，特别是管端的盖堵的支撑，要有足够的稳定性。对于采用混凝土结构的止推块，试验前要有充分的凝固时间，使其达到额定的抗压强度。

（c）试压时，向管道注水同时要排掉管道内的空气，水慢慢进入管道，以防发生气锤或水锤。

2. 管道冲洗

（1）水冲洗管线　管道试压合格后，竣工验收前进行管道冲洗。冲洗时以流速不小于 1.0m/s 的冲洗水连续冲洗，直至出水口处浊度、色度与入水口处冲洗水浊度、色度相同为止。

（2）气冲洗管线　管道严密性、强度试验合格后，进行管道冲洗。吹洗风速及标准符合安装技术文件规定。吹洗时请甲方进行隐蔽验收，验收合格后进行保护，防止杂物进入管内。

3. 单元调试

（1）单元调试是按水处理设计的每个工艺单元进行的，如按格栅单元、调节池单元、水解单元、好氧单元、二沉单元、气浮单元、污泥浓缩单元、污泥脱水单元、污泥回流单元的不同要求进行。

（2）单元调试是在单元内单台设备试车基础上进行的，因为每个单元可能由几台不同的设备和装置组成，单元试车应检查单元内各设备联动运行情况，并应能保证单元正常工作。

（3）单元试车只能解决设备的协调联动，而不能保证单元达到设计去除率的要求，因为它涉及工艺条件、菌种等很多因素，需要在试运行中加以解决。

（4）不同工艺单元应有不同的试车方法，应按照设计的详细补充规程执行。

七、分段调试

（1）分段调试和单元调试基本一致，主要是按照水处理工艺过程分类进行调试的一种方式。

（2）一般分段调试主要是按厌氧和好氧两段进行的，可分别参照厌氧、好氧调试运行指导手册进行。

八、接种菌种

（1）接种菌种是指利用微生物生物消化功能的工艺单元，主要有水解、厌氧、缺氧、好氧工艺单元，接种是对上述单元而言的。

（2）依据微生物种类的不同，应分别接种不同的菌种。

（3）接种量的大小：厌氧污泥接种量一般不应少于水量的 8%～10%，否则，将影响启动速度；好氧污泥接种量一般应不少于水量的 5%。只要按照规范施工，厌氧、好氧菌可在规定范围正常启动。

（4）启动时间：应特别说明，菌种、水温及水质条件，是影响启动周期长短的重要条件。一般来讲，低于 20℃ 的条件下，接种和启动均有一定的困难，特别是冬季运行时更是如此。因此，建议冬季运行时污泥分两次投加，以每天 6000m³ 为例，建议第一期在水解和好氧池中各投加 12t 活性污泥（注意应采取措施防止无机物污泥进入），投加后按正常水位条件，连续闷曝（曝气期间不进水）3～7d 后，检查处理效果。在确定微生物生化条件正常时，方可小水量连续进水 20～30d。待生化效果明显或气温明显回升时，再次向两池分别投加 10～20t 活性污泥，生化工艺才能正常启动。

（5）菌种来源：厌氧污泥主要来源于已有的厌氧工程，如啤酒厌氧发酵工程、农村沼气池、鱼塘、泥塘、护城河清淤污泥；好氧污泥主要来自城市污水处理厂，应取当日脱水的活性污泥作为好氧菌种。

九、驯化培养

（1）驯化条件：一般来讲，微生物生长条件不能发生骤然的突出变化，要有一个适应过程，驯化过程应当与原生长条件尽量一致。当做不到时，一般用常规生活污水作为培养水源，果汁废水因浓度较高不能作为直接培养水，需要加以稀释，一般控制 COD 负荷不高于 1000～1500mg/L 为宜，这样需要按 1∶1（生活污水∶果汁废水）或 2∶1 配制作为原始驯化水，驯化时温度不低于 20℃，驯化采取连续闷曝 3～7d，并在显微镜下检查微生物生长状况，或者依据长期实践经验，按照不同的工艺方法（活性污泥、生物膜等），观察微生物生长状况，也可用检查进出水 COD 大小来判断生化作用的效果。

（2）驯化方式：驯化条件具备后，连续运行已见到效果的情况下，采用递增污水进水量的方式，使微生物逐步适应新的生活条件，递增幅度的大小按厌氧、好氧工艺及现场条件有所不同。一般来讲，好氧正常启动可在 10～20d 内完成，递增比例为 5%～10%；而厌氧进水递增比例则要小很多，一般应控制挥发酸（VFA）浓度不大于 1000mg/L，且厌氧池中 pH 值应保持在 6.5～7.5 范围内，不要产生太大的波动，在这种情况下水量才可慢慢递增。一般来讲，厌氧从启动到转入正常运行（满负荷量进水）需要 3～6 个月才能完成。

（3）厌氧、好氧、水解等生化工艺是个复杂的过程，每个工程都会有自己的特点，需要根据现场条件加以调整。

十、全线调试

（1）当上述工艺单元调试完成后，污水处理工艺全线贯通，污水处理系统处于正常条件下，即可进行全线联调。

（2）按工艺单元顺序，从第一单元开始检测每个单元的 pH 值（用试纸）、SS（经验目测）、COD（仪器检测），确定全线运行的问题所在。

（3）对不能达到设计要求的工艺的单元，全面进行检测调试，直至达到要求为止。

（4）各单元均正常后，全线联调结束。

十一、抓住重点检测分析

（1）全线联调中，按检测结果即可确定调试重点，一般来讲，重点都是生化单元。

（2）生化单元调试的主要问题：

① 要认真检查核对该单元进出水口的位置、布水、收水方式是否符合工艺设计要求。

② 正式通水前，先进行通气检测，即通气前先将风机启动后，开启风量的 1/4～1/3 送至生化池的曝气管道中。检查管道所有节点的焊接安装质量，不能有漏气现象发生，不易检查时，应涂抹肥皂水进行检查，发现问题立即修复至要求。

③ 检查管道所有固定处及固定方式，必须牢固可靠，防止产生通水后管道发生松动的现象。

④ 检查曝气管、曝气头的安装质量，不仅要求牢固可靠，而且处于同一水平面上，误差不大于 ±1mm，检查无误后方可通水。

⑤ 首次通水深度为淹没曝气头、曝气管深度 0.5m 左右，开动风机进行曝气，检查各曝气头、曝气管是否均衡曝气。否则，应排水进行重新安装，直至达到要求为止。

⑥ 继续充水，直到达到正常工作状态，再次启动曝气应能正常工作，气量大、气泡细、翻滚均匀为最佳状态。

⑦ 对不同生化方式要严格控制溶解氧（DO）量。厌氧工艺不允许有 DO 进入；水解工艺，可在 10～12h，用弱空气搅拌 3～5min；缺氧工艺 DO 应控制在小于 0.5mg/L 范围内；氧化工艺则应保证 DO 不小于 2～4mg/L。超过上述规定将可能破坏系统正常运行。

十二、改善缺陷、补充完善

（1）连续调试后发生的问题，应慎重研究后，采取相应补救措施予以完善，保证达到设计要求。

（2）一般来讲，改进措施可与正常调试同步进行，直到系统完成验收为止。

十三、试运行

（1）系统调试结束后应及时转入试运行。

（2）试运行开始，则应要求建设方正式派人参与，并在试运行中对建设方人员进行系统培训，使其掌握运行操作。

（3）试运行时间一般为 10～15d。试运行结束后，则应与建设方进行系统交接，即试运行前期污水站全部设施、设备、装置的保管及运行责任由工程施工承包方自行承担；试运行期间，则由施工方、建设方共同承担，以施工方为主；试运行交接后则以建设方为主，施工方协助；竣工验收后则全权由建设方负责。

十四、自行运行

（1）由施工方制定自验检测方案，并做好相应记录。

（2）连续三天，按规定取水样（每 2h 一次，24h 为一个混合样），分别在进出水口连续抽取，每天进行检测（主要为 COD、pH 值、SS），合格后即认定自检合格。

十五、提交检验

（1）由施工方将自检结果向建设方汇报，建设方认同后，由建设方寄出交验书面申请报告，报请当地环保监测主管部门前来检测。

（2）施工方、建设方共同配合环保主管部门进行检测。

（3）检测报告完成后，工程技术验收完成。

十六、竣工验收

（1）由施工方向建设方提交竣工验收申请，并向建设方提供竣工资料。

（2）由建设方组织，并正式起草竣工验收报告，报请主管部门组织验收。

（3）正式办理竣工验收手续。

第二节　工程调试进程与微生物生长的关系

一、工程调试初期

废水接种城市污水处理厂的活性污泥。水中的微生物恢复活性后，好氧池中主要的微生物仍为原城市污水处理中的优势菌体，主要有菌类、原生动物和浮游甲壳动物等，见图 4-1。

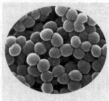

　(a) 猪吻轮虫　　　　(b) 草履虫　　　　(c) 球菌　　　　(d) 小口钟虫

图 4-1　调试初期城市污泥中的微生物

二、调试过程微生物生物相的变化

调试过程中随着水量的不断增加和各种外界条件的变化，好氧生物池中的微生物种类和数量也随之发生变化。通过观测水中的微生物的这些变化就可以判断出工程调试的效果，也可以根据观测结果来对工程调试给出指导。

第一阶段细菌、简单原生动物随着进水量增加不断增加，初期的微生物中的原生动物和后生动物基本观测不到，主要微生物为各种菌类和少量的纤毛虫类，见图 4-2。

此阶段进水量为设计进水量的 30% 左右，进水 COD 值在 350mg/L 左右，pH 值在 7.0 左右，微生物种类比较单一。此时水中污泥 SV30 值为 8%～10%，水中的营养物质比较丰富，每天按比例投加红糖、氮和磷做为营养物质。水中温度为 28℃（中午），适宜微生物生长。二沉池出水 COD 值为 50mg/L 左右。

第二阶段原生动物随着水量的不断增加和微生物菌群对废水水质的不断适应，好氧池中

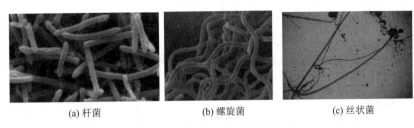

| (a) 杆菌 | (b) 螺旋菌 | (c) 丝状菌 |

图 4-2　第一阶段各种细菌的形态

开始出现大量原生动物。此时仍有细菌存在，随着原生动物量的增加，细菌数量有所减少。此时主要的原生动物为各种变形虫、纤毛虫、钟虫和吸管虫，见图 4-3。

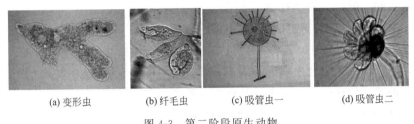

| (a) 变形虫 | (b) 纤毛虫 | (c) 吸管虫一 | (d) 吸管虫二 |

图 4-3　第二阶段原生动物

此阶段工程进水量达到 70％ 左右，进水和出水水质稳定。此时污泥 SV30 值为 25％ 左右，进水 COD 值在 350mg/L 左右，出水 COD 值在 80mg/L 左右，较第一阶段有所上升。进水 pH 值为 6.8～7.0，偏酸性。较第一阶段适当增加营养物质的投加量，微生物较活跃，生物量较稳定，有大量纤毛虫出现，如树状聚缩虫、圆筒盖纤虫和小盖纤虫等（图 4-4）。池中污泥量较第一阶段增长 3 倍以上。

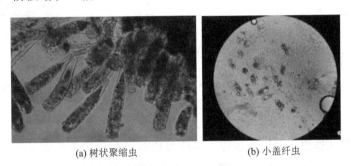

| (a) 树状聚缩虫 | (b) 小盖纤虫 |

图 4-4　第二阶段后期废水微生动物

第三阶段进水量达到设计水量的 80％～90％，工程调试进入结束阶段，此阶段的生物相也有很多变化，主要原生动物为细长扭头虫和大、小口钟虫等。此外大量的微型后生动物开始出现，主要有轮虫类，包括猪吻轮虫、无甲腔轮虫、小粗颈轮虫和旋轮虫等。在一般的淡水水体中可以发现旋轮虫属、轮虫属微生物。轮虫是水体寡污带和污水生物处理效果好的指示生物。

此阶段好氧处理进入稳定阶段，COD 值出水保持在 50mg/L 左右，SV30 基本稳定在 30％ 左右。后生微生物大量出现，同时第二阶段的纤毛虫类数量减少。

三、微生物的指示作用

微生物在调试过程中起着很重要的指示作用，通过镜检活性污泥中的微生物可以发现该活性污泥的好坏，其指示作用有：

（1）着生的缘毛目多时，处理效果良好，出水 BOD$_5$ 和浊度低。如小口钟虫、八钟虫、沟钟虫、褶钟虫、瓶累枝虫、微盘盖虫、独缩虫，这些缘毛目的种类都固定在絮状物上，并随之而翻动，其中还夹杂一些爬行的栖纤虫、游仆虫、尖毛虫、卑气管叶虫等，这说明是优质而成熟的活性污泥。

（2）小口钟虫在生活污水和工业废水处理很好时往往就是优势菌种。

（3）如果大量鞭毛虫出现，而着生的缘毛目很少时，表明净化作用较差。

（4）大量的自由游泳的纤毛虫出现，指示净化作用不太好，出水浊度上升。

（5）如出现主要有柄纤毛虫，如钟虫、累枝虫、盖虫、轮虫、寡毛类时，则水质澄清良好，出水清澈透明，酚类去除率在 90％ 以上。

（6）根足虫的大量出现，往往是污泥中毒的表现。

（7）如在生活污水处理中，累枝虫大量出现，则是污泥膨胀、解絮的征兆。

（8）在印染废水中，累枝虫作为污泥正常或改善的指示生物。

（9）在石油废水处理中，钟虫出现是理想的效果。

（10）过量的轮虫出现，则是污泥要膨胀的预兆。

第三节　厌氧工艺的调试管理

一、厌氧消化的机理

4-1 UASB构造　　4-2 厌氧接触法
工艺流程

　　废水的厌氧生物处理（厌氧消化）是指在无氧条件下借助厌氧微生物的新陈代谢作用分解废水中的有机物，并使之转变为小分子的物质（主要是 CH$_4$、CO$_2$、H$_2$S 等）的处理过程。厌氧消化涉及众多的微生物种群，并且各种微生物种群都有相应的营养物质和各自的代谢产物。各微生物种群通过直接或间接的营养关系，组成了一个复杂的共生网络系统。

　　从 20 世纪 30 年代开始，有机物的厌氧消化过程被认为是由不产甲烷的发酵细菌和产甲烷的产甲烷细菌共同作用的两阶段过程，两阶段厌氧消化过程示意图见图 4-5。第一阶段常被称做酸性发酵阶段，即由发酵细菌把复杂的有机物水解和发酵（酸化）成低分子中间产物，如形成脂肪酸（挥发酸）、醇类、CO$_2$ 和 H$_2$ 等，因为在该阶段有大量脂肪酸产生，使发酵液的 pH 值降低，所以此阶段被称为酸性发酵阶段或产酸阶段。第二阶段常被称做碱性或甲烷发酵阶段，是由产甲烷细菌将第一阶段的一些发酵产物进一步转化为 CH$_4$ 和 CO$_2$ 的过程。由于有机酸在第二阶段不断被转化为 CH$_4$ 和 CO$_2$，同时系统中有 NH$_4^+$ 的存在，使发酵液的 pH 值不断上升，所以此阶段被称为碱性发酵阶段或产甲烷阶段。

　　两阶段理论简要地描述了厌氧生物处理过程，但没有全面反映厌氧消化的本质。研究表明，产甲烷菌能利用甲酸、乙酸、甲醇、甲基胺类和 H$_2$/CO$_2$，但不能利用两碳以上的脂肪酸和除甲醇以外的醇类产生甲烷，因此两阶段理论难以确切地解释这些脂肪酸或醇类是如何转化为 CH$_4$ 和 CO$_2$ 的。

　　1979 年，Bryant 根据对产甲烷菌和产氢产乙酸菌的研究结果，认为两阶段理论不够完

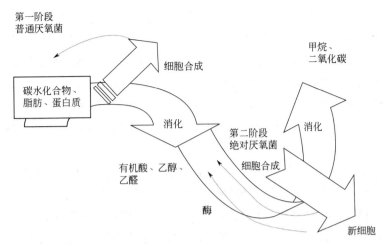

图 4-5 两阶段厌氧消化过程示意图

注：图中虚线表示酶的作用

善，提出了三阶段理论，如图 4-6 所示。该理论认为产甲烷菌不能利用除乙酸、H_2/CO_2 和甲醇等以外的有机酸和醇类，长链脂肪酸和醇类必须经过产氢产乙酸菌转化为乙酸、H_2、和 CO_2 等后，才能被产甲烷菌利用。三阶段理论包括：

第一阶段为水解与发酵阶段。在该阶段，复杂的有机物在厌氧菌胞外酶的作用下，首先被分解成简单的有机物，如纤维素经水解转化成较简单的糖类，蛋白质转化成较简单的氨基酸，脂类转化成脂肪酸和甘油等。继而这些简单的有机物在产酸菌的作用下经过厌氧发酵和氧化转化成乙酸、丙酸、丁酸等有机酸和醇类等。参与这个阶段的水解发酵菌主要是专性厌氧菌和兼性厌氧菌。

第二阶段为产氢产乙酸阶段。在该阶段，产氢产乙酸菌把除乙酸、甲烷、甲醇以外的第一阶段产生的中间产物，如丙酸、丁酸等脂肪酸和醇类等转化成乙酸和氢，并有 CO_2 产生。

第三阶段为产甲烷阶段。在该阶段中，产甲烷菌把第一阶段和第二阶段产生的乙酸、H_2 和 CO_2 等转化为甲烷。

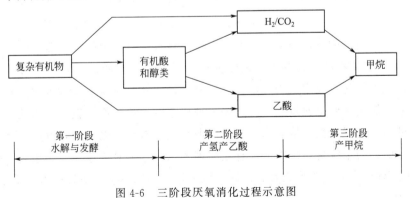

图 4-6 三阶段厌氧消化过程示意图

二、厌氧的影响因素

1. 温度

厌氧废水处理分为低温、中温和高温三类。迄今大多数厌氧废水处理系统在中温范围运行，在此范围温度每升高 10℃，厌氧反应速率约增加一倍。中温工艺以 30～40℃ 最为常见，其最佳处理温度在 35～40℃ 之间。高温工艺多在 50～60℃ 间运行。在上述范围内，温度的微小波动（如 1～3℃）对厌氧工艺不会有明显影响，但如果温度下降幅度过大（超过 5℃），则由于污泥活力的降低，反应器的负荷也应当降低，以防止由于过负荷引起反应器酸积累等问题，即常说的"酸化"，否则沼气产量会明显下降，甚至停止产生，与此同时挥发酸积累，出水 pH 值下降，COD 值升高。注意，以上所谓温度指厌氧反应器内温度。

2. pH 值

厌氧处理的这一 pH 值范围是指反应器内反应区的 pH 值，而不是进液的 pH 值，因为废水进入反应器内，生物化学过程和稀释作用可以迅速改变进液的 pH 值。反应器出液的 pH 值一般等于或接近于反应器内的 pH 值。对 pH 值改变最大的影响因素是酸的形成，特别是乙酸的形成。因此含有大量溶解性碳水化合物（例如糖、淀粉）的废水进入反应器后 pH 值将迅速降低，而已酸化的废水进入反应器后 pH 值将上升。对于含大量蛋白质或氨基酸的废水，由于氨的形成，pH 值会略上升。反应器出液的 pH 值一般会等于或接近于反应器内的 pH 值。pH 值是废水厌氧处理最重要的影响因素之一，厌氧处理中，水解菌与产酸菌对 pH 值有较大范围的适应性，大多数这类细菌可以在 pH 值为 5.0～8.5 范围生长良好，一些产酸菌在 pH 值小于 5.0 时仍可生长。但通常对 pH 值敏感的甲烷菌适宜生长的 pH 值为 6.5～7.8，这也是通常情况下厌氧处理所应控制的 pH 值范围。反应器内 pH 值控制在 6.8～7.2 之间。进水 pH 值条件失常首先表现在使产甲烷作用受到抑制（表现为沼气产生量降低，出水 COD 值升高），即使在产酸过程中形成的有机酸不能被正常代谢降解，从而使整个消化过程各个阶段的协调平衡丧失。如果 pH 值持续下降到 5 以下，不仅对产甲烷菌形成毒害，对产酸菌的活动也产生抑制，进而可以使整个厌氧消化过程停滞，而对此过程的恢复将需要大量的时间和人力、物力。pH 值在短时间内升高过 8，一般只要恢复中性，产甲烷菌就能很快恢复活性，整个厌氧处理系统也能恢复正常。

3. 有机负荷和水力停留时间

有机负荷的变化可体现为进水流量的变化和进水 COD 值的变化。厌氧处理系统的正常运转取决于产酸和产甲烷速率的相对平衡，有机负荷过高，则产酸率有可能大于产甲烷的用酸率，从而造成挥发酸的积累使 pH 值迅速下降，阻碍产甲烷阶段的正常进行，严重时可导致"酸化"。而且如果有机负荷的提高是由进水量增加而产生的，过高的水力负荷还有可能使厌氧处理系统的污泥流失率大于其增长率，进而影响整个系统的处理效率。水力停留时间对于厌氧工艺的影响主要是通过上升流速来表现出来的。一方面，较高的水流速度可以提高污水系统内进水区的扰动性，从而增加生物污泥与进水有机物之间的接触，提高有机物的去除率。另一方面，为了维持系统中能拥有足够多的污泥，上升流速又不能超过一定限值，通常采用 IC 法处理废水时，为形成颗粒污泥，厌氧反应器内的上升流速一般不低于 0.5m/h。

4. 悬浮物

悬浮物在反应器污泥中的积累对于 IC 系统是不利的。悬浮物使污泥中细菌比例相对减少，因此污泥的活性降低。由于在一定的反应器内能保持一定量的污泥，悬浮物的积累最终使反应器产甲烷能力和负荷下降。对于调节池内的浮渣及进入污水处理厂的污水中的悬浮物质，在日常工作当中需采取必要的措施和手段将其除去。

三、调试步骤

整个调试过程可分为以下几个阶段：

1. 接种阶段

接种污泥取自那里的污泥，为了缩短接种时间，也可以外运部分污泥接种。对于 A/O 池、接触氧化池等好氧处理池，通过调节进水负荷以及曝气量，保持池内的溶解氧在适当的范围之内；污泥浓度则通过污泥回流和污泥自身的生长，务必保持污泥浓度在 $3\sim6g/L$ 之间；正常运行的好氧反应器中，活性污泥应为褐色的絮状污泥。

2. 反应器的启动阶段

反应器的启动阶段是让污泥开始适应水质的阶段，因此该阶段 COD 容积负荷不宜过高，通常保持在 $1\sim3kgCOD/(m^3 \cdot d)$，如果有硫酸盐存在，其 pH 值应控制为 $6.8\sim7.2$，在这样的 pH 值下，产酸菌和硫酸盐还原菌均有很大的活性，而产甲烷菌的活性则不会受到抑制。因此，一段时间后产甲烷菌就会成为厌氧池（如 UASB）中的优势菌种，这样就削弱了硫酸盐还原菌和产甲烷菌之间的竞争作用，对于脱硫效果的提高是非常有意义的。保持这样的负荷，当厌氧池（UASB）出水浓度和 COD 去除率均达 $70\%\sim80\%$ 时，或 VFA 为 $200\sim300mg/L$ 时，反应器出水 COD 去除率均达 $70\%\sim80\%$，标志着启动阶段结束（一般来说达到 50% 是比较容易，要达到 80%，估计是不太可能的）。反应器的启动阶段是污泥开始适应污水的阶段，因此在此阶段，污泥相对比较脆弱，所以要注意维持各个条件的稳定，尤其要注意防止污水发生酸化现象。每提高一个负荷都要严格按照 COD 去除率达 $70\%\sim80\%$，或 VFA 为 $200\sim300mg/L$ 的条件才可进行。此阶段持续时间 1 个月左右，采用间歇进水的方式。

3. 负荷提高阶段

当启动阶段结束后，调试即进入负荷提高阶段。当进入负荷提高阶段以后，理论上可以发现厌氧反应器内开始会有少量颗粒污泥的形成。这时为了进一步促进颗粒污泥的形成，淘汰掉反应器内细小的絮状污泥，提高负荷是非常有必要的。负荷提高的梯度以每次 $4kgCOD/(m^3 \cdot d)$（也就是每次多进两个小时的水）左右为好，每提高一次负荷，都必须是 COD 去除率达到 $70\%\sim80\%$，或是 VFA$<200\sim300mg/L$ 的条件才可进行，否则废水可能发生酸化。进水方式采用连续进水方式，控制 UASB 在适当的负荷下运行。负荷提高阶段的目的是慢慢地提高负荷以至达到连续进水时负荷，此阶段应循序渐进，持续时间约 2 个月。

4. 稳定运行阶段

当负荷提高阶段结束，COD 容积负荷达到 $15\sim20kgCOD/(m^3 \cdot d)$（UASB 的负荷）时，污水处理厂进入稳定运行阶段，也标志着整个调试过程的成功结束。此时，各个厌氧反应器中污泥浓度达到 $30kgMLSS/m^3$ 以上，COD 去除率大于 60%。厌氧的出水再经过好氧处理，必可达标排放。本次调试时间由于是下半年，气温较低，这将会导致厌氧污泥活性的下降，因此，调试的时间可能会比上述时间稍有延长。

四、常见问题及解决方法

厌氧生物反应器如果出现异常现象，要有一定的解决对策。在具体工作过程中，应该根据具体的原因给出具体的解决对策。UASB 反应器的水质异常现象与解决对策见表 4-1。

表 4-1　UASB 反应器的水质异常现象与解决对策

异常现象	可能原因	解决对策
活性污泥生长缓慢	营养元素不足; 进液预酸化程度过高; 颗粒污泥被冲洗出来; 颗粒污泥分裂	增加进液的营养与微量元素; 减少预酸化程度; 增加反应器负荷
反应器过负荷	反应器中污泥量不足; 产甲烷细菌的活性不足	增加污泥活性; 提高污泥量; 增加种泥量或促进污泥生长; 减少污泥洗出量
污泥甲烷细菌活性低	营养元素不足; 产酸菌生长过盛,抑制甲烷细菌生长; 有机悬浮物在反应器中积累; 反应器温度不适合,一般过低; 有毒物质存在; 废水硬度过高	增加营养或微量元素; 调节反应器内 pH 值; 调节温度,减少废水中的 Ca^{2+}、Mg^{2+}
颗粒污泥洗出	气体聚集在颗粒污泥中; 颗粒形成分层结构; 颗粒污泥因为含大量蛋白质与脂肪上浮	增加污泥负荷,采用内部水循环; 稳定工艺条件,增加废水预酸化程度; 采用预处理(沉淀或化学絮凝)去除蛋白质与脂肪
絮状的污泥或表面松散"起毛"	反应器中污泥量不足; 产甲烷细菌的活性不足	增加污泥活性; 提高污泥量; 增加种泥量或促进污泥生长; 减少污泥洗出量
颗粒污泥破裂分散	负荷或进液浓度突然变化; 预酸化程度突然增加,使产酸菌呈"饥饿"状态; 有毒物质存在废水中; 机械力过强	应用更稳定的预酸化条件; 废水脱毒预处理; 延长驯化时间,稀释进液; 降低负荷和上流速度,以降低水流的剪切力; 利用出水循环以增大选择压力,使絮状污泥冲洗出来

第四节　水解酸化的调试管理

一、水解酸化原理

水解在化学上指的是化合物与水进行的一类反应的总称。在废水处理中,水解指的是有机底物进入细胞之前,在胞外进行的生物化学反应。水解是复杂的非溶解性的聚合物被转化为简单的溶解性单体或二聚体的过程。高分子有机物因分子量巨大,不能透过细胞膜,因此不可能为细菌直接利用。它们首先在细菌胞外酶的水解作用下转变为小分子物质,这一阶段最为典型的特征是生物反应的场所发生在细胞外,微生物通过释放胞外自由酶或连接在细胞外壁上的固定酶完成生物催化氧化反应(主要包括大分子物质的断链和水溶)。

酸化则是一类典型的发酵过程,即产酸发酵过程。酸化是有机底物既作为电子受体也是电子供体的生物降解过程。在酸化过程中溶解性有机物被转化为以挥发酸为主的末端产物。

在厌氧条件下的混合微生物系统中,即使严格地控制条件,水解和酸化也无法截然分开,这是因为水解菌实际上是一种具有水解能力的发酵细菌,水解是耗能过程,发酵细菌付出能量进行水解是为了取得能进行发酵的水溶性底物，并通过胞内的生化反应取得能源，同时排出代谢产物（厌氧条件下主要为各种有机酸）。如果废水中同时存在不溶性和溶解性有机物时，水解和酸化更是不可分割地同时进行。如果酸化使 pH 值下降太多时，则不利于水解的进行。

厌氧发酵产生沼气过程可分为水解阶段、酸化阶段、乙酸化阶段和甲烷阶段等四个阶段。水解酸化工艺就是将厌氧处理控制在反应时间较短的第一和第二阶段，即将不溶性有机物水解为可溶性有机物，将难生物降解的大分子物质转化为易生物降解的小分子有机物质的过程。

二、水解影响因素

1. 基质的种类和颗粒粒径

基质不同，其水解难易程度亦不同，基质的种类对水解酸化过程的速率有重要影响，如脂肪、蛋白质、多糖在其他条件相同的情况下，水解速率依次增大；对同类型有机物来说，分子量大的要比分子量小的更难水解；从分子结构来说，水解难易程度由易到难为直链结构、支链结构、环状结构，且单环化合物易于杂环化合物。污染物的颗粒的大小对水解速率的影响也很大，颗粒粒径越大，单位重量的比表面积就小，越难以水解。因此，对于颗粒大、有机污染物浓度较高的废水或污泥，先破碎后再进入水解池，加速水解（酸化）速率。

2. 容积负荷

容积负荷是水解过程的重要工艺参数之一，它反映了进水浓度与停留时间对厌氧过程的综合影响。对于水解反应器，容积负荷设计取值较低，提高水力停留时间，使污染物质与水解微生物接触时间加长，溶解出水 COD 浓度变高，水解也越完全。对于城市污水，水解反应可在很短时间内完成，容积负荷可取相对较高值；而对于工业废水比例较大的污水，容积负荷需根据废水性质进行设计。

3. 配水系统

水解池良好运行的重要条件之一是保障污泥和废水之间的充分接触，因此系统底部的布水系统应该尽可能地均匀。水解反应器的配水系统是一个关键的设计系统，为了使反应器底部进水均匀，有必要采用将进水均匀分配到多个进水点的分配装置。

4. 上升流速

为确保水解反应器中泥水的充分接触及出水水质，水解池的上升流速应控制在一定的范围内。当上升流速偏低时，大量的较密实的活性污泥沉积在水解池的底部，在污水上升的过程中，泥水不能充分接触反应，从而导致了去除效果较差。当上升流速偏高时，会造成水解池的活性污泥大量流失。出水带泥，一方面对后续好氧生化处理的微生物造成毒性，另一方面无法保证水解池的去除效果。

三、调试步骤

本方案主要按照各类指标参数、调试前准备、种污泥的选择与驯化培养、调试运行期指标负荷的控制与注意事项、突发事故异常状况的解决对策等五个方面进行调试。

1. 各类指标参数

（1）理论运行控制点：水力负荷（上升流速）、水力停留时间、污泥浓度、污泥回流、B/C。

（2）日常主要检测指标：进出水流量、进出水 COD 和 BOD、DO、污泥浓度、pH 值、SS、SV30、氨氮和总磷（如有要求可检测）、水温（如有要求可检测）、微生物镜检。

（3）主要涉及的设备材料：进出水泵（自流方式此项没有）、污泥回流泵、潜水搅拌机或其他同功能推流器、填料。

（4）主要涉及的水质监测设备（如无在线检测设施时可参照）：

① 实验室物化检测设备见相关检测方法中设备要求。

② 涉及的电子检测设备：流量计、便携式 DO 检测仪、COD 测定仪、氨氮和总磷测定仪、温度计、微生物镜检设备。

2. 调试前准备

以下各项在无特殊情况下均为同时进行，无主次之分。

（1）项目水检测：

① 主要摸查现场排水情况，主要包括现阶段排水量、满负荷排水量、排水周期、各车间或者工业单元排水点、降雨等天气对于排水的影响。

② 与甲方协调，将日常水质监测设备就位。在带泥调试之前，将进水水质检测完毕，其中包括 COD、BOD、pH 值、SS、水温、氨氮和总磷，以及本项目其他主要去除指标。

（2）与甲方协调确定污水处理站调试结束后的运行人员，并进行一些前期相关培训。

（3）对本项目设备设施进行调试，以确保设备设施正常运行，建议用清水进行试车。

（4）联系接种污泥，以确保污泥接种前进场。再联系时，要充分考虑余量，以防发生突发事件时无污泥可用。

（5）与甲方单位协调，确定所需公用工程的情况，包括水、电、蒸汽（如有要求）等。

3. 种污泥的选择与驯化培养

总的原则为源污泥的活性再生，水质的适应，定向提升负荷驯化。

（1）种泥选择原则：

① 本项目如有污水处理，原有污泥接种为最优选择。

② 可选择附近相关企业生产的浓缩消化污泥或脱水污泥。

③ 可选择附近市政污水处理厂的浓缩消化污泥或脱水污泥。

④ 如以上都没有，则要选择没有重金属、毒性，且生化活性相对高、进水 COD 及 BOD 低于本项目的活性污泥作为种泥培养。

⑤ 湖泊底泥、各类粪肥或化粪池的底泥也可以用于接种污泥，但各类污泥中均不应当有太多的砂。

以上种泥选择后，培养难度是依次增加的，所以必须与甲方单位和相应部门沟通好，以免拖延工期。

（2）接种培养方案：

① 接种量的大小：污泥接种量一般不应少于水量（有效池容）的 8%～10%，否则，将影响启动速度。

② 接种：接种培养水为稀释后低浓度的处理水。在正常 20～35℃的条件下，水解酸化池中活性污泥投加比例 8%（浓缩污泥），在不同的温度条件下，投加的比例不同，温度越低投加量越大。投加后按正常水位条件，连续闷曝（曝气期间不进水）3～7 天后，检查处理效果，在确定微生物生化条件正常时，进行下一步驯化培养。一般来讲，在低于 20℃的

条件下，接种和启动均有一定的困难，特别是冬季运行时更是如此。因此，建议冬季运行时污泥分两次投加，一次投加比例 8% 活性污泥（浓缩污泥），连续闷曝（曝气期间不进水）7 天后，检查处理效果，在确定微生物生化条件正常时，方可小水量（低浓度水）连续进水 25 天，待生化效果明显或气温明显回升时，再次投加 10% 活性污泥，生化工艺才能正常启动，进行下一步驯化培养。

在接种培养的过程中，需要检测水温、pH 值等；污泥方面，需要微生物镜检，观察污泥形状颜色等；COD 的检测也可以帮助确认接种是否成功。

③ 脱水污泥：脱水污泥接种培菌的过程与浓缩污泥培菌法基本相同。接种污泥要先用刚脱水不久的新鲜泥饼，投加至曝气池前需加少量水并捣成泥浆。干污泥的投加量一般为池容积的 8%。干污泥中可能含有一定浓度的化学药剂（用于污泥调理），如药剂含量过高、毒性较大，则不宜作为培菌的种泥。鉴定污泥能否作接种用，可将少量泥块捣碎后放入小容器（如烧杯或塑料桶）内加水曝气，经过一段时间后如果泥色能转黄，就可用于接种。接种的过程中，注意根据实际情况适当地排泥，加新泥，以保证干污泥的无效成分排除即可。

（3）驯化培养：接种菌种完成后，在连续运行已见到效果的情况下，采用递增污水进水量的方式，使微生物逐步适应新的生活条件，而厌氧进水浓度递增比例则要小，且厌氧池中 pH 值应保持在 6.5～7.5 范围内，不要产生太大的波动，在这种情况下水量才可慢慢递增，直至适应原水浓度为准，基本指标为 COD、B/C，不出现大量泡沫漂浮污泥。

4. 调试运行期指标负荷的控制与注意事项

（1）调试运行期指标负荷的控制：水解酸化池由于抗冲击负荷比较好，所以对于水温，保持在室温温度 20℃ 就可以；pH 值理论的要求为 5～6.5，相较于其他厌氧处理工艺来说，要求没有那么苛刻，只要不出现大量污泥上浮，或者出现泡沫的情况下，可以根据实际情况放大一些范围。

调试初期主要控制运行参数为水力负荷（即上升流速）和停留时间，污泥浓度和污泥泥位，排泥和回流污泥。根据一般情况下设计参考值，上升流速为 0.5～1.8m/h，污泥浓度在 10～20g/L，停留时间为 5～8h，泥位（上清液高度）应保持在 1.2～2m 之间，是比较稳定的系统。在这个范围内，污泥浓度与上升流速、停留时间是成反比例关系的，初期由于 MLSS 比较少，且没有达到一个相对比较稳定的系统，所以减小上升流速、延长停留时间，可以保证污泥浓度的升高。由于在驯化阶段，已将污水调整至正常来水浓度，所以取低上升流速为初期的对策，具体数值需参考实际设计参考值。初期阶段，污泥回流是非常必要的，当然，这需要与来水流量配合，以保证要求的上升流速。这段时间，若减少排泥量，必须保证一定的污泥龄（$t_s = 6d$），排泥时需要参照 COD 及 SS 的前后变化、SV30、MLSS 等指标，如果条件允许的话，可测一下 B/C 的前后变化，如果上升，说明 COD 转化为可溶性的量有所增加，说明运行良好。其次，注意污泥颜色的变化，正常的厌氧菌为棕色或深棕色，并且呈现絮状。最后，镜检观察生物相，在厌氧阶段，微生物主要是以细菌为主，原生动物量会有所下降。DO 一般小于或等于 0.2～0.3mg/L。

连续进水观测几天，如保持到设计范围值标准，出水指标无大的变化时，根据情况调整水力负荷（上升流速），包括加大回流、加大进水量。由于厌氧调试变化比较慢，污水情况良好的话，调整的过程一般在 1 个月左右，不能太快。这段时间，可以根据 MLSS 的量，或者出现大量悬浮的污泥时，调整排泥量。整个系统是以稳定为主，不要过度地追求降解效果，做好日常检测，主要注意各项指标的变化情况，如果前后变化比较大，说明有问题需要调整。

（2）注意事项：

① 如果是 A/O 工艺或者是好氧后二沉池回流污泥，注意检测回流污泥的 DO，如果 DO 比较高，可以适当地增加沉淀时间。

② 如无均匀补水系统，需要确保搅拌机或者推流器正常运转，以防止污泥堆积形成死泥区。

③ 如果来水营养物质不足的话，需补充一定量的营养物质，经典的 C∶N∶P 为 (350～500)∶5∶1，主要还是看出水指标变化。

④ 厌氧阶段有污泥上浮属于正常现象，主要是由于厌氧产气导致，但是如果大量的污泥上浮或者是泡沫夹带黑泥，说明污泥老化，则需要排泥。

⑤ 注意做好每天的记录，制定好检测指标表格。

5. 突发事故异常状况的解决对策

（1）出水浑浊，水质变黑。一种原因可能是进水负荷波动过大，有难降解有毒物质排入，或者是相应环境发生大变化。这种情况发生时，需要尽快减小进水量，增大停留时间，增加回流，适当地排泥。观察一段时间，如果还是不行，则需要更换新污泥。另一种情况是污泥老化，出水 SS 增加，这时需要增大排泥，加大回流。

（2）水面出现大量泡沫。一种情况是白色泡沫，这种情况可能是来水混入了表面活性剂，可能是前段物化沉淀效果不好，需要调整前段工艺，投加一些消泡剂，进行处理。另一种情况是褐色泥状泡沫，绝大部分原因是污泥老化，需要排泥调整。特别指出，投加消泡剂，只是表观的处理，不治本，还是需要具体问题具体分析，以找到原因为佳。

（3）水量突然增大。一种情况是由于降雨、管道泄漏，这类水量增大，COD 下降出现时，可以缩小停留时间，如果水量增加得特别大，则需要考虑排至事故池，以免活性污泥被大量冲走。另一种情况是由于生产量增大，水量增大，COD 升高或者不变，出现时可以考虑增大停留时间，通过前段调节池来调节进水量，还要随时监控进出水各项指标。正常情况下，4h 之内调整好不会出现太大问题，如果超过，则会出现污泥上浮等高负荷出现的现象。

（4）出现臭味。这部分可能是反硝化、厌氧脱硫产生的，一种原因可能是污泥老化，前段脱硫效果不好，负荷增大，多为综合原因，需要具体分析。当出现这种情况时，需要各个点排查，找出真实原因，进行处理。

（5）如果作为厌氧反应器前段预处理，出水需要测定 pH 值和 VFA 指标，以保证后续处理正常。

（6）水解酸化调试中 COD 不降反升的原因：可能是复杂有机物在 COD 检测中不能显示出来，但是水解后就可能显示 COD；另一种可能是调试时，运行参数控制不准确，造成水解菌胶团上升随出水流失；还有可能是没有考虑有机物的生物毒性浓度和系统的生物忍耐性，造成菌种中毒流失，流失的菌胶团在出水检测中显示 COD 增高，这就要求调试时加强生物相的观察和记录对比。

第五节　好氧工艺的调试管理

一、好氧工艺的机理

所谓"好氧"，是指这类生物必须在有分子态氧气（O_2）的存在下，才能进行正常的生理生化反应，主要包括大部分微生物、动物以及我们人类。

在细菌生长过程中，除了吸进体内的局部有机物被氧化外，还会消耗内在储存的物质以完成重要的生命活动放出能量，这样的原生微生物活动被称为内源呼吸。新的细胞物质当有机物（食料）充足时，原生质大量合成，内源呼吸是不显著的。但当有机物几乎耗尽时，内源呼吸就会成为供给能量的主要方式，最后细菌由于缺乏能量而死亡。以下方程式表示有机物（以 $C_xH_yO_z$ 表示）氧化和合成：

① 分解反应（又称氧化反应、异化代、分解代）

$$C_xH_yO_z + \left(x + \frac{1}{4}y - \frac{1}{2}z\right)O_2 \longrightarrow xCO_2 + \frac{1}{2}yH_2O + 能量$$

② 合成反应（也称合成代、同化作用）

$$nC_xH_yO_z + NH_3 + \left(nx + \frac{ny}{4} - \frac{n}{2}z - 5\right)O_2$$
$$\longrightarrow \underset{\text{细胞物质（细菌）}}{C_5H_7NO_2} + (nx-5)CO_2 + \frac{1}{2}(ny-4)H_2O + 能量$$

③ 内源呼吸（也称细胞物质的自身氧化）

$$C_5H_7NO_2 + 5O_2 \longrightarrow 5CO_2 + 2H_2O + NH_3 + 能量$$

①式为有机物的氧化（即分解代），②式为原生质的合成（即合成代，以 NH_3 为氮源），式中的 NH_3 可以是细菌所吸入的含氮有机物的分解产物或是吸入的铵盐，如果没有含氮物质吸收，那么不可能合成原生质。当废水中有机物较多时（超过微生物生活所需），合成局部增多，微生物总量增加较快（即污泥增长较快，因为合成代的产物为新的微生物），有机物氧化分解也快。当废水中有机物缺乏时，源呼吸成为提供能量的主要方式，部分微生物就会因食料贫乏而死亡，微生物总量减少。好氧生物处理中微生物所需的"食物"的最正确比例为：$C:N:P$ 为 $100:5:1$。

在好氧微生物废水处理中，微生物的活性与微生物的生长环境有关，特别是氧的供给、温度环境、pH 环境等。当然微生物毒害物质的存在与否以及污泥负荷等因素也会影响微生物的活性。因此，微生物废水处理技术可以说是为了能够最大程度上降解掉废水中的污染物，而为废水处理的微生物群营造一个最正确的微生物生活生长环境的技术。

分解与合成的相互关系为：

（1）二者不可分，而是相互依赖的：分解过程为合成提供能量和前物，而合成给分解提供物质根底；分解过程是一个产能过程，合成过程是一个耗能过程。

（2）对有机物的去除，二者都有重要奉献；合成量的大小，对后续污泥的处理有直接影响（污泥的处理费用一般可以占整个城市污水处理厂的 $40\% \sim 50\%$）。

不同形式的有机物被生物降解的历程也不同：一方面，构造简单、小分子、可溶性物质，直接进入细胞壁；构造复杂、大分子、胶体状或颗粒状的物质，首先被微生物吸附，随后在胞外酶的作用下被水解液化成小分子有机物，再进入细胞。另一方面，有机物的化学构造不同，其降解过程也会不同。

二、调试参数的控制

1. 活性污泥性能原理及物理性质

活性污泥工作原理是生物降解。活性污泥外观似棉絮状，亦称絮粒或绒粒，有良好的沉降性能。正常活性污泥呈黄褐色。供氧曝气不足，可能有厌氧菌产生，污泥发黑发臭；溶解氧过高或进水过淡，负荷过低，色泽转淡。良好活性污泥带泥土味。

4-3 曝气池

2. 培菌前的准备工作

① 认真消化施工设计图纸资料及管理运行手册。

② 检查熟悉系统装备及管线阀门、指示记录仪表。

③ 清理施工时遗留在池内的杂物。

④ 加注清水或泵抽河水作池渗漏试验，单台调试后联动试车，调好出水堰板至污水处理可正常工作。

3. 培菌

(1) 活性污泥培养影响因素　活性污泥培养是为活性污泥的微生物提供一定的生长繁殖条件，包括营养物、溶解氧、适宜温度和酸碱度。

① 营养物：即水中碳、氮、磷之比应保持 100∶5∶1。

② 溶解氧：因污泥以絮体形式存在于曝气池中，以直径 $500\mu m$ 活性污泥絮粒为例，周围溶解氧浓度 2mg/L 时，絮粒中心已低于 0.1mg/L，抑制了好氧菌生长，所以曝气池溶解氧浓度常需高于 3～5mg/L，常按 5～10mg/L 控制。调试一般认为，曝气池出口处溶解氧控制在 2mg/L 较为适宜。

③ 温度：一般为 10～45℃，适宜温度为 15～35℃。

④ 酸碱度：一般 pH 值为 6～9。特殊时，进水最高可为 9～10.5，超过上述规定值时，应加酸碱调节。

(2) 培菌方法　采用生活污水培菌法，即：在温暖季节，先使曝气池充满生活污水，闷曝（即曝气而不进污水）数十小时后，即可开始进水。进水量由小到大逐渐调节，连续运行数天即可见活性污泥出现，并逐渐增多。为加快培养进程，在培菌初期投加一些浓质粪便水或米泔水等以提高营养物浓度。培菌时（尤其初期）由于污泥尚未大量形成，污泥浓度低，故应控制曝气量，应大大低于正常期曝气量。

(3) 驯化

① 驯化条件：一般来讲，微生物生长条件不能骤然地突出变化，要有一个适应过程。驯化过程应当与原生长条件尽量一致，当做不到时，一般用常规生活污水作为培养水源，废水因浓度较高不能作为直接培养水，需要加以稀释，一般控制 COD 负荷以不高于 1000～1500mg/L 为宜，这样需要按 1∶1（生活污水∶果汁废水）或 2∶1 配制作为原始驯化水，驯化时温度不低于20℃，驯化采取连续闷曝 3～7d，并在显微镜下检查微生物生长状况，或者依据长期实践经验，按照不同的工艺方法（如使用活性污泥、生物膜等），观察微生物生

长状况，也可用检查进出水 COD 大小来判断生化作用的效果。

② 驯化方式：驯化条件具备后，在连续运行已见到效果的情况下，采用递增污水进水量的方式，使微生物逐步适应新的生活条件，递增幅度的大小按厌氧、好氧工艺及现场条件有所不同。一般来讲，好氧正常启动可在 $10\sim20d$ 内完成，递增比例为 $5\%\sim10\%$。

三、调试步骤

1. 整套启动调试步骤

① 当上述工艺单元调试完成后，污水处理工艺全线贯通，污水处理系统处于正常条件下，即可进行全线联调。

② 按工艺单元顺序，从第一单元开始检测每个单元的 pH 值（用试纸）、SS（经验目测）、COD（仪器检测），确定全线运行的问题所在。

③ 对不能达到设计要求的工艺的单元，全面进行检测调试，直至达到要求为止。

④ 各单元均正常后，全线联调结束。

2. 运行管理

① 巡视：每班人员必须定时到处理装置规定位置进行观察、检测，保证运行效果。

② 观察二沉池污泥状态：主要观察二沉池泥面高低、上清液透明程度，有无漂泥，漂泥粒大小等。上清液清澈透明说明运行正常，污泥状态良好；上清液混浊可能原因是负荷高，污泥对有机物氧化、分解不彻底；泥面上升可能原因是污泥膨胀，污泥沉降性差；污泥成层上浮可能原因是污泥中毒；大块污泥上浮可能原因是沉淀池局部厌氧，导致污泥腐败；细小污泥漂浮可能原因是水温过高、C/N 不适、营养不足等。

③ 曝气池观察：曝气池全面积内应为均匀细气泡翻腾，污泥负荷适当。运行正常时，泡沫量少，泡沫外呈新鲜乳白色泡沫。曝气池中有成团气泡上升，说明水中洗涤剂多。泡沫呈茶色、灰色，说明泥龄长或污泥被打破；吸附表明液面下有曝气管或气孔堵塞。液面翻腾不均匀，说明有死角，污泥负荷高，水质差，泡沫多。泡沫呈白色且数量多，应增加排泥。泡沫呈其他颜色，可能是水中有染料类物质或发色物污染，负荷过高，有机物分解不完全，气泡较黏，不易破碎。

④ 污泥观察：生化处理中除要求污泥有很强的"活性"、具有很强氧化分解有机物能力外，还要求有良好沉降凝聚性能，使水经二沉池后彻底进行"泥"（污泥）"水"（出水）分离。

污泥沉降性 SV30 是指曝气池混合液静止 30min 后污泥所占体积，该值越小，沉降性越好，城市污水厂 SV30 常在 $15\%\sim30\%$ 之间。污泥沉降性能与絮粒直径大小有关，直径越大，沉降性越好，反之亦然。污泥沉降性还与污泥中丝状菌数量有关，数量越多沉降性越差，数量越少沉降性越好。污泥沉降性能还与其他几个指标有关，包括：污泥体积指数（SVI）、混合液悬浮物浓度（MLSS）、混合液挥发性悬浮浓度（MLVSS）、出水悬浮物（ESS）等。

还可测定水质指标来指导运行。BOD∶COD 之值是衡量生化性重要指标，BOD∶COD≥0.3 被认为可采用生化处理法，BOD∶COD<0.3 难生化处理，BOD∶COD<0.25 不宜采用生化处理。进出水 BOD∶COD 变化不大，且 BOD 值也高，表示系统运行不正常；反之，出水的 BOD∶COD 比进水 BOD∶COD 下降快，说明运行正常。出水悬浮物（SS）高，

SS≥30mg/L 时则表示污泥沉降性不好，SS＜30mg/L 则表示污泥沉降性能良好。

⑤ 曝气池控制主要因素：维持曝气池合适的溶解氧，一般控制在 1～4mg/L，正常状态下监测曝气池出水端 DO 以 2mg/L 为宜；保持水中合适的营养比，C(BOD)：N：P 为 100：5：1；维持系统中污泥的合适数量，控制污泥回流比，依据不同运行方式，回流比在 0～100% 之间，一般不少于 30%～50%。

四、生物膜处理系统的运行控制

1. 生物膜系统挂膜

目前，常采用生物滤池、生物接触氧化池等生物膜法处理城市污水或微污染的饮用水源水，生物膜法的处理作用是靠填料表面附着生长的微生物的代谢来完成的。因此，正常运行之前，要使填料表面形成生物污泥，即挂膜。挂膜可采用直接培养挂膜法，也可以采用分步挂膜法。

直接培养挂膜法，过程可参照活性污泥的培养及驯化步骤。开始挂膜时，进水流量应小于设计值，可按设计流量的 20%～30% 启动，连续运转，初期曝气量也应该低些。在填料外观可见有生物膜生成（颜色变化）时，流量可提高至 50%～60%，待出水效果达到设计要求时，再提高至设计值。而对于工业废水比例很高的城市污水，启动时进水流量应更低，挂膜时间也会更长。

分步挂膜法分两步进行。首先，按照培养活性污泥的方法，培养出适合于待处理污水的活性污泥；然后，将活性污泥投入氧化池，让填料浸泡 5 天，或将活性污泥混合液用泵循环淋洒在填料之上，经历 5 天后，已有少量污泥附在填料上，启动处理流程开始进水，进水量由小到大，随生物膜的增长、处理效果的提高，逐渐加大进水流量，直至设计值。生物膜不断增厚，达到设计所需的生物膜时，系统便可进入正常运行。

挂膜所需的水质条件、环境条件与活性污泥培菌的条件相同，要求合适的水质、营养、水温、pH 值、DO 等，并避免大量毒物的进入。冬季进行生物膜挂膜时，所需时间会比暖季延长 2～3 倍。

2. 生物膜处理系统的运行控制

（1）水质控制与生物膜厚度　生物膜法处理污水，常常会遇到填料堵塞问题，这主要是由于污水中含有过多的悬浮物，而且污水中有机质负荷太高，导致生物膜生长繁殖速率过快。因此，常需对污水进行预处理，以控制进水满足要求。有时，甚至采取处理出水回流的措施来降低入流污水的有机负荷。入流污水的

4-4 接触氧化池基本构造　　4-5 生物接触氧化法基本流程

SS 和 BOD 浓度控制为多少，应根据系统所选用的填料类型和规格来确定。

另外，还可以采取二级串联、交替进水的方式来均分有机负荷，防止生物膜生长过厚，但这样势必增加系统占地面积。运行控制中，还应注意均匀分配水量和空气量，以防止负荷不均、生物膜生长不均、填料局部堵塞、局部短流，甚至塌陷。

（2）水温的影响控制　除生物接触氧化池外，其他生物膜法对水温变化带来的影响难以承受。如生物转盘和生物滤池，在水温降低后，生物活性和处理效果明显降低，在严寒季节时一般无法运行。此时需采用加盖保护或保温建筑，有时还需对污水加热升温。

另外，在高温的季节，在生物膜氧化池上会出现滤池蝇，影响环境卫生。可以采用隔

1～2d 淹没或冲淋填料、淋洒漂白液（每隔 1～2 周）、滤池表面及四周喷洒杀虫剂等方法加以控制。

（3）供气量的控制　采用人工供气方法，为填料表面生物膜提供溶解氧时，溶解氧的扩散阻力要大于活性污泥混合液，因此应使氧化池中溶解氧保持在较高水平，一般为 3～4mg/L。此外，加大供气量，可提高上升气流的剪切力，促进老化生物膜的脱落，防止填料的堵塞。

（4）填料　处理污水采用的填料有很多种，在生物膜系统氧化池运行过程中，需时常观察填料，防止填料出现堵塞、变形、塌陷、成团、流失等问题，并采取一定措施，例如：加大供气量，冲刷老化生物膜；补充或更换填料；检查布水布气系统是否出现不均匀问题。

（5）减少出水悬浮物　生物膜系统正常运行时，会有大块的生物膜随水进入二沉池，使二沉池进水悬浮物絮体大小不一。有些块状悬浮物可能会沉于池底，有些也可能浮于水面，为防止悬浮物流失，可将二沉池出水渠改为穿孔集水管，并淹没于二沉池水面之下 50～100mm。

（6）生物相的观察　正常的生物膜较薄，厚度约 1～3mm，外观粗糙，具黏附性，呈灰褐色。当接触的入流污水水质浓度高或处于生物膜处理系统的初级或上层时，生物膜厚度会大些，外观颜色会深些。

随着水质的变化，或微生物处于生物膜系统级数或层次的变化，微生物种群会发生变化。当水质浓度提高时，或处于生物膜系统的初级或处于填料的上层时，微生物所承受的有机负荷最高，此时耐高负荷的菌胶团占优势。当水质浓度下降，生物膜中会出现大量丝状菌，并开始出现游动型纤毛虫等原生动物，微生物种类增多，个体数量减少。处于出水端时，菌胶团细菌生长很慢，生物膜很薄，已出现轮虫等后生动物。

因此，根据生物膜厚度、颜色及微生物种群的变化，可以推断污水水质和处理效果的变化。

五、常见问题解决方法

活性污泥处理系统在运行过程中，一线技术人员应该竭尽全力保障其运行良好。但是，实际工程中，污水运行受限于水质及水量的波动、机器自身的运行、操作管理人员的技术水平、天气等因素限制，难免发生运行故障。作为世界上运行最广泛的活性污泥法系统，尤其如此。

在运行中，有时会出现异常情况，使污泥随二沉池出水流失，处理效果降低。下面介绍运行中可能出现的几种主要异常现象及其防止措施。

1. 污泥膨胀

正常的活性污泥沉降性能良好，含水率一般在 99% 左右。当污泥变质时，污泥就不易沉降，含水率上升，体积膨胀，澄清液减少，这种现象叫污泥膨胀。污泥膨胀主要是大量丝状菌（特别是球衣菌）在污泥内繁殖，使污泥松散、密度降低。其次，真菌的繁殖也会引起污泥膨胀，也有由于污泥中结合水异常增多导致污泥膨胀。

活性污泥的主体是菌胶团。与菌胶团相比，丝状菌和真菌生长时需较多的碳素，对氮、磷的要求则较低。它们对氧的要求也和菌胶团不同，菌胶团要求较多的氧（至少 0.5mg/L）才能很好地生长，而真菌和丝菌（如球衣菌）在低于 0.1mg/L 的微氧环境中，才能较好地生长。所以在供氧不足时，菌胶团将减少，丝状菌、真菌则大量繁殖。对于毒物的抵抗力，丝状细菌和菌胶团也有差别，如对氯的抵抗力，丝状菌不及菌胶团。菌胶团生长适宜的 pH 值范围在 6～8，而真菌则在 pH 值为 4.5～6.5 之间生长良好，所以 pH 值稍低时，菌胶团生长受到抑制，而真菌的数量则可能大大增加。根据上海城市污水厂经验，水温也是影响污泥膨胀的重要因素。丝状菌在高温季节（水温在 25℃ 以上）宜于生长繁殖，可引起污泥膨胀。因此，污水中如碳水化合物较多，溶解氧不足，缺乏氮、磷等养料，水温高或 pH 值较低情况下，均易引起污泥膨胀。此外，超负荷、污泥龄过长或有机物浓度梯度小等，也会引起污泥膨胀。排泥不畅则引起结合水性污泥膨胀。

由此可见，为防止污泥膨胀，解决的办法可针对引起膨胀的原因采取措施。如缺氧、水温高等加大曝气量，或降低水温、减轻负荷，或适当降低 MLSS 值，使需氧量减少等；如污泥负荷率过高，可适当提高 MLSS 值，以调整负荷，必要时还要停止进水"闷曝"一段时间；如缺氮、磷等养料，可投加硝化污泥或氮、磷等成分；如 pH 值过低，可投加石灰等调节 pH；若污泥大量流失，可投加 5～10mg/L 氯化铁，促进凝聚，刺激菌胶团生长，也可投加漂白粉或液氯（按干污泥的 0.3%～0.6% 投加），抑制丝状菌繁殖，特别能控制结合水污泥膨胀。此外，投加石棉粉末、硅藻土、黏土等物质也有一定效果。

污泥膨胀是活性污泥法处理装置运行中的一个较难解决的问题，污泥膨胀的原因很多，甚至有些原因还未发现，尚待研究，以上介绍只是污泥膨胀的一般原因及其处理措施。

2. 污泥解体

处理水质浑浊、污泥絮凝体微细化、处理效果变坏等则是污泥解体现象。导致这种异常现象的原因有运行中的问题，也有由污水中混入了有毒物质所致。

运行不当（如曝气过量），会使活性污泥生物营养的平衡遭到破坏，使微生物量减少且失去活性，吸附能力降低，絮凝体缩小致密，一部分则成为不易沉淀的羽毛状污泥，处理水质混浊，SV 值降低等。当污水中存在有毒物质时，微生物会受到抑制伤害，净化能力下降或完全停止，从而使污泥失去活性。一般可通过显微镜观察来判别产生的原因。当鉴别出是运行方面的问题时，应对污水量、回流污泥量、空气量和排泥状态以及 SV、MLSS、DO 等多项指标进行检查，加以调整。当确定是污水中混入有毒物质时，应考虑这是新的工业废水混入的结果。

3. 污泥脱氮（反硝化）

污泥在二沉池呈块状上浮的现象，并不是腐败所造成的，而是由于在曝气池内污泥龄过长，硝化过程进行充分（NO_3^- 含量大于 5mg/L），在沉淀池内产生反硝化，硝酸盐的氧被利用，氮即以气体形式脱出附于污泥上，从而比例降低，整块上浮。所谓反硝化是指硝酸盐被反硝化菌还原成氨或氮的作用。反硝化作用一般在溶解氧低于 0.5mg/L 时发生。试验表明，如果让硝酸盐含量高的混合液静止沉淀，在开始的 30～90mm 左右污泥可以沉淀得很好，但不久就可以看到，由于反硝化作用所产生的氮气，在泥中形成小气泡，使污泥整块地浮至水面。在做污泥沉降比试验时，由于只检查污泥 30mm 的沉降性能，因此往往会忽视污泥的反硝化作用，这是在活性污泥法的运行中应当注意的现象。为防止这一异常现象的发生，应采取增加污泥回流量或及时排除剩余污泥，或降低混合液污泥浓度，缩短污泥龄期和降低溶解氧浓度等措施，使之不进行到硝化阶段。

4. 污泥腐化

在二沉池有可能由于污泥长期滞留而进行厌气发酵，生成气体（H_2S、CH_4 等），从而发生大块污泥上浮的现象。它与污泥脱氮上浮所不同的是，污泥腐败变黑，产生恶臭。此时也不是全部污泥上浮，大部分污泥都是正常地排出或回流，只有沉积死角长期滞留的污泥才腐化上浮。防止的措施有：安设不使污泥外溢的浮渣设备；消除沉淀池的死角；加大池底坡度或改进池底刮泥设备，不使污泥滞留于池底。

此外，如曝气池内曝气过度，使污泥搅拌过于激烈，生成大量小气泡附聚于絮凝体上，也容易产生这种现象。防止措施是将供气控制在搅拌所需的限度内，而脂肪和油则应在进入曝气池之前加以去除。

5. 泡沫问题

曝气池中产生泡沫的主要原因是，污水中含有大量合成洗涤剂或其他起泡物质。泡沫会给生产操作带来一定困难，如影响操作环境，带走大量污泥。当采用机械曝气时，还会影响叶轮的充氧能力。消除泡沫的措施有：分段注水以提高混合液浓度；进行喷水或投加除沫剂等。据国外一些城市污水厂的报道，消泡剂（如机油、煤油等）用量约为 0.5～1.5mg/L。过多的油类物质将污染水体，因此，为了节约油的用量和减少油类进入水体污染水质，应尽量少投加油类物质。表 4-2 为污泥性状异常分析及应对措施。

表 4-2　污泥性状异常分析及应对措施

异常现象症状	分析及诊断	解决对策
曝气池有臭味	曝气池供 O_2 不足，DO 值低，出水氨氮有时偏高	增加供氧，使曝气池出水 DO 高于 2mg/L
污泥发黑	曝气池 DO 过低，有机物厌氧分解析出 H_2S，其与 Fe 反应生成 FeS	增加供氧或加大污泥回流
污泥变白	丝状菌或固着型纤毛虫大量繁殖	如有污泥膨胀，参照污泥膨胀对策
	进水 pH 过低，曝气池 pH≤6，丝状菌大量生成	提高进水 pH
沉淀池有大块黑色污泥上浮	沉淀池局部积泥厌氧，产生 CH_4、CO_2，气泡附于泥粒使之上浮，出水氨氮往往较高	防止沉淀池有死角，排泥后在死角处用压缩空气冲或高压水清洗
二沉池泥面升高，初期出水特别清澈，流量大时污泥成层外溢	SV>90%，SVI>20mg/L，污泥中丝状菌占优势，污泥膨胀	投加液氯，提高 pH，用化学法杀死丝状菌；投加颗粒碳黏土消化污泥等活性污泥"重量剂"；提高 DO；间歇进水
二沉池泥面过高	丝状菌未过量生长，MLSS 值过高	增加排液
二沉池表面积累一层解絮污泥	微型动物死亡，污泥解絮，出水水质恶化，COD、BOD 上升，进水中有毒物浓度过高或 pH 异常	停止进水，排泥后投加营养物，或引进生活污水，使污泥复壮，或引进新污泥菌种
二沉池有细小污泥不断外漂	污泥缺乏营养，使之瘦小；进水中氨氮浓度高，C/N 比例不合适；池温超过 40℃；翼轮转速过高，使絮粒破碎	投加营养物或引进高浓度 BOD 水，使 F/M>0.1，停开一个曝气池
二沉池上清液混浊，出水水质差	污泥负荷过高，有机物氧化不完全	减少进水流量，减少排泥
曝气池表面出现浮渣，似厚粥覆盖于表面	浮渣中见诺卡氏菌或纤发菌过量生长，或进水中洗涤剂过量	清除浮渣，避免浮渣继续留在系统内循环，增加排泥
污泥未成熟，絮粒瘦小；出水混浊，水质差；游动性小型鞭毛虫多	水质成分浓度变化过大；废水中营养不平衡或不足；废水含毒物或 pH 不足	使废水成分、浓度和营养物均衡化，并适当补充所缺营养

续表

异常现象症状	分析及诊断	解决对策
污泥过滤困难	污泥解絮	按不同原因分别处置
污泥脱水后泥饼松	有机物腐败	及时处置污泥
	凝聚剂加量不足	增加剂量
曝气池中泡沫过多，色白	进水洗涤剂过量	增加喷淋水或消泡剂
曝气池泡沫不易破碎，发黏	进水负荷过高，有机物分解不全	降低负荷
曝气池泡沫呈茶色或灰色	污泥老化，泥龄过长，解絮污泥附于泡沫上	增加排泥
进水 pH 下降	厌氧处理负荷过高，有机酸积累	降低负荷
	好氧处理中负荷过低	增加负荷
出水色度上升	污泥解絮，进水色度高	改善污泥性状
出水 BOD、COD 升高	污泥中毒	污泥复壮
	进水过浓	提高 MLSS
	进水中无机还原物（如 $S_2O_3^-$、H_2S）过高	增加曝气强度
	COD 测定受 Cl^- 影响	排除干扰

第六节　生物脱氮除磷系统的调试管理

一、生物脱氮的原理

说到生物脱氮，就离不开缺氧的概念，一定要注意缺氧和厌氧的区别，其中缺氧是没有分子氧但是有硝酸根、亚硝酸根，而厌氧则是既没有分子氧也没有氮的氧化物，要求要比缺氧更加严格。

4-6 传统活性污泥法脱氮工艺　　4-7 合建式缺氧-好氧活性污泥法脱氮工艺

水体中的总氮等于硝酸盐氮、亚硝酸盐氮、有机氮、氨氮之和，其中有机氮加氨氮等于凯氏氮，硝酸盐氮加亚硝酸盐氮等于硝态氮，所以总氮等于凯氏氮加硝态氮。

生物脱氮的原理，大致可以用以下四步骤描述：

（1）有机氮在氨化细菌的作用下，发生氨化作用生成氨氮，注意氨化作用在厌氧环境、好氧环境下均能进行，且氨化作用能够产生碱度。

（2）水中氨氮在亚硝酸菌的亚硝化作用下，生成亚硝酸根，亚硝化过程消耗碱度，且在好氧条件下进行。

（3）亚硝酸菌在硝酸菌的作用下，发生硝化作用，继续生成硝酸根，这个过程也是在好氧条件下进行的，这个过程也消耗碱度，但是消耗量要比亚硝化过程少。

（4）生成的硝酸根在缺氧条件下，在反硝化细菌作用下，发生反硝化作用，生成氮气排入大气，这个过程能够大大增加碱度，可以适当弥补前面阶段消耗的碱度。

对于最常规的生物脱氮，就是以上四步骤，但是目前研究最多的还有短程反硝化脱氮，也就是进行到第二步，生成亚硝酸根时，就在缺氧条件下由反硝化细菌把亚硝酸根转变为氮气排除进入大气中，省略了第三步，从而提高了脱氮效率。

二、运行管理

1. pH 值影响

对于硝化而言，当 pH 值低于 6 或高于 9.6 时，其硝化反应将停止进行。硝化菌反应的最适 pH 值为 8.0~8.4，而反硝化菌的适宜 pH 值为 6.5~8.0。对于反硝化过程而言，当 pH 值低于 6.5 或高于 9.0 时，反硝化速率将很快下降，而当 pH 值为 7.5 左右时，反硝化将处于最佳状态。

2. 溶解氧（DO）

在硝化阶段，反应必须在好氧条件下进行，因此溶解氧应维持 2~3mg/L 为宜。当低于 0.5~0.7mg/L 时，氨氮转化为硝态和亚硝态氮的硝化反应将受到抑制。

3. 温度

硝化反应的最适宜温度范围为 30~35℃。当温度在 5~35℃ 之间由低至高逐渐过渡的，硝化反应的速率随温度的增高而加快；当温度低于 5℃ 时，硝化反应几乎停止。

4. 碳氮比（C/N）

在生物脱氮的反硝化过程中，碳氮比 C/N（或 BOD/N）是控制脱氮效果的一个重要因素。其比值愈低，反硝化过程除去的氮就愈少。一般认为，当废水中的 BOD 与 TKN 之比在 5~8 时，可以不必考虑外加碳源；低于此值应补充必要的外来碳源，通常补甲醇为外碳源（如采用传统的生物脱氮工艺）。反硝化所需碳源的供给也可利用原废水中的有机物，如 A/O 工艺。用 A/O 工艺处理城市污水时，由于污水中可快速降解的 BOD 较少，C/N 可高达 8 左右。

5. 污泥龄（SRT 或 θc）

根据理论分析可知，生物脱氮工艺中的污泥龄主要由亚硝化菌的世代期所控制。一般生物脱氮工艺的污泥龄在 2~4d，有的可高达 10~15d，甚至 30d。较长的污泥龄可增加生物硝化的能力，并可减轻有毒物质的抑制作用；但过长的污泥龄将降低污泥的活性而影响处理效果。

6. 容积负荷

容积负荷（N_V）是指单位曝气池容积在单位时间内所去除的污染物的量（以 BOD 表示），即：

$$N_V = \frac{QS_0}{V}$$

式中　N_V——容积负荷，$kg/(m^3 \cdot d)$；

Q——每天的污水流量，m^3/d；

S_0——曝气池进水的 BOD_5 浓度，mg/L；

V——曝气池容积，m^3。

7. 有毒有害物

一些重金属、氰化物、砷化物等有毒物质在一定浓度下对硝化作用有抑制作用，必须注意对这些有毒物质浓度的控制。有机物对硝化反应抑制作用的原因有两个：一是高的有机物浓度将使异养微生物的浓度大大超过硝化菌的浓度，异养微生物对氧的利用将影响硝化菌获取足够的溶解氧，从而影响硝化速率；二是某些有机物对硝化菌具有直接的毒害或抑制作用，会与硝化菌体内的酶系统中的蛋白质竞争 Cu 或直接嵌入酶结构而抑制酶的作用。为抑制非硝化菌的繁衍，系统中的 BOD 浓度应低于 20mg/L，且只有 BOD 负荷较低时[0.006 ~0.1kgBOD/(kgMLSS·d)]，硝化作用才明显有效。

8. 混合液回流比（R）

一般来说在 A/O、A^2/O 等具有前置反硝化形式的各种脱氮工艺中，混合液回流比越大，氮的去除率越高。由于氮的去除率除与混合液回流比的大小有关外，还与反硝化菌的反硝化速率、反硝化区的环境条件等因素有关，因而混合液的回流比不能取得过高，否则会造成缺氧池内溶解氧过高，对反硝化反应产生抑制作用，增加系统运转费用。

三、生物脱磷的原理

目前被研究人员普遍认同的生物除磷理论为：在厌氧或好氧条件下培养出的聚磷微生物，在经过厌氧段的释磷后，能够在好氧段超其生理需要的吸收磷，并将其以聚合磷的形式储存在体内，形成聚磷污泥，并最终通过污泥的排放达到从污水中除磷的目的。其除磷过程的具体表述为如下几个部分：厌氧释磷——在厌氧段，有机物通过微生物的发酵作用产生挥发性脂肪酸（VFAs），聚磷菌（PAO）通过分解体内的聚磷和糖原产生能量，将 VFAs 摄入细胞，转化为内贮物，如 PHB。PHB 是一种存在于许多细菌细胞质内，属于类脂性质的碳源类贮藏物，不溶于水，但溶于氯仿，可用尼罗蓝或苏丹黑染色，具有贮藏能量、碳源和降低细胞内渗透压等作用。其所需的能量来自聚磷酸盐的水解，并将磷以正磷酸盐的形式释放到污水中。好氧吸磷——在好氧段，以 PHB 形式贮存的碳源物质氧化，同时释放的能量被聚磷微生物利用，用于从污水中吸收过量的正磷酸盐，以合成新的细胞，形成富磷污泥。

四、运行管理

生物除磷的影响因素包括：温度、溶解氧、pH 值、厌氧区硝态氮、基质类型。

1. 温度

生物除磷微生物包括嗜冷、嗜热和中温异养微生物，所以温度对于生物除磷的影响不大。在一般水温条件下，生物除磷都可以正常运行。Kang 等人的研究表明，在 A/O 工艺中，当温度在 10℃以上时，生物的除磷效果不受温度影响。

2. 溶解氧

厌氧区要保持较低的溶解氧值以更利于厌氧菌的发酵产酸，进而使聚磷菌更好地释磷。另外，较少的溶解氧更有利于减少易降解有机质的消耗，进而使聚磷菌合成更多的 PHB。而在好氧区需要较多的溶解氧，以更利于聚磷菌分解储存的 PHB 类物质获得能量，来吸收污水中的溶解性磷酸盐合成细胞聚磷。

3. pH 值

pH 值为 6.5~8.0 时，聚磷微生物的含磷量和吸磷率保持稳定，当 pH 值低于 6.5 时，吸磷率急剧下降。当 pH 值突然降低，无论在好氧区还是厌氧区，磷的浓度都急剧上升，pH 值降低的幅度越大，释放量越大，这说明 pH 降低引起的磷释放不是聚磷菌本身对 pH 变化的生理生化反应，而是一种纯化学的"酸溶"效应，而且 pH 下降引起的厌氧释放量越大，则好氧吸磷能力越低，这说明 pH 下降引起的释放是破坏性的、无效的。pH 升高时则出现磷的轻微吸收。

4. 厌氧区硝态氮

厌氧区硝态氮存在消耗有机基质而抑制 PAO 对磷的释放，从而影响在好氧条件下聚磷菌对磷的吸收。另一方面，硝态氮的存在会被气单胞菌属利用作为电子受体进行反硝化，从而影响其以发酵中间产物作为电子受体进行发酵产酸，从而抑制 PAO 的释磷和摄磷能力及 PHB 的合成能力。

5. 基质类型

Gerber 等研究表明，当以乙酸、丙酸和甲酸等小分子有机酸作为释磷基质时，磷的释放速率较大，其释放速率与基质的浓度无关，仅与活性污泥的浓度和微生物的组成有关，该类基质导致的磷的释放可用零级反应方程式表示。而其他类有机物要被聚磷菌利用，必须转化成此类小分子有机酸。

练习题

1. 选择题

（1）不属于解决孔嘴堵塞的方法的是（　　　）。

A. 提高初次沉淀对油脂和悬浮物的去除率　　　B. 鼓入空气

C. 保证布水孔有足够的水力负荷　　　D. 定期对布水管道及孔嘴进行清洗

（2）不属于生物转盘挂膜操作方法的是（　　　）。

A. 进水具有合适的营养　　　B. 保证良好的温度、pH 值条件

C. 避免毒物的大量进入　　　D. 盘片转速要大

（3）导致生物膜过厚的原因是（　　　）。

A. 负荷过大　　　B. 水力冲刷过度　　　C. 缺氧　　　D. 营养不足

2. 填空题

（1）厌氧的调试过程分为_____、_____、_____、_____。

（2）水解影响因素包括_____、容积负荷、_____、上升流速。

（3）好氧生物处理中微生物所需的"食物"的最正确比例为：C∶N∶P 为_____。

3. 判断题

（1）BOD/COD 之值是衡量生化性重要指标，BOD/COD≥0.25 表示可生化性好，BOD/COD≤0.1 表示可生化性差。（　　　）

（2）pH 值突变不是造成生物严重脱落的原因。（　　　）

（3）根足虫的大量出现，往往是污泥中毒的表现。（　　　）

（4）过量的轮虫出现，则是污泥要膨胀的预兆。（　　　）

4. 简答题

（1）简述厌氧消化的机理。

（2）厌氧的影响因素有哪些？

（3）简述水解酸化调试中 COD 不降反升的原因。

（4）防止产生白色生物膜的措施有哪些？

第五章

各种污水处理工艺的调试管理

📚 本章学习目标

了解SBR工艺、CASS工艺及AA/O工艺的概念及特点。

掌握SBR工艺调试技术。

掌握CASS工艺调试技术。

掌握AA/O工艺调试技术。

掌握SBR、CASS、AA/O工艺运行管理要求。

📙 素质目标

养成科学素质，应用科学方法，树立科学思想，培育科学精神。

第一节　SBR 工艺的调试管理

一、 SBR 工艺简介

　　SBR 工艺是通过程序化控制充水、反应、沉淀、排水排泥和闲置 5 个阶段，实现对废水的生化处理。SBR 反应器可分为限制曝气、非限制曝气和半限制曝气 3 种。限制曝气是污水进入曝气池只作混合而不作曝气；非限制曝气是边进水、边曝气；半限制曝气是污水进入的中期开始曝气。在反应阶段，可以始终曝气，为了生物脱氮，也可以曝气后搅拌，或者曝气、搅拌交替进行；其剩余污泥可以在闲置阶段排放，也可在进水阶段或反应阶段后期排放。图 5-1 为 SBR 工艺运行周期。

5-1 SBR 工艺
的操作过程

二、 SBR 工艺调试准备工作

　　(1) 仪器设备：1600 倍显微镜 1 台；DO、pH 值、温度快速测定仪各 1 台；采样器 1 个；100mL 量筒 2 个；玻璃棒 2 支；500mL 烧杯 2 个；试管刷 1 个；10mL、2mL 移液管各 1 个；吸球 1 个；pH 广泛试纸 2 包；定时钟 1 个；弹簧秤 1 个。

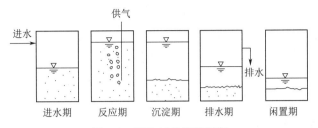

图 5-1 SBR 工艺运行周期

如现场监测 COD_{Mn} 需另加：250mL 锥形瓶 3 个；1000mL 棕色容量瓶 3 个；沸水浴装置 1 套；50mL 酸式滴定管 2 个；（1+3）硫酸 200mL；0.01mol/L $KMnO_4$ 标液 1000mL；0.01mol/L $Na_2C_2O_4$ 标液 1000mL。如有物化处理单元，仅需增加相应混、絮凝剂即可。

（2）人员配备：2 人。1 人晚上操作，1 人化验兼白天操作（指工艺调试人员）。

（3）处理单元试压、试漏，管道系统通水、通气。

（4）测定原水水质（COD_{Cr}、BOD_5、N、P、pH、SS、水温）水量，制定调试方案。

三、工艺调试

SBR 工艺调试是联动试车阶段的主要工作，工艺调试的重点任务在于 SBR 反应池活性污泥的培养与驯化。

1. SBR 池活性污泥的培养

SBR 工艺处理污水的关键在于有足够数量性能良好的活性污泥，因此活性污泥的培养是 SBR 法生产运行的第一步，驯化则是对混合微生物群体进行淘汰和诱导，使之成为具有处理污水能力的微生物体系。

所谓活性污泥的培养，就是为活性污泥微生物提供一定的生长增值物质、溶解氧、适宜的温度和酸碱度等。在此条件下，经过一段时间的培养，活性污泥形成并逐渐增多，最后达到处理污水所需的污泥浓度。

城市污水处理厂工艺调试中污泥培养与驯化同地域的气候密切相关，为了实现调试进度计划，可采用直接培养法、放大培养法或间歇培养法。

（1）直接培养法　直接培养法在生活污水处理厂应用较多。在温暖季节，先使曝气池充满生活污水，闷曝（即曝气而不进污水）数小时后，即可连续进水出水。进水量从小逐渐增大，污泥不外排，全部回流至曝气池。连续运行数天后可见活性污泥开始出现并逐渐增多。或者从同类污水处理厂提取的脱水污泥按比例投入反应池内，同法培养，直到 MLSS 和 SV 达到适宜数值为止。

由于生活污水营养适合，所以污泥很快就会增长至所需的程度。培养时期（尤其是初期），由于污泥浓度较低，要注意控制曝气量，防止曝气过量，造成污泥解体。

（2）放大培养法　对于附近无生化处理系统的地区，或者规模较大的工业废水处理系统，在污泥接种有困难的情况下，也可以采用级数扩大法培菌。

根据微生物生长繁殖快的特点，仿照发酵工业中的"菌种→种子罐→发酵罐"级数扩大培养的工艺，因地制宜，寻找合适的容器，分级扩大培菌。例如，一座反应池中，投加高浓度粪便以增加污水的浓度和营养，随后以污水都充满廊道并按上述方法培菌，然后再加以扩大，最后将污泥扩大至整个曝气池。

（3）间歇培养法　本法适用于生活污水所占比例较小的城市污水厂。将污水引入曝气池，水量约为曝气池容积的 1/4～1/3，曝气一段时间（约 4～6h）再静置 1～1.5h。排放上清液，排放量占总水量的 50% 左右。此后再注入污水，污水量缓缓增加，重复上述操作，每天 1～3 次，直到混合液中污泥量达到 15%～20% 时为止。为缩短培养时间，也可用同类污水处理厂的剩余污泥进行接种。

本设计中拟采用间歇曝气培养法，活性污泥接种量按 0.5～1.0g/L 进行投配。当 SBR 池水位达到设计水位时，开启离心机鼓风机进行充分曝气，推动 SBR 池内混合液流动混合，将接种污泥按照生化池 MLSS 浓度为 2～3g/L 的量投加 SBR 池内。在不对 SBR 池进水的条件下，闷曝气 24～48h 后，观察池内活性污泥颜色、生物相和 COD_{Cr} 等指标的变化情况，确定可否向反应池内连续进水及进水量的大小，直到 MLSS 和 SV 达到适宜数值为止。

2. SBR 池活性污泥的驯化

对 SBR 池的活性污泥，除培养外还应加以驯化，使其适应所处理的污水。驯化方法分为异步驯化法和同步驯化法两种。

异步驯化法是先培养后驯化，即先用生活污水或粪便稀释水将活性污泥培养成熟，此后再逐渐增加工业废水在培养液中的比例，以逐渐驯化污泥。

同步驯化法是在开始用生活污水培养活性污泥时，就投加少量的工业废水，以后则逐步提高工业废水在混合液的比例，逐步使活性污泥适应工业废水的特性。

SBR 池活性污泥量达到要求后，应逐渐向池中进水，使活性污泥以推流方式依次进入生物选择器——反应区，进一步将活性污泥驯化以适应脱磷除氮的要求。当 SBR 池系统出水各项指标均达到设计要求，并稳定运行 2～3d 后，SBR 池工艺调试合格。

3. SBR 处理系统的生理生化功能

SBR 池是本工艺的主要反应区，有机物在该反应池降解去除，消化和除磷均在此进行，最终的泥水分离和出水也在这里完成。运行是周期性的循环操作，可分为进水、曝气、沉淀、滗水、闲置五个阶段，各阶段的生理生化功能如下：

① 曝气阶段：由曝气系统向反应池内供氧，此时有机污染物被微生物氧化分解，同时污水中的 $NH_4—N$ 通过微生物的硝化作用转化为 $NH_3—N$。

② 沉淀阶段：此时停止曝气，微生物利用水中剩余的 DO 进行氧化分解。反应池逐渐由好氧状态向缺氧状态转化，开始进行反硝化反应。活性污泥逐渐沉到池底，上层水变清。

③ 滗水阶段：沉淀结束后，置于反应池末端的滗水器开始工作，自上而下逐渐排出上清液。此时，反应池逐渐过渡到厌氧状态继续反硝化。

④ 闲置阶段：根据进水水质、水量情况而定，可以取消。

4. SBR 处理系统的运行参数控制

在调试和试运行过程中，根据化验数据和对微生物的观察以及出现的各种异常情况等，对运行参数采取相应的操作，使各项参数控制在合适的范围内。

① 控制被处理的原污水的水质、水量，使其能够适应活性污泥处理系统的要求。

在实际调试过程中，原污水的水质是不易控制的，通常做法是控制水量。要保持调试阶段系统的相对稳定，尽量使其承受的污染物负荷保持均匀的增长，即：

$$水质(kg/m^3，以 COD_{Cr} 计) \times 水量(m^3/d) = 污染物总量(kg/d，以 COD_{Cr} 计)$$

在调试过程中，根据调试阶段的进度和需要，使系统的污泥负荷保持相对稳定，防止冲击负荷。因为冲击负荷常常会导致微生物的大量死亡，或者引起微生物相的改变，而系统恢复要好几天的时间。

② 保持系统中微生物量相对稳定。这是 SBR 池处理系统调试过程的关键所在。因为调试的过程，也是寻找系统最佳的运行参数（如污泥浓度）的过程。对正常运行的系统而言，原污水的水质、水量是不可控制的，也就是说不论原污水的水质、水量如何，系统都必须把全部来水收集处理合格。所以要保持一个合适的污泥浓度值，使其在误差范围内变动也不会影响系统的运行稳定和处理效果。

要保持运行阶段系统的相对稳定，就要尽量使系统中的污泥量相对稳定，即：

污泥浓度（kg/m³，以 MLSS 计）×曝气池体积（m³）＝曝气池内的污泥总量（kg/d，以 MLSS 计）

保持系统中的污泥量稳定，是通过确定每天排放的剩余污泥量来实现的。剩余污泥量指数包括污泥负荷、污泥指数、污泥回流量、污泥回流浓度和污泥龄等。

③ 在混合液中保持能够满足微生物需要的溶解氧浓度。对于 SBR 工艺而言，反应池内的 DO 值是不固定的。在反应初期，由于曝气刚刚开始以及反应池内进入大量的有机物，此时 DO 值较低，随着反应的进行，池内 DO 值逐渐呈升高的趋势，因此对于反应后期只要保持池内的溶解氧在 2mg/L 左右即可。对于本设计，需要在调试期内总结出反应池 DO 的变化规律，用来调整单级高速离心鼓风机的运转，使其真正发挥节能降耗的作用。

④ 在反应池内，活性污泥、有机污染物、溶解氧三者能够充分接触，以强化传质过程。

5. 活性污泥处理系统的异常情况及对策

活性污泥处理系统在运行过程中，有时候会出现种种异常情况，使处理效果降低，污泥流失。尤其在调试过程中，由于水质、水量经常变化，出现的异常情况相对更多，如果不能及时判断原因，采取相应措施，就会前功尽弃，导致调试工作的失败。对于异常情况，需要及时做出准确的判断，并选择最简单经济的措施，防止事态扩大。

四、日常管理注意事项

① 保证较稳定的进水量和水质，水质的稳定是处理的关键，应保证 BOD∶N∶P＝100∶5∶1；

② 确定合适的排水比；

③ 确定每日合理的排泥量，排泥应少排多次；

④ 确定合适的 SV 值，其中 SV30 为 15％～40％；

⑤ 确定合适的 MLSS 值，参考范围为 1500～3500mg/L；

⑥ 确定合适的 MLVSS/MLSS；

⑦ 保持较充足的 DO 值，参考范围为 2～3mg/L；

⑧ 依据设计和实际情况确定合适的 F/M 值；

⑨ 观察生物相，并以此为参考，分析参数的调整情况。

此外在实际运行中为了能保证上述参数值的稳定，要加强巡视，对主要设备，如进水提升泵、回流泵、剩余泵、滗水器、脱泥机等，要经常检查，保证其在良好运行状态；要充分利用在线检测仪表的作用，达到实时监控，及时掌握现场数据和资料。

第二节 CASS 工艺的调试管理

一、 CASS 工艺简介

CASS（Cyclic Activated Sludge System）是周期循环活性污泥法的简称，又称为循环活性污泥工艺。该工艺最早在国外应用，为了更好地将其引进，开发出适合我国国情的新型污水处理新工艺，有关科研机构在实验室进行了整套系统的模拟试验，分别探讨了 CASS 工艺处理常温生活污水、低温生活污水、制药和化工等工业废水的机理和特点以及水处理过程中脱氮除磷的效果，获得了宝贵的设计参数和对工艺运行的指导性经验。将研究成果成功地应用于处理生活污水及不同种工业废水的工程实践中，取得了良好的经济、社会和环境效益，并将开发的 CASS 工艺与 ICEAS 工艺相比，负荷可提高 1～2 倍，节省占地和工程投资近 30%。

二、 CASS 工艺调试

CASS 工艺调试是联动试车阶段的主要工作，工艺调试的重点任务在于 CASS 反应池活性污泥的培养与驯化。

1. CASS 池活性污泥的培养

CASS 工艺处理污水的关键在于有足够数量性能良好的活性污泥，因此活性污泥的培养是 CASS 法生产运行的第一步，驯化则是对混合微生物群体进行淘汰和诱导，使之成为具有处理污水能力的微生物体系。

所谓活性污泥的培养，就是为活性污泥微生物提供一定的生长增殖条件，包括营养物质、溶解氧、适宜的温度和酸碱度等。在此条件下，经过一段时间的培养，活性污泥形成并逐渐增多，最后达到处理污水所需的污泥浓度。城市污水处理厂工艺调试中污泥培养与驯化同地域的气候密切相关，为了实现调试进度计划，可采用直接培养法、放大培养法或间歇培养法。

（1）直接培养法 直接培养法在生活污水处理厂应用较多。在温暖季节，先使曝气池充满生活污水，闷曝（即曝气而不进污水）数小时后，即可连续进水出水。进水量逐渐增大，污泥不外排，全部回流至曝气池。连续运行数天后可见活性污泥开始出现并逐渐增多。或者从同类污水处理厂提取的脱水污泥按一定比例投入反应池内，同法培养，直到 MLSS 和 SV 达到适宜数值为止。由于生活污水营养适合，所以污泥很快就会增长至所需的浓度。培菌时（尤其是初期），由于污泥浓度较低，要注意控制曝气量，防止曝气过量，造成污泥解体。

（2）放大培养法 对于附近无生化处理系统的地区，或者规模较大的工业废水处理系统，在污泥接种有困难的情况下，也可以采用级数扩大法培菌。根据微生物生长繁殖快的特点，仿照"发酵工业中的菌种→种子罐→发酵罐级数扩大"培养的工艺，因地制宜，寻找合适的容器，分级扩大培菌。例如，一座反应池中，投加高浓度粪便以增加污水的浓度和营养，随后以污水充满廊道并按上述方法培菌，然后加以扩大，最后将污泥扩大至整个曝气池。

（3）间歇培养法 本法适用于生活污水所占比例较小的城市污水厂，将污水引入曝气池，水量约为曝气池容积的 $1/4\sim1/3$，曝气一段时间（约 $4\sim6h$），再静置 $1\sim1.5h$。排放上清液，排放量占总水量的 50% 左右。此后再注入污水，污水量缓慢增加，重复上述操作，每天 $1\sim3$ 次，直到混合液中的污泥量达到 $15\%\sim20\%$ 时为止。为缩短培养时间，也可用同类污水处理厂的剩余污泥进行接种。本方案拟采用间歇培养法，活性污泥接种量按 $0.5\sim1.0g/L$ 进行投配。当 CASS 池水位达到设计水位时，开启罗茨鼓风机进行充分曝气，推动 CASS 池内混合液流动混合，将接种污泥按照生化池 MLSS 浓度为 $2\sim3g/L$ 的量投加到 CASS 池内。在不对 CASS 池进水的条件下，闷曝气 $24\sim48h$ 后，观察池内活性污泥颜色、生物相和 COD_{Cr} 等指标的变化情况，确定可否向反应池内连续进水及进水量的大小，直到 MLSS 和 SV 达到适宜数值为止。

2. CASS 池活性污泥的驯化

对 CASS 池的活性污泥，除培养外还应加以驯化，使其适应所处理的污水。驯化方法可分为异步驯化法和同步驯化法两种。

异步驯化法是先培养后驯化，即先用生活污水或粪便稀释水将活性污泥培养成熟，此后再逐步增加工业废水在培养液中的比例，以逐步驯化污泥。

同步驯化法是在开始用生活污水培养活性污泥时，就投加少量的工业废水，以后则逐步提高工业废水在混合液中的比例，逐步使活性污泥适应工业废水的特性。

CASS 池活性污泥量达到要求后，应逐步向池中进水，使活性污泥以推流方式依次进入生物选择器——反应区，进一步将活性污泥驯化以适应脱磷除氮的要求。当 CASS 池系统出水各项指标均达到设计要求，并稳定运行 $2\sim3d$ 后，CASS 池工艺调试合格。

3. CASS 池处理系统的生理生化功能调试

CASS 池是本工艺的主要反应区，有机物在该反应池降解除去，硝化和除磷均在此进行，最终的泥水分离和出水也在这里完成。运行是周期性的循环操作，可分为进水、曝气、沉淀、滗水、闲置五个阶段，各阶段的生理生化功能如下：

曝气阶段：由曝气系统向反应池内供氧，此时有机污染物被微生物氧化分解，同时污水中的 NH_3-N 通过微生物的硝化作用转化为 NO_3-N。

沉淀阶段：此时停止曝气，微生物利用水中剩余的 DO 进行氧化分解。反应池逐渐由好氧状态向缺氧状态转化，开始进行反硝化反应。活性污泥逐渐沉到池底，上层水变清。

滗水阶段：沉淀结束后，置于反应池末段的滗水器开始工作，自下而上逐渐排出上清液。此时，反应池逐渐过渡到厌氧状态继续反硝化。

闲置阶段：根据进水水质、水量情况而定，可以取消。

4. CASS 池处理系统的运行参数调试

在调试和试运行过程中，根据化验数据和对微生物的观察、出现的各种异常情况等，对运行参数采取相应的操作，使各项参数控制在合适的范围内。

（1）控制被处理的原污水的水质、水量，使其能够适应活性污泥处理系统的要求。在实际调试过程中，原污水的水质是不易控制的，通常做法是控制水量。要保持调试阶段系统的相对稳定，尽量使其承受的污染物负荷保持均匀地增长，即：水质（kg/m^3，以 COD_{Cr} 计）×水量（m^3/d）=污染物总量（kg/d，以 COD_{Cr} 计）。在调试过程中，根据调试阶段的进度和需要，使系统的污泥负荷保持相对稳定，防止冲击负荷。因为冲击负荷常常会导致微生物的大量死亡，或者引起微生物相的改变，而系统恢复需要好几天的时间。

（2）保持系统中微生物量相对稳定。这是CASS池处理系统调试过程的关键所在。因为调试的过程，也是寻找系统最佳的运行参数（如污泥浓度）的过程。对正常运行的系统而言，原污水的水质、水量是不可控制的，也就是说不论原污水的水质、水量如何，系统都必须把全部来水收集处理合格。所以要保持一个合适的污泥浓度值，使其在误差范围内变动也不会影响系统的运行稳定和处理效果。

要保持运行阶段系统的相对稳定，就要尽量使系统中的污泥量相对稳定，即：污泥浓度（kg/m^3，以MLSS计）×曝气池体积（m^3）＝曝气池内污泥总量（kg，以MLSS计）。保持系统中的污泥量稳定，是通过确定每天排放的剩余污泥量来实现的。剩余污泥量指数包括污泥负荷、污泥指数、污泥回流量、污泥回流浓度和污泥龄等。

（3）在混合液中保持能够满足微生物需要的溶解氧浓度。对于CASS工艺而言，反应池内的DO值是不固定的，在反应初期，由于曝气刚刚开始以及反应池内进入大量的有机物，此时的DO值较低，随着反应的进行，池内DO值逐渐呈升高的趋势，因此对于反应后期只要保持池内的溶解氧在2mg/L左右即可。对于本设计，需要在调试期内总结出反应池DO的变化规律，用来调整单级高速离心鼓风机的运转，使其真正发挥节能降耗的作用。

（4）在反应池内，活性污泥、有机污染物、溶解氧三者能够充分接触，以强化传质过程。

5. CASS池活性污泥处理系统的异常情况对策

活性污泥处理系统在运行过程中，有时候会出现种种异常情况，使处理效果降低，污泥流失。尤其在调试过程中，由于水质水量经常变化，出现的异常情况相对更多，如果不能及时判断原因，采取相应措施，就会前功尽弃，导致调试工作的失败。

三、 CASS工艺运行管理注意事项

污水厂调试运行是在满负荷进水条件下，优化、摸索运行参数，取得最佳的去除效果，同时对工程整体质量进一步全面考核，为今后长期稳定运行奠定基础。此阶段大致包括以下几方面工作：滗水器控制参数的确定，CASS池运行周期及曝气、沉淀、排水、闲置时间的分配，污泥脱水过程中混凝剂的投加等。

1. 滗水器控制参数的确定

CASS工艺的特点是程序工作制，可依据进、出水水质变化来调整工作程序，保证出水效果。滗水器是CASS工艺中的关键设备，污水厂采用的滗水器为丝杠套筒式，通过电机的运动，带动丝杠上下移动，从而带动连接于丝杠末端的浮动式滗水堰，完成滗水过程。

每次滗水阶段开始时，滗水器以事先设定的速度首先由原始位置降到水面，然后随水面缓慢下降，下降过程为：下降10s，静止滗水30s，再下降10s，再静止滗水30s……如此循环运行直至设计排水最低水位，通过滗水器的堰式装置迅速、稳定、均匀地将处理后的上清液排至排水井，滗水器下降速度与水位变化相当，排出的始终是最上层的上清液，不会扰动已沉淀的污泥层。滗水器上升过程是由低水位连续升至最高位置，即原始位置，上升时间通过调试摸索确定。滗水器在运行过程中设有限位开关，保证滗水器在安全行程内工作。调试工作主要是根据进出水水质及水量来探索滗水器的排水时间、滗水器最佳下降速度及排水结

束后滗水器的上升时间。

2. CASS 池运行周期的确定

原设计的 CASS 池运行周期是 4h，其中曝气 2h、沉淀 1h、排水 1h。调试过程中发现原水浓度比设计原水浓度低，有必要根据实际废水水质情况来确定运行周期，根据进出水水质指标适当调整周期中各阶段时间的分配，如适当减少曝气时间、延长沉淀时间等，这样在保证出水水质的情况下节省了能耗。

第三节 AA/O 工艺的调试管理

一、 AA/O 工艺简介

AA/O 工艺是 Anaerobic-Anoxic-Oxic 的英文缩写，它是厌氧-缺氧-好氧生物脱氮除磷工艺的简称，也可写为 A^2/O 工艺。AA/O 工艺于 20 世纪 70 年代由美国专家在厌氧-好氧磷工艺（A/O）的基础上开发出来的，该工艺同时具有脱氮除磷的功能，其工艺流程图见图 5-2。

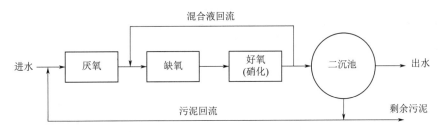

图 5-2 AA/O 工艺流程图

该工艺在好氧磷工艺（A/O）中加一缺氧池，将好氧池流出的一部分混合液回流至缺氧池前端，该工艺同时具有脱氮除磷的目的。

1. 工艺原理

（1）首段厌氧池，流入原污水及同步进入的从二沉池回流的含磷污泥，其主要功能为释放磷，使污水中 P 的浓度升高，溶解性有机物被微生物细胞吸收而使污水中的 BOD_5 浓度下降；另外，$NH_3—N$ 因细胞的合成而被去除一部分，使污水中的 $NH_3—N$ 浓度下降，但 $NO_3—N$ 含量没有变化。

（2）在缺氧池中，反硝化菌利用污水中的有机物作碳源，将回流混合液中带入大量 $NO_3—N$ 和 $NO_2—N$ 还原为 N_2 释放至空气，因此 BOD_5 浓度下降，$NO_3—N$ 浓度大幅度下降，而磷的变化很小。

（3）在好氧池中，有机物被微生物生化降解，而继续下降；有机氮被氨化继而被硝化，使 $NH_3—N$ 浓度显著下降，但随着硝化过程进行，$NO_3—N$ 的浓度增加，P 随着聚磷菌的过量摄取，也以较快的速度下降。

AA/O 工艺可以同时完成有机物的去除、硝化脱氮、磷的过量摄取而被去除等功能，脱氮的前提是 $NO_3—N$ 应完全硝化，好氧池能完成这一功能，缺氧池则完成脱氮功能。厌氧池和好氧池联合完成除磷功能。

2. 工艺特点

（1）厌氧、缺氧、好氧三种不同的环境条件和不同种类微生物菌群的有机配合，能同时具有去除有机物、脱氮除磷的功能。

（2）在同时脱氮除磷去除有机物的工艺中，该工艺流程最为简单，总的水力停留时间也少于同类其他工艺。

（3）在厌氧—缺氧—好氧交替运行下，丝状菌不会大量繁殖，一般不会发生污泥膨胀。

（4）污泥中磷含量高，一般为 2.5% 以上。

二、 AA/O 工艺调试

由于调试阶段进水量较少，进水变化幅度较大，为确保污泥培养效果，缩短调试周期，一般采用外接碳源方式接种培养活性污泥。外接菌种首选进水质相近、运行较好的同类型工艺污水厂重力浓缩后污泥或脱水污泥。

1. 活性污泥培养与驯化

在污泥接种期间，每天间歇进水四次，为污泥增生殖提供营养物质，同时减少排泥甚至不排泥。污泥培养与驯化具体周期安排见表 5-1。

表 5-1　污泥培养与驯化表

周期节点	运行方式	运行内容	运行数据
接种闷曝阶段 2d	在生物池好氧段多点投加外接污泥	投加接种污泥	一次性投加脱水干泥约 45t，含水率 80%
	控制气量，不可过大	闷曝	DO 3mg/L 左右
间歇进水阶段 5d 左右	间歇性换水闷曝	进水、闷曝、沉淀	每天 2 次，每次沉静 1h，换水 5h，闷曝 6h
		作报表记录	每天 2 次作 SV30 的观察，DO 测定和镜检
连续进水培养阶段（硝化菌的培养和驯化） 60d 左右	生物池、二沉池，污泥内、外回流系统连续运行，适当调节回流比，根据污泥浓度和增值速率适当排泥	连续进、出水和回流污泥	水量和空气量均匀分配调整，适当排泥
		进水曝气，对污泥进行驯化	厌氧段 DO 小于 0.1mg/L，缺氧段小于 0.5mg/L，好氧段末端小于 2mg/L
		作报表记录	作 SV30 的观察，DO 测定，MLSS 和镜检
稳定运行阶段 30d 左右	曝气池和二沉池，污泥回流系统连续运行	连续进、出水和回流污泥	空气量视 DO 值作适时调整
	按设计水量运行	进水曝气	按设计处理能力运行
	可以根据 MLSS 和 SV30 值综合考虑进行适量的排泥	作报表记录	增加分析项目和镜检
		控制回流污泥和内回流	转入常规分析项目

注：以上运行方式均按设计参数确定，在实际操作中，生物池的污泥浓度可根据沉降比实时跟踪监测，不能出现大幅度的波动。

2. 接种及间歇进水闷曝阶段

某池容为 2002m³ 的生化系统，一次性投加外接干泥 45t（含水率 80%）于生物池好养段，充满污水后（为提高初期营养物浓度，可投加一些浓质粪便或米泔水等）闷曝（即曝气而不进污水）数小时，潜水搅拌机运行保持连续性，确保污泥处于悬浮状态，闷曝数小时之后停止曝气并沉淀换水，每天重复操作，该阶段周期时间初定为 7d 左右。由于污泥尚未大量形成，产生的污泥也处于离散状态，因而曝气量一定不能太大，控制在设计正常曝气量的 1/2，否则污泥絮体不易形成。此时污泥结构虽然松散，但若菌胶团开始形成，镜检开始出现较多游离细菌，例如鞭毛虫和变形虫，则认为初期培养效果较好。其间作 SV30 量筒沉淀物的观察和 DO 测定，作报表记录。

时间：七天左右。运行方式：接种、进水、闷曝、间歇进水、沉淀、换水。

【注意】当预处理区域设立的 24h 水质监视记录数据发现进水水质突然变化（酸水侵袭造成 pH 值偏低、进水水质浓度、毒性及色度等）对活性污泥培养有很大的冲击，此时应该考虑启动应急预案，对污水实施旁通排放，减小对活性污泥的冲击。

3. 连续进水培养与驯化阶段

进入连续进水培养阶段后，活性污泥工艺的正常运行模式已初步呈现，此时应根据正常运行工艺参数调整处理流程，水量和空气量的平衡依据 DO 值的变化作适时调整，开启外回流泵，控制在 100%。监测污泥及水质各项指标，包括污泥浓度、污泥指数、沉降性能、BOD、COD，通过显微镜观察污泥活性。至 MLSS 超过 3000mg/L 时，当 SV30 达到 30% 以上时，活性污泥培养即告成功，此时镜检污泥中原生生物应以鞭毛虫和游动性纤毛虫为主。

培养达到设计浓度后，开始进入对硝化菌的驯化阶段。硝化菌种的培养和驯化实质上是通过控制微生物的生长环境，配合目标菌种的生长周期对生物群落的发展进行外部干预，使得硝化菌成为活性污泥生物群落中的优势种群。一般来讲，硝化菌种的培养周期为其泥龄的 3 倍左右。

时间：共 60 天左右。运行方式：生物池和二沉池，污泥回流系统连续运行。

【注意】按照气水比值来确定投用风机的组合数量，但是就单台的风量的调节可以参照风机的压力和流量调节来实现。

4. 稳定运行阶段

此时全面确定各项工艺参数，以工艺参数作为实际运行指导，根据实际进水水量和水质情况来确定合适的工艺控制参数，以保证运行的正常进行和使出水水质达标的同时尽可能降低能耗，并通过驯化实现使硝化菌与聚磷菌共存的生态系统达到平衡，确保出水水质。

时间：30 天左右。运行方式：生物池和二沉池，污泥回流系统连续运行。

【注意】风量可根据反馈的 DO 值由风机按程序自动控制，在活性污泥形成后，可以按照相应的要求逐步运行 A/O 池的除磷脱氮功能。

三、 AA/O 运行管理注意事项

在运行管理中，经常要进行运行调度，对一定水质、水量的污水，确定各项工艺控制参数，其中比较重要的有鼓风机开启数及空气量的控制，回流比、污泥浓度和排污量的控制。

1. 确定水量和水质

即准确测定污水流量、入流污水的 BOD_5 及有机污染物的大体组成。

2. 确定 BOD 负荷 F/M

应结合本厂的运行实践，借助一些实验手段，选择最佳的 F/M 值。一般来说，污水温度较高时，F/M 可高一些；温度较低时，F/M 应低一些。对出水水质要求较高时，F/M 应低一些，反之，可高一些。如某污水处理系统一期工程设计 F/M 不大于 $0.10kgBOD_5/$ $(kgMLSS \cdot d)$。为有利于磷在厌氧段的释放，控制厌氧段 $F/M > 0.1kgBOD_5/(kgMLSS \cdot d)$，而在好氧段为提高出水水质，尽可能多地降解水中的 BOD_5，控制好氧段 $F/M < 0.18kgBOD_5/$ $(kgMLSS \cdot d)$。

3. 确定混合液污泥浓度 MLSS

MLSS 值取决于曝气系统的供氧能力，以及二沉淀池的泥水分离能力。从降解污染物质的角度来看，MLSS 应尽量高一些，但当 MLSS 太高时，要求混合液的 DO 值也就越高。在同样的供氧能力时，维持较高的 DO 值需要较多的空气量。另外，当 MLSS 太高时，要求二沉淀池有较强的泥水分离能力。因此，应根据处理厂的实际情况，确定一个最大的 MLSS 值，一般在 $3000 \sim 4000mg/L$ 之间。

4. 控制溶解氧

厌氧段 $DO \leqslant 0.2mg/L$、缺氧段 $DO \leqslant 0.5mg/L$、好氧段 $DO = 2.0mg/L$，每天根据在线仪表，使用便携式 DO 测定仪或实验室取样获取生物池各处理段的 DO 数据，结合进水水质、污泥浓度、污泥龄、微生物镜检和天气等因素综合分析后调节鼓风机供气量。

5. 核算曝气时间 t_a

曝气时间，即污水在曝气池内的名义停留时间，不能太短，否则难以保证处理效果。对于一定水质水量的污水，当控制 F/M 在某一定值时，采用较高的 MLVSS 运行，往往会出现 t_a 太短的现象。如 t_a 太短，即污水没有充足的曝气时间，污水中的污染物质没有充足的时间被活性污泥吸附降解。即使 F/M 很低，MLVSS 很高，也不会得到很好的处理效果。因此，运算中应核算 t_a 值，使其大于允许的最小值。当 t_a 太小时，可以降低 MLVSS 值，增加投运池数。

6. 确定鼓风机投运台数

风机输出风量作为主控信号，DO 值及 NH_3—N 浓度为辅助信号，控制鼓风机开启台数与变频，具体风量可根据天气、水量、池中溶解氧来确定，一般情况下也可根据微生物镜检和 MLSS 及 30min 沉降比来确定。

7. 确定二沉池的水力表面负荷 q_h

q_h 越小，泥水分离效果越好，一般控制 q_h 不大于 $1.5m^3/(m^2 \cdot h)$。

8. 确定回流比 R

回流比 R 是运行过程中的一个调节参数，R 应在运行过程中根据需要加以调节，但 R 的最大值受二沉池泥水分离能力的限制。另外，R 太大，会增大二沉池的底流流速，干扰沉降。在运行调度中，应确定一个最大回流比 R，以此作为调度的基础。城镇污水厂设计污泥回流比为 100%，混合液回流比为 $100\% \sim 200\%$。

9. 核算二沉池的固体表面负荷 q_s

在运行中，当固体表面负荷超过最大允许值时，将会使二沉池泥水分离困难，也难以得到较好的浓缩效果。

10. 计算污泥指数 SVI

SVI 值能较好地反映出活性污泥的松散程度和凝聚沉降性能。SVI 值过小，活性污泥泥粒细小，无机物含量高，缺乏活性；SVI 值过大，污泥沉降性能不好，容易发生污泥膨胀。SVI 值一般控制在 $70 \sim 150$ 为宜。

11. 积累运行数据

某镇污水处理系统一期工程的上述工艺参数，有大部分已经在设计文件中列出，如流量、污泥浓度、污泥回流比等。从实际运行情况看，几乎所有建成后污水厂的进水都和设计的进水情况有所出入，个别的水质数据相差极大。因此，城镇污水处理系统一期工程的上述工艺参数应该在工艺试运行阶段，包括在正常运行中去逐步地积累和完善。

练习题

1. 选择题

（1）对于 SBR 工艺而言，反应池后期溶解氧保持在（　　）左右。

A. 1mg/L　　　　　　　B. 2mg/L　　　　　　　C. 3mg/L

（2）AA/O 工艺是（　　）-（　　）-好氧生物脱氮除磷工艺的简称。

A. 厌氧、缺氧　　　　　B. 缺氧、好氧　　　　　C. 厌氧、好氧

（3）确定 BOD 负荷 F/M，一般来说，污水温度较高时，F/M（　　）。

A. 高一些　　　　　　　B. 低一些　　　　　　　C. 不变

（4）城市污水处理厂中 SVI 值一般控制在（　　）为宜。

A. 50～100　　　　　　B. 70～150　　　　　　C. 100～180

2. 填空题

（1）SBR 工艺运行周期分为充水、_____、沉淀、排水排泥和_____ 5 个阶段。

（2）活性污泥的培养，就是为活性污泥微生物提供一定的生长增值物质、_____、适宜的_____和酸碱度等，在此条件下，经过一段时间的培养，活性污泥形成并逐渐增多，最后达到处理污水所需的污泥浓度。

（3）城市污水处理厂工艺调试中，污泥培养与驯化同地域的气候密切相关，为了实现调试进度计划，可采用_____培养法、_____培养法或间歇培养法。

3. 判断题

（1）回流比 R 是运行过程中的一个调节参数，城镇污水厂设计污泥回流比为 100%。

（　　）

（2）在 AA/O 工艺中，脱氮反应最终通过反硝化菌利用污水中的有机物作碳源，将回流混合液中带入大量 $NO_3—N$ 和 $NO_2—N$ 还原为 N_2 释放至空气中。（　　）

（3）传统 AA/O 工艺中，各工艺段溶解氧含量应控制在：厌氧段 DO≤0.2mg/L、缺氧段 DO≤0.5mg/L、好氧段 DO=2.0mg/L。（　　）

4. 简答题

（1）简述 SBR 工艺运行过程及运行管理注意事项。

（2）简述 CASS 工艺运行过程和特点。

（3）简述 AA/O 工艺调试及运行要点。

第六章 污水处理厂调试案例

本章学习目标

了解印染、造纸、焦化、制衣及垃圾填埋渗滤液等行业所排污水的来源及水质情况。

了解印染、造纸、焦化、制衣及垃圾填埋渗滤液等行业污水处理工艺。

掌握印染、造纸、焦化、制衣及垃圾填埋渗滤液等行业污水调试技术。

掌握物化预处理调试方法。

掌握SBR、CASS、AA/O工艺运行管理要求。

素质目标

培养刻苦钻研、任劳任怨的学习精神。

提升生态环境意识和处理污染废水的能力。

第一节 印染废水的调试

一、工程概况

1. 工程简介

某公司主要从事化纤纺织生产，排放废水 $1000m^3/d$，其中超过 95% 的废水是印染废水，废水的主要污染成分有：活性染料、分散性染料、碱性染料、浆料、助剂等。该公司建设一套处理加工能力为 $1000m^3/d$ 的印染废水处理工程，采用"混凝沉淀＋水解酸化＋接触氧化"的处理工艺。

2. 工艺流程

通过对原水水质进行测定结果表明，BOD_5/COD 约为 0.27，其生化性还可以。只是采取长期停留时间好氧处理，COD 可以达到标准，但不稳定，去除率一般在 76% 左右。如果使用厌氧处理与好氧处理相结合的方式，可改善提高 COD 和色度的去除率，出水水质可以达到要求。采用"物化(铁屑塔＋混凝沉淀)＋生化(水解酸化＋ 接触氧化)"组合处理工艺，废水经过格栅来到综合调整池，进行水质、水量调节，就能去除部分硫化染料。经过调整的废水进入混凝沉淀处理系统，主要去除废水中的悬浮物质和一些有机污染物。废水经物化处理和进入生化处理系统处理。生化厌氧工段增加多孔陶瓷固定化酶组合填料，采用高效工程菌酶提高生物降解的大分子的能力，提高脱硫效果等作用，然后进入生物好氧阶段进行处理。

二、工程调试

废水处理工程调试和试运行是污水处理工程建设的重要阶段，是指在满负荷进水条件下，摸索、优化操作参数，获得最佳的去除效果，同时对工程整体质量进一步全面评价，为今后的长期稳定运行打下良好的基础。

1. 物化处理阶段工程调试

调试工作中的物理化学处理部分主要包括调节进水 pH 值、调节混凝沉淀池进水流量、混凝剂聚合氯化铝（PAC）及助凝剂阴离子聚丙烯酰胺（PAM）投加量，考察运行效果。通过现场试验和调试，可以得到：进水 pH 为 7～9，COD 为 1000～1300mg/L，流量为 20m^3/h，PAC 投加量为 500mg/L，PAM 投加量为 5mg/L，COD 去除率为 25%～30%。

2. 生化处理阶段工程调试

污水处理工程经过 20 天后观察，SV 约为 4%，出水 COD 仍然较高。通过显微镜观察，观察到菌胶团相对疏松，原生动物较少。因此为某污水处理厂增加新鲜的二沉池污泥的供应 8t/d，一共 4 天。经过 10 天后，观察到在显微镜下出现了轮虫等后生动物，但数量并不多，这表明污泥正在被进一步驯化。继续进一步改善 BOD 负荷，从 15m^3/h 连续进水开始，每天进入 10h。在此期间，污泥快速增加，SV 呈线性增加，出水 COD 保持稳定。继续将负荷增加到 40m^3/h，最终 SV 约为 15%，主曝气区域的污泥浓度为 2g/L。经过 10 天后观察，厌氧池组合填料微生物挂膜处于良好状态，接触氧化池生物污泥呈暗色泽，在显微镜下原生动物和后生动物比较多，而且越来越活跃，这表明活性污泥培养基本上是成功的。

3. 废水处理工程运行情况

废水处理工程已经过 40 天的调试运行，活性污泥的培养基本成功。在试运行期间，该废水处理工程在运行近 40 天内，其已具有一定的 COD 和 BOD 去除能力。当进水 COD 为 1086～1320mg/L 时，BOD 为 346.7～371.3mg/L，出水 COD 基本稳定在 260～310mg/L，平均去除率约为 76%，BOD 小于 90mg/L，平均去除率约为 78%。然而，未能达到设计的要求，不能达到排放标准。

4. 工艺改进后运行情况

针对原有废水处理工程处理效果不理想的情况，采取了多种改进措施，特别是在生化部分，添加了高效工程菌酶来进行酶促生物催化反应，提高了生化降解率和效果。通过对水质的监测，通过对上述各阶段的调试和试运行，此改进工艺取得了良好的效果。经过工艺改进后的废水处理工程，在处理系统中加入高效工程菌酶，试验和运行两个月，COD、BOD$_5$ 的去除率大大提高。进水水质 COD 为 1086～1320mg/L，BOD$_5$ 为 346.7～371.3mg/L；出水水质 COD 为 70～90mg/L，BOD$_5$<70mg/L；COD 平均去除率为 93%，BOD$_5$ 平均去除率为 90%，排放达到了标准。

三、调试过程存在的问题及对策

印染废水调试处理中存在的问题主要包括：系统启动前期污泥成长缓慢、系统运行过程中活性污泥膨胀以及曝气池泡沫等。

1. 系统启动前期污泥成长缓慢

污泥成长缓慢的原因主要有营养物不足、微量元素不足、进液酸化程度高、种泥不足等。相应的解决方案是增加营养物和微量元素，减少酸化度，增加种泥。

印染废水的成分较复杂，生化性差，其中的一些化学物质可以抑制微生物的生长，尽管可以接种相类似的废水处理站活性污泥，但接种过来的微生物细胞内的各种酶系统需要一定的时间来对新废水进行适应。因此，系统启动前期的污泥生长会缓慢，甚至污泥失活。所以最好用生活污水与活性污泥一起培养，再逐步增加印染废水进行培养。

2. 系统运行过程中活性污泥膨胀

活性污泥膨胀是指活性污泥的质量下降、体积膨胀、沉降性能恶化，二次沉淀池中不能正常地沉淀下来，污泥的指数会异常增高，甚至超过400。具体消除污泥膨胀措施如下：

（1）投药处理，也可以用能杀死丝状细菌的物质，如氯、臭氧、过氧化氢，可用氯为10～20mg/L，能有效杀灭球衣菌、贝代硫菌。超过 20mg/L 时，对絮凝体形成菌可能造成损害，因此，当使用氯的时候必须在允许的范围内投加合理的量。此外，臭氧、过氧化氢和其他氧化剂只会在较高的测量条件下对球衣菌起到杀灭效果。

（2）改善、提高活性污泥絮凝效果，并将硫酸铝、三氯化铁、高分子混凝剂等絮凝剂加入曝气池中。

（3）改善、提高活性污泥的沉降性和密实性，曝气池的入口投加黏土、消石灰、生污泥或消化污泥。

（4）增加回流污泥量。通过这种方法，多糖类物质也就是高黏性膨胀的致因物质降低了，在大多数情况下，可以解脱高黏性的膨胀。有条件的地方也可在回流污泥前，改善絮凝体形成菌群的吸收有机质能力和与丝状菌竞争的能力，也可以抑制丝状真菌的膨胀。在曝气过程中，可以考虑添加含氯、磷等的营养物质，从而提高污泥的活性。

3. 曝气池泡沫

在活性污泥法过程中产生的泡沫可以分为四种形式：启动泡沫、反硝化泡沫、表面活性剂泡沫和生物泡沫。其控制措施包括：

（1）减少污泥停留时间。降低曝气池的污泥停留时间，可以有效地控制活性污泥过程中的生物泡沫。

（2）降低曝气池空气输入率。降低曝气池的空气输入率可以在一定程度上控制生物泡沫的发展。

（3）在曝气池前添加生物选择器。生物选择器是一个混合池，将污水在曝气池中与回流活性污泥混合在一起，在好氧、厌氧或缺氧条件下停留一段时间，抑制发泡微生物的过度增殖，选择性地发展其他微生物。

除了上述方法外，向泡沫喷水、加强上部搅拌、添加化学物质（如 H_2P_2、O_3 和聚合铝盐等）、添加特殊的微生物（如肾形虫）、对回流污泥进行氯化以杀伤放线菌和减少污水pH 值等方法可以对泡沫起到一定的控制效果，在使用时可以根据实际情况选择。图 6-1 为现场图。

图 6-1　印染废水处理现场图

第二节　造纸废水的调试

一、工程概况

1. 工程简介

某造纸厂采用石灰法造纸，每天排放造纸废水 $6000m^3$。废水原水水质 $COD_{Cr}=2500mg/L$、$BOD_5=650mg/L$、$SS=1500mg/L$，出水水质要求：$COD_{Cr}=400mg/L$、$BOD_5=100mg/L$、$SS=100mg/L$。

2. 工艺流程

该造纸厂生产废水的特点是悬浮物高且 B/C 值较低，不易生化。根据国内外中段水的处理情况，采用"物化处理＋生化处理"是比较稳妥的方案，即在污水进入生化处理前，充分利用物化处理，降低污水中 COD_{Cr} 及 BOD_5 的浓度，大大降低悬浮物的含量，提高废水的可生化性。废水处理工艺流程如图 6-2 所示。

二、工程调试

1. 准备工作

（1）人员准备

① 工艺、化验、设备、自控、仪表等相关专业技术人员各一名。

② 接受过培训的各岗位人员到位，人数视岗位设置，也可以进行轮班确定。

（2）其他准备工作

① 收集工艺设计图及设计说明、自控、仪表和设备说明书等相关资料。

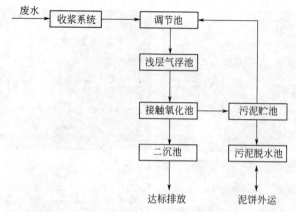

图 6-2　处理工艺流程图

② 检查化验室仪器、器具、药品等是否齐全，以便开展水质分析。

③ 检查各构筑物及其附属设施尺寸、标高是否与设计相符，管道及构筑物中有无堵塞物。

④ 检查总供电及各设备供电是否正常。

⑤ 检查设备能否正常开机，各种阀门能否正常开启和关闭。

⑥ 检查仪表及电控系统是否正常。

⑦ 检查维修、维护工具是否齐全，常用易损工具有无准备。

⑧ 购置絮凝剂、混凝剂。

2. 带负荷试车

开启水处理设施、管道中所有阀门和闸阀，启动进水泵送水，根据各构筑物进水情况，沿工艺流程适时启动其他设备。在此过程中应做好以下几方面的工作：

（1）检查进线总电流是否符合要求，变配电设备工作是否正常，各种设备工作情况是否正常以及能否满足设计要求，仪器仪表工作是否正常，自控系统能否满足设计要求。

（2）用容积法校核进、出水流量计计量是否准确，校核在线监测仪，检测进、出水水质及流速，测量并记录设备的电压、电流、功率和转速。

（3）及时解决试车过程中发现的问题。

（4）编制设备操作规程。

3. 生物膜的培养

生物膜的培养实质就是在一段时间内，通过一定的手段，使处理系统中产生并积累一定量的微生物，使生物膜达到一定厚度，其培养方式主要有静态培养和动态培养。

（1）静态培养　所谓的静态培养是为了防止新生微生物随水流走，尽可能地提供微生物与填料层的接触时间，为加快生物膜的形成，开始阶段为了避免由于造纸废水营养单一，故每天一次以 N：P＝10：51 比例投加尿素、二胺、白糖等营养底物。首先将接种污泥浓度调整到 5000mg/L，即污泥和废水按 1：1 的比例稀释混合后用泵打入生化池内，再泵入 20％～40％生化体积的生产废水，然后剩余体积加清水贮满池子开始曝气培养。生化池内填料的堆放体积为反应池有效容积 35％～40％。静置 20h 不曝气，使固着态微生物接种到填料上，然后曝气 24h，静置 2h 后排掉反应器中呈悬浮状态的微生物。再将配制好的混合液加入重复操作，6 天后填料表面已全部挂上生物膜，第 7 天开始连续小水量进水。

（2）动态培养　经过 7 天的闷曝培养，填料表面已经生长了薄薄一层黄褐色生物膜，故改为连续进水，进行动态培养，调整进水量，使污水在生化池内的停留时间为 24h，控制溶解氧在 2～4mg/L 之间（用溶氧仪测定溶解氧）。约 15 天之后，填料上有一些变形虫、漫游虫（用生物显微镜观察），手摸填料有黏性、滑腻感，在 20 天以后出现鞭毛虫、钟虫、草履虫、游离菌等生物。在经过 20 天的培养出现轮虫、线虫等后生动物，标志着生物膜已经长成，可以开始连续小水量运行。

4. 生物膜的驯化

驯化的目的是选择适应实际水质情况的微生物，淘汰无用的微生物，对于有脱氮除磷功能的处理工艺，通过驯化使硝化菌、反硝化菌、聚磷菌成为优势菌群。具体做法是首先保持工艺的正常运转，然后严格控制工艺运行参数，DO 平均应控制在 2～4mg/L 之间，好氧池曝气时间不小于 5h。在此过程中，每天做好各项水质指标和控制参数的测定，当生物膜的平均厚度在 2mm 左右，生物膜培养即告成功，直到出水 BOD、SS、COD_{Cr} 等各项指标达到设计要求。

5. 工艺控制参数的确定

设计中的工艺控制参数是在预测水量、水质条件下确定的，而实际投入运行时的污水处理工程，其水量、水质往往与设计有适当的差异，因此，必须根据实际水量、水质情况来确定合适的工艺运行参数，以保证系统正常运行和出水水质达标的同时尽可能降低能耗。

（1）工艺参数内容　需确定的重要工艺参数有进水泵站的水位控制，初沉池、二沉池排泥周期，浅层气浮处理量、加药量，生物接触氧化池溶解氧 DO、温度、pH 值、生物膜厚、微生物的生长状态及种类、二沉池泥面等。

（2）确定方法　进水泵站水位在保证进水系统不溢流的前提下尽可能控制在高水位运行。用每天排除大泥量的体积和集泥容积对比来确定排泥周期，排泥量体积小于集泥容积。浅层气浮处理能力由厂区所排污水量确定，PAC、PAM 的投加量由实际混凝、絮凝情况而定，理论与实际不太一样。生物接触演化池 DO 一般控制在 2～4mg/L 之间，不需污泥回流，常温控制，pH 值在 6.8～7.2 之间，微生物的生长状况及种类可由生物显微镜观察。

6. 工艺操作规程

工艺操作规程主要是用来指导系统运行的，是工艺运行的主要依据，其主要包含以下几方面的内容：各构筑物的基本情况、各构筑物运行控制参数、设施设备运行方式、工艺调整方法、处理设施维护维修方式。工艺操作规程应在运行工艺参数稳定后编制。

7. 调试中的其他工作

污水厂要正常稳定地运行，还应有一套完善的制度，其主要包括管理制度、岗位职责、操作规程、运行记录、设备及设施维护工作档案记录等，在调试过程中可分步完成上述工作。

三、调试过程存在的问题及对策

（1）在生物膜培养的初始阶段，采用小负荷进水方式，使填料层表面应逐渐被膜状污泥（生物膜）所覆盖。

（2）试运行中，应严格监测生物接触氧化池内 DO、温度、pH 值变化和微生物生长状态及种类。

（3）严格控制生物膜的厚度，保持好氧层厚度 2mm 左右，应不使厌氧层过分增长，保证生物膜的脱落均衡进行。

（4）生物接触氧化在运行过程中应注意在低、中、高负荷时，DO 控制不当均有可能发生生物膜的过分生长与脱落，故应控制污泥负荷在 $0.2\sim0.3$kgBOD/kgMLSS 之间。

（5）浅层气浮的加药处理出水水质应以满足生化设计进水水质条件为准，保证气浮加药的稳定，以利于后续生化处理。因不同厂家生产的 PAC 含有大约 $6\%\sim7\%$ 的钙粉，容易在生化池泛白，经曝气反应生成 $CaCO_3$ 包裹生物膜的表面，造成生物膜接壳，致使生物膜严重脱落，影响生化的正常运行。同时因聚合氯化铝中 Al^{3+}、Cl^- 对微生物的生长或多或少地抑制，建议投加聚铁，因为 Fe^{3+} 是微生物生长的微量元素。

（6）运行前对所有设施、管道及水下设备进行检查，彻底清理所有杂物，以避免通水后管道、设备堵塞和维修水下设备影响调试的顺利进行。

（7）培菌初期，曝气池会出现大量的白色泡沫，严重时会堆积整个生化池走道板，这一问题是培菌初期的正常现象，只要控制好溶解氧和采取适当的消泡措施就可以解决。

（8）运行后期发现二沉池出水带有絮状生物膜，并且从沉淀池底部污泥斗易翻团状污泥，故应尽快排出沉淀池底部污泥斗污泥，减少污泥在二沉池的停留时间。

第三节　焦化废水的调试

一、工程概况

1. 工程简介

某焦化厂废水的来源主要有炼焦煤带入的水分（表面水和结合水）、化学产品回收及精制时所排出的水，其水质随原煤组成和炼焦工艺的不同而变化。对于焦油蒸馏和酚精制蒸馏中分离出来的某些高浓度有机废水，因其中含有大量不可再生和生物难降解的物质，一般送焦油车间管式炉焚烧。高浓度废水主要来自炼焦、煤气净化、产品回收及产品精制过程中，从煤气或工艺介质中分离出来的水，是焦化厂废水处理的主要对象；低浓度废水，如煤气水封水、化工介质输送泵的轴封水，含污染物浓度相对较低，其中高浓度废水中含有大量的油类、酚、氰和氨氮等，该股水会同其他低浓度焦化废水进入废水处理系统。本处理工程主要处理的就是该股废水，同时该公司另有部分生活污水及循环水排水等排入废水处理系统，出水水质达到国家一级排放标准。

2. 水质情况

（1）废水进水水质（表 6-1）。

表 6-1　废水进水水质

项目	COD_{Cr}	BOD_5	SS	NH_3-H	酚	油	CN^-
水质指标	≤7000	≤3000	≤2000	≤500	≤1500	≤30	20

（2）废水综合平均进水水质（表 6-2）。

表 6-2　废水综合平均进水水质

项目	COD_{Cr}	BOD_5	SS	NH_3-H	酚	油	CN^-
水质指标	≤5000	≤1000	≤2000	≤300	≤1200	≤30	20

（3）生活污水水质（表6-3）。

表6-3 生活污水水质

项目	COD_{Cr}	BOD_5	SS	$NH_3—H$	pH
水质指标	≤400	≤250	≤200	≤40	8～10

（4）出水水质（表6-4）。

表6-4 出水水质

项目	COD_{Cr}	BOD_5	SS	$NH_3—H$	pH	酚	油	硫化物	CN^-
水质指标	≤100	≤20	≤60	≤15	6～9	0.5	≤5	≤1	≤0.5

注意，表6-1～表6-4中，除pH值外单位均为mg/L，出水参照国家一级排放标准。由于业主未提供详细水质信息，以上数据为常规经蒸氨后的水质。系统生化处理能力焦化废水按100m³/h设计。

二、工艺流程及说明

1. 工艺流程（图6-3）

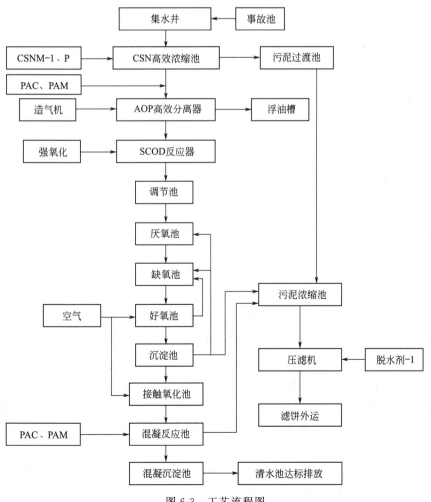

图6-3 工艺流程图

2. 工艺说明

该公司产生的蒸氨废水经收集后流入集水池，再由集水池内污水提升泵提升至废水处理系统。

废水处理系统主要由预处理系统、生化处理系统、后处理系统及污泥处理系统组成。预处理系统主要有 CSN 高效浓缩池、AOP 高效分离器、SOCD 反应器及调节池等；生化处理系统主要有厌氧池、缺氧池、好氧池及二沉池；后处理系统有接触氧化池及絮凝沉淀池；污泥处理系统主要有压滤机及辅助设备、污泥浓缩池等。

AOP 高效分离器：用于去除油及漂浮状悬浮物，保证油浓度低于 20mg/L。

SOCD 反应器：通入臭氧搅拌，进行强氧化处理，去除大部分 COD，提高废水的可生化性，为二级提供有利条件。

CSN 高效浓缩池：通过投加药剂形成絮体，同时硫化物、氢氰根则形成一种络合物，达到去除硫化物、部分氢氰根离子及易沉降悬浮物，降低生化抑制性物质的含量。

生化处理系统：废水进入厌氧池及缺氧池（A 级生化池），利用微生物生命过程中的代谢活动，将有机物分解为简单无机物，从而去除水中有机物污染的过程，称为废水的生物处理。厌氧处理就是利用厌氧微生物的代谢过程，在无需提供氧的情况下，把有机物转化为无机物和少量的细胞物质。它能自动调整废水中 COD_{Cr} 和 BOD_5 的比值，一方面提高了焦化废水的可生化性，另一方面减少了营养剂的投加，运行费用低，节能环保。缺氧池使微生物处于缺氧状态，利用有机碳源作为电子供体，将好氧池混合回流液中的 $NO_2—N$ 及 $NO_3—N$ 转化为 N_2 并吹脱，同时利用部分有机碳和氨氮组成新的细胞物质，所以 A 级生化池具有一定的有机物去除功能，减轻后续好氧池的有机负荷以利于硝化作用，最终消除氮源污染。经缺氧后的废水流入好氧池，好氧池是一种应用投料活性污泥法的生物处理装置，内置曝气装置，通过鼓风机提供氧源，控制 DO 在 1.0～3.5mg/L 范围以进行生化反应的装置。经过 A 级生化池的生化作用，有机物浓度将大幅度降低，但仍有一定量的有机物存在。为了使有机物进一步的氧化分解，同时在碳化作用趋于完全的情况下，硝化作用能顺利进行。好氧池设置为多级，以确保硝化反应在有机负荷较低的后级好氧池进行。O 级生化池在硝化过程中起作用的是好氧菌及自养型细菌（硝化菌），接触氧化把有机物分解成 CO_2 和 H_2O，硝化菌则利用有机物分解产生的无机碳源或空气中的 CO_2 作为营养源，将废水中的氨氮转化成 $NO_3—N$、$NO_2—N$。O 级生化池的混合液回流到 A 级生化池，通过反硝化作用最终消除氨氮污染。好氧池具有容积负荷高、占地面积小、对冲击负荷适应能力强、不易产生污泥膨胀、污泥产生量少、处理效果好、运行稳定不散发臭气、操作管理方便等优点，它被广泛应用于各行各业的废水处理，是处理有机废水的一种有效方法。

好氧生化后的废水进入二沉池，采用中心进水、周边集水的方式。该池为辐流式，内置刮泥机，部分污泥回流至缺氧池，剩余污泥进入污泥浓缩池。

二沉池上清液自流进入接触氧化池，在接触氧化池内设置生物菌载体——弹性填料，接触氧化池内的菌体在前级处理的条件下对剩余有机物进一步降解，提高生物处理效率。接触氧化池出水进入絮凝沉淀池，在投加絮凝剂的条件下使污泥的质量明显增大，利于固液分离。絮凝沉淀池出水进入清水池，达标排放或回用。

污泥处理系统：污泥经收集后入浓缩池，经重力浓缩后定期进行压滤，压滤前投加絮凝剂进行浓缩，提高污泥的脱水效果。

三、工程调试和试运行

1. 调试应具备的条件

（1）所有设备的空载和清水负荷试车。

（2）清水的联动试车，以达到工艺水力设计要求。

（3）污水系统联动试车，达到带负荷试车要求。

（4）工艺程序自动控制系统进行调试。

（5）主要设备操作规程编制完成，操作人员培训。

（6）落实安全防护措施，配备运行调试生产用料、耗材、工器具等。

（7）运行设备，检测仪器、仪表，安装完成。

2. 调试准备

（1）组成调试运行专门小组，土建、设备、电气、管线、施工人员以及设计与建设方代表共同参与。

（2）拟定调试及试运行计划安排。

（3）进行相应的物质准备，如水（含污水、自来水）、气（压缩空气、蒸汽）、电、药剂的购置、准备。

（4）准备必要的排水及抽水设备，堵塞管道的沙袋等。

（5）必需的检测设备、装置（如 pH 计、试纸、COD 检测仪、SS）。

（6）建立调试记录、检测档案。

3. 试水（充水）方式

（1）按设计工艺顺序向各单元进行充水试验。中小型工程可完全使用洁净水或轻度污染水（积水、雨水）；大型工程考虑到水资源节约，可一半用净水或轻污染水或生活污水，一半用工业废水（一般按照设计要求进行）。

（2）建构筑物未进行充水试验的，充水按照设计要求一般分三次完成，即 1/3、1/3、1/3 充水，每充水 1/3 后，暂停 3～8h，检查液面变动及建构筑物池体的渗漏和耐压情况。特别注意：设计不受力的双侧均水位隔墙，充水应在两侧同时冲水。已进行充水试验的建构筑物可一次充水至满负荷。

（3）充水试验的另一个作用是按设计水位高程要求，检查水路是否畅通，保证正常运行后满水量自流和安全超越功能，防止出现冒水和跑水现象。

4. 单机调试

（1）工艺设计的单独工作运行的设备、装置或非标均称为单机。应在充水后，进行单机调试。

（2）单机调试应按照下列程序进行：

① 按工艺资料要求，了解单机在工艺过程中的作用和管线连接。

② 认真消化、阅读单机使用说明书，检查安装是否符合要求、机座是否固定好。

③ 凡有运转要求的设备，要用手启动或者盘动，或者用小型机械协助盘动。无异常时方可点动。

④ 按说明书要求，加注润滑油（润滑脂）至油标指示位置。

⑤ 了解单机启动方式，如离心式水泵则可带压启动；定容积水泵则应接通安全回路管，

开路启动，逐步投入运行；离心式或罗茨风机则应在不带压的条件下进行启动、停机。

⑥ 点动启动后，应检查电机设备转向，在确认转向正确后方可二次启动。

⑦ 点动无误后，作 3～5min 试运转，运转正常后，再作 1～2h 的连续运转，此时要检查设备温升，一般设备工作温度不宜高于 50～60℃，除非说明书有特殊规定者。温升异常时，应检查工作电流是否在规定范围内，超过规定范围的应停止运行，找出原因，消除后方可继续运行。单机连续运行不少于 2h。

（3）单车运行试验后，应填写运行试车单，签字备查。

5. 单元调试

（1）单元调试是按水处理设计的每个工艺单元进行的，本工程预处理区、生化区、污泥处理区按不同要求进行。

（2）单元调试是在单元内单台设备试车基础上进行的，因为每个单元可能由几台不同的设备和装置组成，单元试车是检查单元内各设备联动运行情况，并应能保证单元正常工作。

（3）单元试车只能解决设备的协调联动，而不能保证单元达到设计去除率的要求，因为它涉及工艺条件、菌种等很多因素，需要在试运行中加以解决。

（4）不同工艺单元应有不同的试车方法，按照设计的详细补充规程执行。

对于生化部分污泥的驯化可同期进行，开始投加菌种进行驯化。如在不能确定投加菌种的时间情况下，采用投加面粉进行启动。注意控制进水的指标及池内水温。菌种来源为附近焦化厂污泥或城市污水厂污泥。

四、各分区和系统的调试

（一）预处理部分

1. CSN 高效浓缩器

（1）工艺原理　通过投加专用药剂（CSNM-1、CSNM-2），在适宜的 pH 值条件下，氨氮与药剂形成有效的络合物，同时硫化物、氢氰根则形成另一种络合物，从而去除氨氮、硫化物及部分氢氰根离子，大大降低了后级生化的时间，确保出水氨氮达标，降低了运行费用。出水经 pH 调整后进入后级生化系统。

（2）操作步骤

① 启动 CSN 加药桶搅拌机及 CSN 加药泵，调节好加药量。

② 启动高效浓缩器装置上的搅拌机，让药物充分与废水反应。

（3）操作要求

① CSN 的进水 pH 控制在 9～10 之间。不到该范围则投加烧碱使之达到，超过时注意使用生产废水来水控制 pH。

② CSN 的出水氨氮小于 120mg/L，否则调整 CSN 及磷酸氢二钠的投加量。

③ CSN 聚丙烯酰胺投加量控制在不出现硬质结晶状沉淀物为好。

2. AOP 高效分离器

（1）工艺原理　通过投加专用药剂用于去除酚及油，保证油浓度低于 30mg/L，酚浓度低于生化限制值。产生的浮油经收集后集中处理。

（2）操作步骤

① 向生产废水调节池中加入生产废水。

② 启动空压机，向 AOP 高效分离器进气，待溶气罐压力升到 0.1MPa 时，开启造气泵、溶气罐进水阀，待溶气罐压力升到 0.3MPa，再调节溶气罐出水阀，保持溶气罐压力在 0.3～0.4MPa 之间，调节释放器使其布气达到要求。以后该调节阀门无特殊情况只在下次开机时检查并微调，不关闭。

③ 开生产废水提升泵，向 AOP 高效分离器进水。

④ 当 AOP 液面出现污泥上浮时启动刮沫机。

⑤ 调节出水阀门，使 AOP 水位保持在出浮渣槽口下 1cm 处。

（3）操作要求　AOP 操作的好坏主要取决于溶气水质量的好坏和所处的对象（悬浮粒子）的润湿性。溶气水质量越好，溶解空气越多，释放气泡越小，气浮效果越好，而悬浮杂质的润湿性越差，气泡与它的接触面越大，则浮渣在气浮区内停留时间越长，越有利于去除杂质。为此，操作时必须注意以下几点：

① AOP 高效分离器的进水流量控制在 $10～15m^3/h$。

② AOP 高效分离器的加药以能出粒径大于 8mm 的絮体为好，注意聚丙烯酰胺及聚合氯化铝的加量。

③ 正确通过回流阀门和溶气罐出口阀门的调节，使溶气罐压力保持为 0.3～0.4MPa，回流水量控制在处理水量的 30％ 左右即可。

④ 溶气罐出水为乳白色，且能较长时间保持为好。

⑤ 每班需根据释放器气泡释放情况，检查释放管道是否被堵塞。

⑥ 每小时检查刮渣机工作情况，确保完好。原则上刮渣机工作周期为一小时一次。

⑦ 每半年需打开放空阀门，排出池底沉泥至事故池，并作相应检查。

3. SOCD 反应器

（1）工艺原理　由臭氧发生器提供氧源并进行空气搅拌，调控好废水的 pH 值，通过铁碳混合反应，生成有效的 Fe^{2+} 和 Fe^{3+}，提高废水的可生化性，为后级高效浓缩提供有利条件。

① 除硫。污水中的硫离子与亚铁离子及铁离子发生如下反应：$Fe^{2+}+S^{2-}=FeS\downarrow$（黑色沉淀）或 $2Fe^{3+}+3S^{2-}=Fe_2S_3$（黑色沉淀）。最后都于高效浓缩器中沉淀，效率可达 90％ 左右。

② 除氰。污水中的 CN^- 与 Fe^{2+} 及 Fe^{3+} 反应如下：$Fe^{3+}+6CN^-=Fe(CN)_6^{3-}$，$2Fe(CN)_6^{3-}+3Fe^{2+}=Fe_3[Fe(CN)_6]_2$（铁氰络合物沉淀）。效率经测定约为 70％。

（2）操作步骤

① 打开进气阀门，确保运行正常。

② 调节风量阀门，观察布气是否均匀，至曝气量合适。

（二）生化系统

1. 工艺原理

经过以上有效的前级处理，废水中有机物的含量、生化抑制性物质的含量已大大降低，废水的可生化性大大提高，具备了进行生化处理的条件。废水进入缺氧池（A 级生化池），使微生物处于缺氧状态，利用有机碳源作为电子供体，将混合回流中的 NO_2—N 及 NO_3—N 转化为 N_2 并吹脱，而且利用部分有机碳和氨氮组成新的细胞物质，所以 A 级生化池具有一定的有机物去除功能，减轻后续接触氧化池的有机负荷以利于硝化作用，最终消除氮的营养化污染。

经厌氧、缺氧后的废水流入接触氧化池（O 级生化池），接触氧化池是一种以生物膜法为主，兼有活性污泥法的处理装置，通过回转式鼓风机提供氧源，控制 DO 为 2.5～3.5mg/L。接触氧化池内放置弹性填料，该填料具有放射状弹性丝结构，可以连续不断地使气水流体受到剧烈碰撞的切割作用，把大气泡切割成小气泡，从而加速氧的转移率。另外，该填料的弹性丝结构对气泡具有良好的吸附作用，使众多的小气泡吸附其上延长气水接触时间，提高了氧的转移量。根据北京工业大学对国内七种填料的科学试验，该填料氧转换率达 4.688kgO/kW·h。在该装置中的有机物被微生物所吸附、降解，使水质得到净化。经过 A 级生化池的生化作用，有机物浓度将大幅度降低，但仍有一定量的有机物存在。为了使有机物得到进一步的氧化分解，同时在碳化作用趋于完全的情况下，硝化作用能顺利进行，接触氧化池设置为多级，确保硝化反应在有机负荷较低的接触氧化池进行。同时接触氧化池具有容积负荷高、占地面积小、对冲击负荷适应能力强、不易产生污泥膨胀、污泥产生量少、处理效果好、运行稳定不散发臭气、操作管理方便等优点，它被广泛应用于各行各业的废水处理，是处理有机废水的一种有效方法。O 级生化池在消化过程中起作用的是好氧菌及自养型细菌（硝化菌），接触氧化把有机物分解成 CO_2 和 H_2O，硝化菌则利用有机物分解产生的无机碳源或空气的 CO_2 作为营养源，将废水中的氨氮转化成 NO_3—N、NO_2—N。O 级生化池的出水部分污泥回流到 A 级生化池，为 A 级生化池提供电子受体，通过反硝化作用完成最终的氨氮污染消除。

2. 污泥驯化

（1）接种培养——同步驯化/异步驯化　投放焦化干污泥 20t 左右，直接进入工业废水，开始运行。投放 30t 市政污泥，进行异步驯化。根据配水的实际情况，以每天进水 50t 为基数，开始驯化。

（2）自身培养驯化　前期一次性往生化池投放营养：粪便水有多少放多少、面粉一次性投放 2～3t、葡萄糖半吨、磷盐好缺氧池每池一袋。前期工作做好之后开始闷曝 3～7 天，其间观察污泥生成情况。闷曝结束之后停止曝气，让生成污泥沉降，观察菌种生长情况，开启蒸汽，使生化污泥在厌氧情况下发生腐败，此方法要根据现场实际情况而定。

上述阶段结束之后，开始缓慢进入生产废水进行菌种驯化。进水以低于生化进水浓度的稀释水进行。进水基数为每天 30～50t。做好化验工作，观察微生物生长情况。在污泥初步适应之后，缓慢增加进水浓度和进水水量。在发生冲击负荷之后要果断停止进水，在污泥复壮之后再增加进水量。

污泥投加量为：厌氧池 20t，缺氧池 10t，好氧池 40t，接触氧化池 10t。以上为干污泥，考虑到温度问题及缩短调试周期，以上为最少污泥投加量。

第四节 制衣废水处理工程的调试

一、工程概况

1. 工程简介

某制衣公司是一家专营制衣的民营企业，产品有牛仔服、西装、各式工作服等。该厂在生产过程中产生洗衣废水、冲洗地面水及生活污水，日产污水约 $400m^3/d$，这些污水如直接排放，将严重污染环境，环保主管部门要求建设污水处理站，处理后出水要求达到 GB 8978 二级排放标准。

2. 水质水量

（1）设计水量 设计处理水量：$400m^3/d$。

（2）设计进水水质 COD_{Cr} 为 1000mg/L；BOD_5 为 300mg/L；SS 为 800mg/L；色度为 800 倍；总 P 为 4.5mg/L。

（3）设计出水水质 符合《污水综合排放标准》（GB 8978—1996）的二级排放标准，主要指标如下：COD_{Cr} 为 150mg/L；BOD_5 为 30mg/L；SS 为 150mg/L；色度为 80 倍；总 P 为 1.0mg/L；pH 为 6～9。

二、工艺流程

1. 原水特点及分析

（1）水质波动范围较大：根据该厂产品品种较多，而且随着季节的变化制作的服装类型也随之变化，因而导致水质有较大的波动。为此要求处理工艺有较强的适应性。

（2）污水中色度及含磷量较高，工艺流程中应设计去除色度及磷的有效措施。

（3）有机污染物浓度较高，COD 达 1000mg/L。生物处理是去除有机污染物的高效经济的处理方法，为此生物处理应成为处理工艺中的核心单元。

（4）从原水水质数据可以看出，BOD/COD＝0.3，污水的可生化性较差，为此需增设水解酸化处理单元，以提高污水的可生化性。

2. 工艺流程（图 6-4）

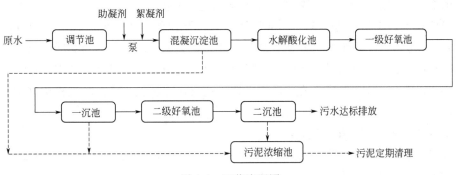

图 6-4 工艺流程图

三、调试与试运行

1. 调试准备工作

（1）前期工作

① 完成清水试车。

② 各构筑物及设备已开始正常使用，有一定量的污水产生，能够维持污水处理工序的基本运行。

③ 有良好的接种污泥的来源。

（2）接种污泥的来源。污泥接种可以大大缩短污泥培养驯化的时间。以下污泥可作为接种污泥且按此顺序确定优先级。

① 同类污水厂的剩余污泥或脱水污泥。

② 城市污水厂的剩余污泥或脱水污泥。

③ 其他不同类的污水处理站的剩余污泥或脱水污泥。

④ 河流或湖泊的底泥。

⑤ 粪便污泥上清液。

（3）接种污泥的数量。接种量一般视污泥种类的不同而定，一般接种量为 3～5g/L 干污泥，投加方式为多点投加。

2. 接触氧化池单元的调试

（1）污泥培养。污泥培养有连续培养法和间歇培养法。针对本工程的特点，污泥培养可采用连续培养法。

① 向调节池内注入生活污水，并投入一定的营养源。

② 当调节池内液位达到中液位以上时，开启污水提升泵，将污水打入絮凝沉淀池，絮凝沉淀池水满之后流入水解酸化池，水解酸化池水满之后流入接触氧化池。

③ 当一、二级接触氧化池内液位均达到设计液位时，开启鼓风机，同时停止调节池内的提升泵，闷曝 1～2 天。

④ 之后启动一级沉淀池中的污泥回流泵，将污泥回流至水解酸化池，同时开启二级沉淀池中的污泥回流泵，将污泥回流至一级接触氧化池，继续闷曝 2～3 天，投入适量的养料。闷曝一个星期之后，开启调节池提升泵，将生活污水提升至后续处理单元。水量逐渐增大，通过调节提升泵出水阀门及回流阀进行水量控制。

⑤ 依上述流程连续运行，观察填料上污泥的生长状况。

⑥ 当填料上的生物膜达到 1～2mm 厚时，且沉淀池的出水较清澈，氧化池进出水去除率＞60％时，可认为生物膜的培养基本结束。此时可关闭沉淀池中的污泥回流泵，不再将污泥回流至接触氧化池。当水质恶化时，可适时开启污泥回流泵，以增强处理效果。

（2）污泥驯化。当污泥培养成功之后，即可进行污泥驯化阶段。本工程调试采用方法属异步驯化。

① 调节池内进入厂区排放废水。

② 开启污水提升泵，将污水提升至水解酸化池，水解酸化池污水自流入一级接触氧化池，控制提升泵出水水量约为设计水量的 1/4。

③ 持续运行一段时间之后，观察出水水质情况，当沉淀池的出水较清澈，加大提升泵

出水水量，每次增加 10%～20%（以设计流量为基准），重复以上步骤，直至达到满负荷。当处理水量达到满负荷，水质亦能达标时，驯化阶段结束，进入试运行及稳定运行阶段。

（3）注意事项

① 接种污泥在投加入反应器前，应以小于 0.5mm 的纱网滤过，以去除其中尺寸较大的颗粒，防止生物膜通道堵塞，同时应边曝气边投加。

② 加接种污泥时应注意在反应池中先充入一定量的污水，其体积要保证剩余空间可以容纳接种污泥。

③ 污泥驯化时负荷应由小至大，待运行稳定后逐步增大污水水量，提高污泥有机负荷直至满负荷运转。

④ 曝气池水面的漂浮物要定期捞除。要定期观察设备运行和处理出水，发现异常情况应即时处理。

（4）混凝剂投加单元的调试

① 药品选择：絮凝剂可采用优尼克。优尼克是一种以天然矿物原料与聚合氯化铝和有机高分子絮凝剂制成的净水剂，是一种复合型的新产品，外观为灰色粉末。本工程采用的优尼克要求产品中氧化铝的含量不小于 28%。

② 溶液浓度：在药桶内将优尼克调配成浓度为 5%～10% 的溶液。

③ 配药周期：药箱有效容积 200L，约 4～6 天配一桶药液，具体以实际调试结果为准。

④ 配药过程先打开进水阀，加水至水箱高度的 1/2 处停止，按下面板上的搅拌电机按钮，开动搅拌机，边搅拌边将称好的药剂缓慢投入，继续搅拌 10min 左右关闭搅拌机，再加水至桶的指定液位，再搅拌 10min，溶药完毕，将手动开关扳至自动状态。

⑤ 注意事项：配药时要戴防护手套、口罩，不要穿高跟鞋；倒药剂时要缓慢谨慎，以保证药剂不溅出伤人。

第五节　垃圾填埋渗滤液处理工程的调试

一、工程概况

1. 工程简介

某市垃圾填埋场承担该市的生活垃圾的处理和填埋处置，垃圾填埋场产生的垃圾渗滤液每天约 360t，该废水严重污染环境，需要处理至达标后方可排放。

2. 水质水量

（1）处理站设计处理规模：400m³/d。

（2）工程设计进水水质（表 6-5）。

表 6-5　工程设计进水水质

序号	项目	进水水质
1	COD_{Cr}	16500mg/L

续表

序号	项目	进水水质
2	BOD$_5$	5000mg/L
3	NH$_3$—N	1250mg/L
4	SS	400mg/L
5	pH 值	8

（3）排放标准。执行《生活垃圾填埋场污染控制标准》（GB 16889—2008）中的规定，其出水主要指标所允许的最高排放浓度如表 6-6 所示。

表 6-6　出水主要指标所允许最高排放浓度

序号	项目	出水水质
1	COD$_{Cr}$	≤100mg/L
2	BOD$_5$	≤30mg/L
3	NH$_3$—N	≤25mg/L
4	SS	≤30mg/L
5	pH 值	6～9

二、工艺流程

1. 原水水质特点

本项目的垃圾渗滤液主要来源于三个部分，即生活污水本身含有的和填埋过程中发生厌氧生物反应生成的水分、填埋区内的雨水汇集和浅层地表渗流水。影响生产量和成分的因素很多，主要包括垃圾成分、温度气候条件、年平均降雨及垃圾填埋库的水文地质条件。还有一个重要因素，即垃圾填埋龄的影响。垃圾渗滤液成分复杂，含有许多有害的有机化合物和重金属。据对南方地区一批垃圾填埋场渗滤液的抽样测定，有机污染物多达一百多种，其中含有近 20 种难以生物降解的杂环类化合物和长链有机化合物。垃圾渗滤液有机物浓度和氨氮浓度均很高。COD 为 4000～20000mg/L，NH$_3$—N 为 600～1400mg/L，属于典型的难处理高浓度废水。而且随着季度性降雨量和气温的变化，水质水量变化幅度很大，总体水质情况随垃圾填埋龄的延长会发生质的变化。垃圾填埋场根据垃圾填埋年限分为：初期填埋场、成熟填埋场和老龄填埋场。三年以下为初期填埋场，COD 和 BOD 浓度均很高，但可生化性较好，NH$_3$—N 浓度较低，相对来说，废水较好处理。三年至十年为成熟填埋场，COD 和 BOD 浓度均显著下降，B/C 下降更为明显，可生化性很差，而 NH$_3$—N 浓度则迅猛上升，此时期的垃圾渗滤液极难处理。十年以上为老龄填埋场，此时 COD、BOD、NH$_3$—N 浓度均下降到了一个较低的水平，污染程度显著减轻，但直接排放仍不能达标，且废水仍较难处理。

2. 工艺流程（图6-5）

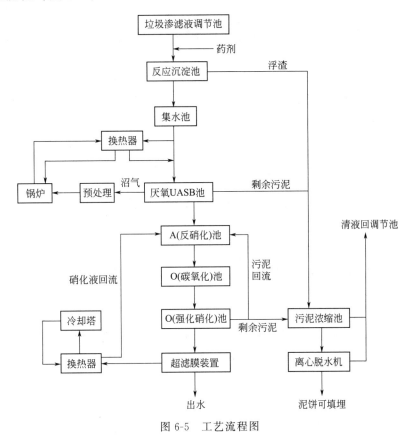

图 6-5　工艺流程图

三、调试及试运行

1. 调试组织结构及分工

（1）调试人员组成：项目经理（1人）、总工程师（1人）、工艺工程师（1人）、电气自控工程师（1人）、设备工程师（2人）、操作工（2人）、资料员（1人）及甲方部分人员，共同参与调试工作。

（2）分工如下：

项目经理：全面负责工程的调试，主要有调试方案的确定、人员的调配、外部协调、调试进度等。

总工程师：全面负责技术，协助项目经理完成工程调试。主要有制定调试方案、调试进度表，调试工程中技术问题的解决，部分设计的完善，资料的整理，人员的培训等。

各专业工程师：负责本专业的技术问题，协助总工程师完成调试方案的制定，以及工程调试的完成、人员培训、资料整理等。

资料员：主要负责调试过程中各种资料的提供，以及对调试过程主要技术文件的整理、归档等。

2. 调试准备工作

（1）工程概况。调试工程师与设计工程师联系，取得设计方案、图纸、设计说明书并认真阅读，了解工程概况。主要包括以下几点：渗滤液水量；工艺进水的水质及特点；渗滤液处理站的排放标准；工艺流程及流程简介；主要构筑物、设备尺寸；主要工艺、电气设备的规格、型号、数量等；熟悉整个处理工艺的自控系统和作用原理，主要自控设备的规格、型号、数量、位置等。

（2）明确工作内容。调试的主要内容有：第一，单个设备的带负荷试车，调试单个设备的运行部件，解决影响连续运行的各种问题，为下一步工作打好基础；第二，整个处理工艺的联动调试，包括各处理单元运行参数的综合调节；第三，确定符合实际进水水质、水量的工艺控制参数，在确保出水水质达标的前提下，尽可能降低能耗；第四，编制工艺控制规程，以指导今后的运行；第五，管理人员和操作人员培训，并建立生产运行制度和日常监控机制。

（3）熟悉工程特点。调试工程师首先了解工程特点，对此项工程中的人、财、物要有所了解。另外还对于工程中所采用的新工艺、新设备的性能事先有所了解，并与供货商及时沟通，对于设备的性能等做到心中有数。

（4）准备调试记录。在调试过程中，需要对每天的工作内容和工艺状况做相应的记录（即工作日志）。一方面可以和理论预测值相互对比，及时调整相应的工艺控制状态；另一方面，可以提前预测可能发生的问题，避免造成工期延误。

通过计算结果和现场观察确定目前的工艺状况，再根据理论和经验，通过调节相应的可控制参数，如流量、曝气量、pH 值、膜系统操作压力、膜工艺预处理药剂等，使膜处理系统处于最佳运行状态。调试过程中的监测项目有：COD、pH 值、EC、氨氮、SS、BOD_5、微生物显微镜观察。

（5）联系接种污泥。该工程调试拟采用城市生活污水处理厂经过脱水的污泥为接种污泥。

（6）调试前的工程验收。在调试工作开展之前，为了保证工程调试的连续性，首先进行工程验收，验收合格后再进行工程调试。工程验收是由施工单位、建设单位、监理单位等对竣工后的处理构筑物进行全面的验收。渗滤液处理站调试前的验收工作主要有以下几方面：单位工程的主要部位工程质量验收；单位工程质量验收；设备安装工程单机及联动试运转验收；渗滤液处理工程交工验收。具体验收项目、标准参照有关的国家标准。

（7）其他相关准备工作。根据设计图纸及工艺流程，检查水、电、气是否通畅无阻，即生产用水、排水管道、照明等是否正常；自控系统必须安装完毕；检查、检修完毕后，在调试前，对现场全部场地及设备进行清洁工作，所有管道阀门也要进行清扫，创造良好的现场环境并防止意外事故发生。

3. 调试程序步骤及时间安排

本工程调试工作主要包括系统清水联动试车、工艺调试、试运行等方面，根据初步预计，调试工期为 95 天达到试运行条件，然后进入试运行。调试工作按如下程序进行：

① 构筑物、设备单体试车（5 天）；

② 系统清水联动试车（5 天）；

③ 厌氧 UASB 启动（5～20 天）；

④ 厌氧 UASB 调负荷（40～65 天）；

⑤ 好氧单元启动（5～15 天）；

⑥ 好氧单元调负荷（20～60 天）。

注意：⑤、⑥步骤与③、④步骤同步进行。

4. 调试内容与调试方法

（1）清水试运转步骤。渗滤液处理设施及设备清水试运转分为两个步骤，其具体内容和目的分别为：

① 各单体清水试车。处理设施试通清水，检验各处理设施、机械设备的工艺性能是否满足设计要求，同时对处理机械设备试运转，目的是检验各机械设备在额定负荷或超负荷10％的情况下，机械设备的机械电气、工艺性能是否满足设计要求。

② 各单体联合清水试车。在设计平均流量下，各单体联合清水试车，检验各单元及流程是否能满足工艺设计要求。各机械设备在设计流量下运转，检验机械电气、机械运转时运行参数是否满足工艺设计的要求。

（2）各处理单元清水试车。在钢筋混凝土池、钢结构设备等结构性能已达到设计要求，工程所有工程量已经完成后，开始各单体清水试车。

① 各水池通入清水，用水冲洗管道，去除管道内杂物（如焊渣、砂石等），沿工艺流程看流水是否顺畅，各水池水位标高是否满足设计要求。

② 各动力设备通电试运行。水泵连续运行 2h，为节省用水拟通过管道循环抽水。加药装置空转运行 2h，后再带负荷运行 2h。自吸式螺旋曝气机连续运行 4h。各自动控制开关模拟动作试验。

③ 机械设备试运行要求。启动运转要平稳，运转中无振动和异常声响。启动时注意依照有标注箭头方向旋转；各运转啮合与差动机构运转要依照规定同步运行，并且没有阻塞碰撞现象；在运转中保持动态的应有的间隙，无抖动、晃摆现象；各传动件运行灵活，并保持紧张状态；在试运转之前或之后，手动或自动操作，全程动作各 5 次以上，动作准确无误，不卡、不抖、不碰；电动运转中温升在正常值内；空车运转 2h，带负荷运行 2h，保证运转正常，不震颤，不抖动，无噪声、异声，不卡塞，各传动灵活可靠；各部轴承加注规定润滑油，应不漏、不发热，温升不大于 60℃；运转中应注意转速、功率及其他电压电流等参数，并应符合设计规定。

（3）各机械设备单体试车。

① 离心泵、潜污泵试车及运行。

a.泵试运转前的检查应符合下列要求：驱动机的转向应与泵的转向相符；各固定连接部位应无松动；各润滑部位加注润滑剂的规格和数量应符合设备技术文件的规定；有预润滑要求的部位应按规定进行预润滑；各指示仪表、安全保护装置及电控装置均应灵敏、准确、可靠；盘车应灵活、无异常现象；潜水泵电缆的电压降，应保持潜水电机引出电缆接头处的电压，并不应低于潜水电机的规定值。

b.泵启动时应符合下列要求：离心泵应打开吸入管路阀门，关闭排出管路阀门；吸入管路应充满输送液体，并排尽空气，不得在无液体情况下启动；泵启动后应快速通过喘振区；转速正常后应打开出口管路的阀门，出口管路阀门的开启不宜超过 3min，并将泵调节到设计工况。

c.泵试运转时应符合下列要求：各固定连接部位不应有松动；转子及各运动部件运转应正常，不得有异常声响和摩擦现象；附属系统的运转应正常；管道连接应牢固无渗漏；滑动轴承的温度不应大于70℃；滚动轴承的温度不应大于80℃；特殊轴承的温度应符合设备技术文件的规定；各润滑点的润滑油温度、密封液的温度均应符合设备技术文件的规定；润滑油不得有渗漏和雾状喷油现象；泵的安全保护和电控装置及各部分仪表均应灵敏、正确、可靠；机械密封的泄漏量不应大于5mL/h；泵在额定工况点连续试运转时间不应小于2h；高速泵及特殊要求的泵试运转时间应符合设备技术文件的规定；潜水泵扬水管应无异常的振动。

d.泵停止试运转后，应符合下列要求：离心泵应关闭泵的入口阀门，待泵冷却后应再依次关闭附属系统的阀门；应放净泵内积存的液体，防止锈蚀和冻裂；如长期停用，应将泵拆卸清洗，包装保管。

② 螺杆泵试车及运行。

a.泵试运转前应符合下列要求：单独检查驱动机的转向是否与泵的转向相符；各紧固连接部位不应松动；加注润滑剂的规格和数量应符合设备技术文件的规定。

b.泵试运转时应符合下列要求：启动前，应向泵内灌注输送液体，并应在进口阀门和出口阀门全开的情况下启动；泵在规定转速下，应逐次升压到规定压力进行试运转；规定压力点的试运转时间不应少于30min；运转中应无异常声响和振动，各结合面应无泄漏；轴承温升不应高于35℃或不应比油温高20℃；安全阀工作应灵敏、可靠。

c.泵停止试运转后，应停泵后清洗泵和管道，防止堵塞。

③ 自吸式螺旋曝气机试车及运行。

a.自吸式螺旋曝气机试运转前应符合下列要求：检查曝气机电气接线是否正确；检查曝气池内液位是否达到规定标准；曝气池内是否有大型漂浮物，以防对叶轮造成损害；螺栓、螺母的连接紧固；电源的电压和频率符合要求；打开曝气器，观察水流方向，判断螺旋桨转向是否正确。

b.停车：可以根据曝气量要求自动开关。

④ 液位开关试车及运行。接通电源，将配电柜相应转换开关转到"自动"档。注入清水，观察浮球开关起闭及位置是否正常，调整浮球高度，保证水泵启停时液位满足设计要求。

⑤ 潜水搅拌机试车。检查安装牢固程度，固定螺栓连接是否紧固；检查配套的手动葫芦吊起搅拌器是否灵活正常；检查设备电气线路是否接线正常；点动设备，观察转向是否与标识一致，搅拌器叶片转动是否正常；当前期工作完成无误后，进行向池内注入清水，通电正式试车；进行通电试车，观察电压、电流是否符合设备要求；观察设备的振动、噪声是否正常，并做好记录。

⑥ MBR单体试车。试车前应检查反应器池水位高度是否满足设计要求，观察反应器系统自动控制和其他机械设备的运行状况。

启动设备，应在做好启动准备后进行。操作前应在开关处悬挂指示牌。操作人员启闭电器开关，应按电工操作规程执行。

超滤膜组件出水手动试运行。当反应池内水达到中水位时，手动开启超滤膜进水泵并调节阀门，观察进水泵进出口处压力和流量的变化。当进水泵运行稳定后，开启循环泵，并调节阀门，观察超滤系统的循环流量和出水流量，调节循环泵的运行参数，使超滤膜系统在设计的压力和出水流量下运行。

系统自动控制运行调试。当系统进入自动运行状态时，系统自动完成进水、曝气、出水等程序，然后进行带负荷调试运行，直至达到设计要求。

⑦ 自控仪表系统的调试步骤及方法。检查各安装部件与自控系统端子图是否符合；检查设备电气线路是否接线正常；先不送电，进行各仪表的检查；在不送电的情况下进行模拟单机试车，检查各电气设备的动作是否符合；模拟单机试车结束后，进行模拟联动试车，检查在自动控制情况下，各设备动作情况与设计条件是否符合；当前期工作完成无误后，通电进行正式单机试车；进行通电试车，各设备的运转情况是否符合工艺要求；单机试车正常后进行清水联动试车，检查自控系统在实际运行中是否符合设计条件；当单机试车、联动试车正常后，进行用户程序的调试，并做好记录；当控制系统和用户系统调试正常后，方可投入生产进行下一步清水联动调试。

（4）单体联合试运转。在设计平均流量下，设备自动运行，单体联合试运转，连续运行4h，检查以下问题：单体之间流水是否流畅；水面标高是否达到设计标高；各设备是否运转正常；阀门开关是否灵活；各单体的液位控制是否能自动；水泵运转是否正常；运转时参数能否达到工艺设计要求；自吸式螺旋曝气机运转是否正常；曝气量是否符合工艺设计要求；电控系统运行是否正常；各单体构筑物（如进水、出水、污泥回流等）能否满足工艺设计要求。运行时应详细阅读各动力设备的产品说明书。

（5）工艺调试。在确认清水联动试车正常后，开通渗滤液进水管道，使渗滤液进入处理系统，进行系统工艺总调试。与此同时正式取样、化验、分析，得出各采样点水质分析指标后，确定水处理效果；当总出水指标达到设计要求后，即完成调试任务。工艺调试总的原则是逐级、单座调试。系统开始调试前，对渗滤液进行水质监测，具体指标有 COD_{Cr}、BOD_5、NH_3—N、pH 值、碱度等，水质监测后方可开始整个系统调试。

① 厌氧 UASB 调试。

a. 接种。外购城市生活污水处理厂的活性污泥作为接种污泥投入 UASB 反应器中，进行 UASB 反应器的初级启动，启动阶段的主要目的是使 UASB 反应器进入工作状态，使接入的菌种由休眠状态恢复活性并逐步适应垃圾渗滤液。按 $12 \sim 20 kg/m^3$ 接种量将接种污泥投入 UASB 反应器，共需投加接种污泥 52.8～88t（按 80% 含水率的厌氧泥计算，干基为4.7～7.9t）。接种污泥均匀投入 UASB 反应器后，进清水至反应器容积的 2/3 处，从调节池进渗滤液至设计水位。

b. 启动。从第三天起，开始进渗滤液。第一日进水 $50m^3$，逐渐增加直至达到设计水量 $400m^3/d$，化肥隔 3 天加一次，每次加入量为上次的 60%；同时开动回流调节，每天测定进出水的有机酸浓度、COD_{Cr} 浓度、氨氮浓度、pH 值，首次启动时出水有机酸浓度可能出现先提高后下降的现象，待升高又下降至 500mg/L 以下时，可进入下一环节。

在厌氧发酵过程中，环境的 pH 值对产甲烷细菌的活性影响较大，启动初期进水 pH 值控制在 7.5～8.0 范围内，同时调节营养物比例为 COD：N：P＝300：5：1。

c. 增加负荷。此阶段为污泥的培养阶段，包括微生物的选择、驯化及繁殖，直至最终的颗粒化。这一阶段的有机负荷逐步提高直至最终的设计负荷，初始污泥负荷率为 0.05～0.1kgCOD/(kgMLSS·d)，每次 COD 负荷提高的幅度为 0.5～1.0kgCOD/(m^3·d)，每次变动应稳定运行 6～8 天，待厌氧出水 pH 值为 7.0～7.5，有机酸浓度降至 500mg/L 以下才可进入下一个负荷阶段，增加负荷阶段总共约需 60 天。

② MBR 调试。

a. 接种。MBR 池接种的污泥与 UASB 反应器相同，总计接种污泥 40t。在培养初期，按照进水、闷曝、沉淀、排放顺序操作，即间歇培养。第一次投加渗滤液为池容的 10%，用清水加满整个池子，同时根据水质投加营养物质，保证营养元素的比例。开动曝气系统，在不进水的情况下连续曝气 24h。

b. 连续运行。连续运行可配合 UASB 负荷提升进行，直接承接 UASB 出水。当第一次加料曝气并出现模糊的活性污泥絮凝体后，就可将好氧池停止曝气，使混合液静止沉淀，2～3h 后排放澄清液，所排放的澄清液占总体积的 50%～70%，然后每 2 天进渗滤液量递增 10%，其余步骤同上。营养物隔 3 天加一次，每次加入量为上次的 60%。一周后每天监测出水 COD_{Cr}、SS 及曝气池中 DO 浓度、悬浮污泥浓度（MLSS）及污泥沉降比 SV30 等。控制曝气量，保证好氧池中的溶解氧为 2～3mg/L。缺氧池中的溶解氧为 0.5mg/L，调节营养物比例为 COD：N：P＝100：5：1，使 pH 在 7.5～8.5 之间。

通过生物相的观测，可以观测到菌种的种群数及生活状况，以判断调试的进展状况。如菌种培养过程中，菌种依次出现情况为：变形虫→鞭毛虫→草履虫→钟虫→轮虫→钱虫。当有钟虫出现时，即可判断污泥接种较成功，当有轮虫、线虫出现时，即要开始排泥。

c. 污泥驯化好并且污泥浓度达到 3000mg/L 时，可开启抽吸泵，并将流量调至标准流量。刚开始时调低产水量，运行稳定后，慢慢增大产水量。

③ 超滤系统调试。在 UF 膜组件已安装、清洗完毕后，超滤系统可以并入污水管路，运行工作。以下为启动步骤：

a. 关闭状态的阀门：

超滤主机污水管道进口阀。

CIP 清洗管道的进、回料（清洗液）阀。

超滤液清洗排放阀。

超滤液排放阀。

CIP 进、回料排放阀。

CIP 循环阀。

CIP 中纯水进 CIP 储槽阀。

CIP 清洗管道进料管冲洗反循环阀。

清洗循环回路上的阀门。

CIP 水槽排放阀。

超滤系统污水进、出管排放阀。

压力表排气阀。

纯水供给阀。

超滤液取样阀。

袋式过滤器进口阀。

超滤系统供给泵出口阀门。

b. 以下阀门打开：

超滤主机污水管道上的废水返回口阀。

废水的进、返回口阀（各超滤器内）。

超滤液排放阀、去储液槽。

超滤液阀。

超滤液回 CIP 清洗槽管道上的阀门。

袋式过滤器出口阀。

c. 确认超滤液储槽有足以使轴封泵启动的超滤液或纯水。

d. 启动轴封泵。

e. 在轴封泵运转 5～10s 后，启动超滤系统供料泵。

f. 慢慢打开供给泵出口外的第一个阀门及袋式过滤器进口阀。

g. 慢慢打开超滤主机污水管道上的进口阀。

h. 调节废水进口和返回口阀门，以便获得最佳压力分布。进口压力为 50psi，出口压力为 25psi（1psi＝6894.757Pa）。

达到上述几点开车便说明结束。

（6）满负荷运行控制参数。

① 水质监测。每天监测调节池出水 COD_{Cr}、SS、pH、水温，UASB 水温，出水 COD_{Cr}、SS、pH，MBR 池中溶解氧、水温，MBR 出水 COD_{Cr}、SS、pH。每周监测一次调节池出水 TN、TP，厌氧池出水 TN、TP 及取样管处的 MLSS。

② UASB 控制参数。UASB 反应器内水温控制在 35℃±0.5℃。有机负荷≤1.25kg $COD_{Cr}/(m^3 \cdot d)$。控制厌氧池中悬浮污泥浓度约 40～60g/L，当污泥界面升至三相分离器沉淀区入口，应排泥至污泥浓缩池。排泥应逐日进行，每日排泥使污泥界面下降高度不超过 300mm。

③ MBR 池控制溶解氧浓度为 1.5～2mg/L。

④ 所有电机、配电设备、检测仪器、管路、管件等应经常巡视，发现问题及时解决，按说明及时解决，并按说明书和有关规范规程定期维护。

⑤ 由于垃圾渗滤水的可生化性较低，应对生化系统进行接种。在污泥进行接种、驯化的过程中，考虑到接种污泥对该类废水的适应性差，必须给这些菌种加营养物质，可投加甲醇、面粉、红糖、淀粉或粪便等营养物质。综合经济性、方便性及营养物质的全面性，拟选用淀粉作为接种污泥的营养物质，其加入量为水池容积的 1/20。随着驯化过程中渗滤液进水量的增加，其加入量将逐渐减少，也可使用面粉。

练习题

1. 选择题

（1）生化系统启动前期污泥的缓慢生长、系统运行过程中，活性污泥容易出现（　　）以及曝气池的气泡问题等。

　　A. 污泥膨胀　　　　　　　B. 污泥老化　　　　　　C. 污泥解体

（2）生化系统开始调试前，对渗滤液进行水质监测具体指标有 COD_{Cr}、BOD_5、（　　）、（　　）、碱度等，水质监测后方可开始整个系统调试。

　　A. 氨氮、pH　　　　　　B. 污泥浓度、溶解氧　　C. 总氮、污泥浓度

（3）泵启动时转速正常后应打开出口管路的阀门，出口管路阀门的开启不宜超过（　　）min，并将泵调节到设计工况。

A. 1   B. 3   C. 5

（4）好氧池中营养物比例在 COD：N：P=（ ）最好。

A. 100：5：1   B. 200：5：1   C. 100：5：2

2. 填空题

（1）消除污泥膨胀具体措施有＿＿＿＿＿＿＿、＿＿＿＿＿＿＿等。

（2）降低曝气池泡沫的方法有＿＿＿＿＿＿＿、＿＿＿＿＿＿＿等。

（3）生物膜培养的培养方式主要有＿＿＿＿＿＿＿培养和＿＿＿＿＿＿＿培养。

3. 判断题

（1）废水处理工程调试和试运行是污水处理工程建设的重要阶段，是指在满负荷进水条件下，摸索、优化操作参数，获得最佳的去除效果。   （ ）

（2）生物膜的培养实质就是在一段时间内，通过一定的手段，使处理系统中产生并积累一定量的微生物，使生物膜达到一定厚度。   （ ）

（3）建构筑物未进行充水试验的，充水按照设计要求一般分三次完成，即 1/3、1/3、1/3 充水，每充水 1/3 后，暂停 3~8h，检查液面变动及建构筑物池体的渗漏和耐压情况。

                            （ ）

（4）工程验收是由施工单位、建设单位、监理单位等对竣工后的处理构筑物进行全面的验收。   （ ）

4. 简答题

（1）简述调试工作的工作流程。

（2）制定医院污水处理的调试方案。

第七章 污水处理厂常见问题解析

第一节 基本概念

1. COD 和 BOD

废水中有许多有机物质，含有十几种、几十种，甚至上百种有机物质的废水也是能经常遇到的。如果对废水中的有机物质一一进行定性定量的分析，既耗时间，又耗药品。那么能不能只用一个污染指标来表示废水中所有的有机物质及它们的数量呢？

环境科学工作者经过研究发现，所有的有机物质都有两个共性：①它们至少都由碳、氢元素组成；②绝大多数的有机物质能够化学氧化或被微生物氧化，它们的碳和氢分别与氧形成无毒无害的二氧化碳和水，废水中的有机物质无论是在化学氧化过程中还是在生物氧化过程中都要消耗氧，废水中的有机物质愈多，则消耗的氧量也愈多，二者之间是正比例关系。于是环境科学工作者们将废水用化学药剂氧化时所消耗的氧量称为化学需氧量，即 COD；而将废水用微生物氧化所消耗的氧量称为生化需氧量，即 BOD。由于 COD 和 BOD 能够综合性地反映废水中所有有机物质的数量，且分析比较简单，因此被广泛地应用于废水分析和环境工程上。实际上，COD 并不是单单表示水中的有机物质，它还能表示水中具有还原性质的无机物质，如硫化物、亚铁离子、亚硫酸钠、铵根离子等。如果铁炭池出水中的亚铁离子在中和池中没能完全被去除掉的话，则生化处理出水中由于有亚铁离子的存在，出水 COD 可能会超标。

2. COD（化学需氧量）

COD（化学需氧量）是指废水中能被氧化的物质在被化学氧化剂氧化时所需要的氧量，单位为 mg/L。它是目前用来测定废水中有机物含量的一种最常用的手段。COD 分析中常用的氧化剂有高锰酸钾、重铬酸钾。废水在强酸加热沸腾回流条件下对有机物进行氧化，用硫酸银作催化剂时可以使大多数的有机物的氧化率提高到 $85\% \sim 95\%$。如果废水中含有较高浓度的铵根离子，应该用硫酸汞将氯离子屏蔽掉，以减少对 COD 的测定干扰。

3. BOD（生化需氧量）

生化需氧量也可以表征废水被有机物污染的程度，最常用的为五日生化需氧量，以 BOD_5 表示，它表示废水在微生物存在下进行生化降解五日内所需要的氧的数量。五日生化需氧量经常被使用。

4. COD_{Cr} 和 BOD_5 之间的关系

有的有机物是可以被生物氧化降解的（如葡萄糖），有的有机物只能部分被生物氧化降解（如甲醇），而有的有机物是不能被生物氧化降解的而且还具有毒性（如银杏酚、银杏酸、某些表面活性剂）。因此，可以把水中的有机物分成两个部分，即可以生化降解的有机物和不可生化降解的有机物。通常认为 COD_{Cr} 基本上可表示水中的所有的有机物，而 BOD_5 为水中可以生物降解的有机物，因此 COD_{Cr} 与 BOD_5 的差值可以表示废水中生物不可降解部分的有机物。

5. pH 值

pH 值实际上是水溶液中酸碱度的一种表示方法。平时经常习惯用百分浓度来表示水溶液的酸碱度，如 1% 的硫酸溶液或 1% 的碱溶液。但是当水溶液的酸碱度很小时，如果再用百分浓度来表示则太麻烦了，这时可用 pH 值来表示。pH 值的范围为 0～14，当 pH＝7 时水溶液呈中性；pH＜7 时水溶液呈酸性，pH 值愈小，水溶液的酸性愈大；当 pH＞7 时水溶液呈碱性，pH 值愈大，水溶液的碱性愈大。

世界上所有的生物是离不开水的，但是适宜于生物生存的 pH 值的范围往往是非常狭小的，因此我国要求将处理出水的 pH 值严格地控制在 6～9 之间。

6. 废水的预处理及其目的

生化处理前的处理一般都习惯地叫作预处理，由于生化法处理费用比较低、运行比较稳定，因此一般的工业废水都采用生化法处理。某公司废水的治理也以生化法作为主要的处理手段，但是某公司的废水中含有某些对微生物有抑制、毒害作用的有机物质，因此废水在进入生化池之前必须进行必要的预处理，目的是将废水中对微生物有抑制、毒害作用的物质尽可能地提前去除，以保证生化系统中的微生物能正常地运行。

预处理的目的有两个：

① 将废水中对微生物有抑制、毒害作用的物质尽可能地消减和去除，或转化为对微生物无害或有利的物质，以保证生化池中的微生物能正常运行；

② 在预处理过程中削减 COD 负荷，以减轻生化池的运行负担。

某公司的预处理工艺是铁炭微电解与 Fe^{3+}/Fe^{2+} 还原氧化法，形成的无数个微小的铁炭原电池有利于氧化还原反应的进行，可将废水中的有毒有害物质破坏去除，在中和沉淀过程中还可以通过 Fe^{2+} 与 Fe^{3+} 在碱性条件下所形成的活性絮体吸附废水中的有机物质，以削减 COD 负荷，保证后续的生化处理系统能正常地运行。

7. 废水中的胶体颗粒不易自然沉降的原因

废水中许多密度大于 1 的杂质悬浮物、大颗粒、易沉降的悬浮物，其都可以用自然沉降、离心等方法去除。但密度小于 1 的、微小的甚至肉眼无法看到的悬浮颗粒则很难自然沉降，如胶体颗粒。它是 10.4～10.6nm 大小的微粒，在水中非常稳定，它的沉降速度极慢，沉降 1m 需耗时 200 年。

沉降慢的原因有两个：

① 一般来说，胶体粒子都带有负电荷，由于同性相斥的原因，从而阻止胶体微粒间的接触，不能被彼此黏合，悬浮于水中。

② 胶体粒子表面还有一层分子紧紧地包围着，这层水化层也阻碍和隔绝胶体微粒之间

的接触，不能被彼此黏合，悬浮于水中。

8. 使胶体颗粒沉淀的方法

要使胶体颗粒沉淀，就要促使胶体颗粒相互接触，使之成为大的颗粒，即使之凝聚起来，使其密度大于水的密度而沉淀，采用的方法有很多种，工程上常用的技术有凝聚法、絮凝法和混凝法。

9. 凝聚

在废水中投加带阳离子的混凝药剂，大量阳离子在胶体粒子之间存在以消除胶体粒子之间的静电排斥，从而使微粒聚结。这种通过投加阳离子电解质，使得胶体微粒相互聚结的过程称为凝聚，常用的凝聚剂有硫酸铝、硫酸亚铁、明矾、氯化铁等。

10. 絮凝

絮凝是在废水中加入高分子混凝药剂，高分子混凝药剂溶解后，会形成高分子聚合物，这种高聚物的结构是线形结构。线的一端拉着一个微小粒子，另一端拉着另一个微小粒子，在相距较远的两个粒子之间起着黏结架桥的作用，使得微粒逐渐变大，最终形成大颗粒的絮凝体（俗称矾花），加速颗粒沉降。常用的絮凝剂有聚丙烯酰胺（PAM）、聚铁（PE）等。

11. 用聚铁进行絮凝吸附预处理

聚铁在混凝过程中形成氢氧化铁絮体，具有很好地吸附废水中有机物质的能力。实验数据表明，废水用聚铁絮凝吸附后，可以去除废水中 COD 的 $10\%\sim20\%$ 左右，这样可以大大地减轻生化池的运行负担，有利于处理废水的达标排放。另外，用聚铁进行混凝预处理可以将废水中对微生物有毒害、抑制作用的微量物质去除，以保证生化池中的微生物能正常运行。在诸多混凝药剂中，聚铁的价格相对来说比较便宜（一般为 $1500\sim2000$ 元/t），因此处理成本比较低廉，比较适合工艺废水的预处理。聚铁是酸性物质，腐蚀性很强，因此处理设备应做好防腐处理。

12. 混凝

凝聚与絮凝结合在一起使用的过程为混凝过程。混凝在实验或工程上被经常应用，如先在水中投加硫酸亚铁等药剂，消除胶体粒子之间的静电排斥，然后再投加 PAM 使得微粒逐渐变大，形成肉眼可见的矾花，最后产生沉降。

13. 吸附

利用多孔性固体（如活性炭）或絮体物质（如聚铁）将废水中的有毒有害物质吸附在固体或絮体的表面上或微孔内，达到净化水质的目的，这种处理方法称作吸附处理。吸附的对象可以是不溶性固体物质，也可以是溶解性物质。吸附处理的效率高，出水水质好，因此常作为废水深度处理，也可在生化处理单元中引入收附处理，以提高生化处理效率。

14. 铁炭处理法

铁炭处理法又称铁炭微电解法或铁炭内电解法，它是金属铁处理废水技术的一种应用形式，用铁炭处理法作为预处理技术来处理有毒有害、高浓 COD 废水，具有一种独特的效果。铁炭处理法的处理机理目前尚未完全清楚，现在比较认同的一种解释是，在酸性条件下，铁与炭之间形成无数个微电流反应池，有机物在微电流的作用下被还原氧化。铁炭出水再用石灰或石灰乳中和，生成的 $Fe(OH)_2$，胶体絮状物对有机物具有很强的絮凝吸附能力。因此，铁炭处理法是综合应用了铁的还原性质、铁炭的电化学性质和铁离子的絮凝吸附作用，正是这三种性质的共同作用，使得铁炭处理法具有很好的处理效果。

铁炭处理法的缺点是：①铁屑在酸性介质中长期浸泡后易于板结成块，造成堵塞，形成沟流，使操作困难、处理效果降低；②铁在酸性条件下溶出的铁量较大，加碱中和后产生的泥渣较多。

15. 铁炭出水要用石灰粉进行中和处理

用硫酸调节成 pH 为 2 的废水经过铁炭处理后，硫酸成为硫酸亚铁，废水的 pH 值从 2 升高至 5～6，那么铁炭出水为什么还要用石灰粉进行中和处理呢？或者中和处理时是不是可以少加一些石灰粉呢？

铁炭出水中含有大量的硫酸亚铁，如果不予去除的话，会影响后续生化池中微生物的生长繁殖，因此必须要用石灰粉将废水的 pH 值从 5～6 再调高至 9 以上，使具有水溶性的硫酸亚铁转化成不溶于水的氢氧化亚铁与硫酸钙，然后通过混凝沉降的方法使它们沉淀下来，以保证进入生化池的废水中不含硫酸亚铁。

中和处理时是不是可以少加石灰粉呢？可做一个对比实验。取相同数量的铁炭进水（pH 在 2 左右）和铁炭出水（pH 在 5～6），分别放置于两个烧杯中，然后分别计量加入石灰粉进行中和混合，两个烧杯中的 pH 值都调整至 9 时，可以发现两个烧杯中所投加的石灰粉的量是一样的。这是因为铁不是中和药剂，硫酸所转化成的硫酸亚铁还是酸性物质，硫酸亚铁在中和过程中转化成氢氧化亚铁与硫酸钙时所耗用的石灰粉是一点也不能少的。因此，铁炭出水中和处理时是不可以少加石灰粉的。

16. 估算化学污泥的产生量

通过化学反应（如中和）和物化处理（如加药混凝）所产生的污泥习惯上都称作化学污泥。铁炭出水经过中和混凝处理后形成的污泥主要由氢氧化亚铁和硫酸钙组成。污泥的产生量可以通过投加的硫酸与石灰粉的量来计算。工程上也可以利用经验进行估算，一般来说，铁炭进水的 pH 如果在 2 左右，则中和混凝后每吨废水所产生的化学污泥量（含水率 80%）在 50kg 左右。

17. 废水的生化处理

废水的生物化学处理是废水处理系统中最重要的过程之一，简称生化处理。生化处理是利用微生物的生命活动过程将废水中的可溶性的有机物及部分不溶性的有机物有效地去除，使水得到净化。

事实上，我们对生化处理并不是很陌生，天然的水体中存在着一条食物链，即大鱼吃小鱼，小鱼吃虾米，虾米吃小虫，小虫吃微生物，微生物吃污水，如果没有这条食物链，自然界就要乱套了。在天然的河流中，有着大量的、依靠有机物生活的微生物，它们日日夜夜地将人们排入河流中的有机物（如工业废水、农药化肥、粪便等有机物质）氧化或还原，最终转化为无机物质，如果没有微生物的存在，周围的河流就会成为臭河，只是由于微生物太微小、太分散，以致人们的肉眼看不见罢了。而废水的生化处理工程则是在人工条件下对这一过程的强化。人们将无以计数的微生物全部集中在一个池子内，创造一个非常适合微生物繁殖、生长的环境（如温度、pH 值、氧气、氮磷等营养物质）使微生物大量增殖，以提高其分解有机物的速度和效率。然后再往池内充氧，使池中的有机物质在微生物的生命活动过程中得到氧化降解，使废水得到净化和处理。与其他处理方法相比，生化法具有能耗低、不加药、处理效果好、处理费用低等特点。

18. 微生物是通过何种方式将废水中的有机污染物分解去除的?

由于废水中存在碳水化合物、脂肪、蛋白质等有机物,这些无生命的有机物是微生物的食料,一部分降解合成为细胞物质,另一部分降解氧化为水分、二氧化碳等,在此过程中废水中的有机污染物被微生物降解去除。

19. 微生物最适宜在什么温度范围内生长繁殖?

在废水生物处理中,微生物最适宜的温度范围一般为 16~30℃,最高温度在 37~43℃,当温度低于 10℃ 时,微生物将不再生长。在适宜的温度范围内,温度每提高 10℃,微生物的代谢速率会相应提高,COD 的去除率也会提高 10% 左右;相反,温度每降低 10℃,COD 的去除率会降低 10%,因此在冬季时,COD 的生化去除率会明显低于其他季节。

20. 微生物最适宜的 pH 值范围

微生物的生命活动、物质代谢与 pH 值有密切关系。大多数微生物对 pH 值的适应范围为 4.5~9,而最适宜的 pH 值的范围为 6.5~7.5。当 pH 值低于 6.5 时,真菌开始与细菌竞争,pH 值到 4.5 时,真菌在生化池内将占完全的优势,其结果是严重影响污泥的沉降结果;当 pH 值超过 9 时,微生物的代谢速度将受到阻碍。

21. 溶解氧与微生物的关系

溶解在水体中的氧被称溶解氧。水体中的生物与好氧微生物,所赖以生存的氧气就是溶解氧。不同的微生物对溶解氧的要求是不一样的,好氧微生物需要供给充足的溶解氧,一般来说,溶解氧应维持在 3mg/L 为宜,最低不应低于 2mg/L;兼氧微生物要求溶解氧的范围在 0.2~2.0mg/L 之间;而厌氧微生物要求溶解氧的范围在 0.2mg/L 以下。

22. 高浓度的含盐废水对微生物的影响

用一张半渗透薄膜将两种不同浓度的盐溶液隔开,低浓度盐溶液的水分子就会透过半渗透薄膜进入高浓度盐溶液,而高浓度盐溶液的水分子也会透过半渗透薄膜进入低浓度盐溶液,但其数量较少,故高浓度盐溶液一侧的液面会升高,当两侧液面的高差产生了足够阻止水再流动的压力时渗透就会停止,这时两侧液面的高差产生的压力就是渗透压。一般来说,盐分浓度越高,渗透压越大。

微生物在盐水溶液中的情况与渗透压的实验是相似的。微生物的单位结构是细胞,细胞壁相当于半渗透膜,在氯离子浓度小于或等于 2000mg/L 时,细胞壁可承受的渗透压为 0.5~1.0atm(1atm=101325Pa),即使加上细胞壁和细胞质膜有一定的坚韧性和弹性。细胞壁可承受的渗透压也不会大于 5~6atm,但当水溶液中的氯离子浓度在 5000mg/L 以上时,渗透压大约将增大至 10~30atm,在这样大的渗透压下,微生物体内的水分子会大量渗透到体外溶液中,造成细胞失水而发生质壁分离,严重者会导致微生物死亡。在日常生活中,人们用食盐(氯化钠)腌渍蔬菜和鱼肉,灭菌防腐保存食物,就是运用了这个道理。

工程经验数据表明:当废水中的氯离子浓度大于 2000mg/L 时,微生物的活性将受到抑制,水面泛出大量泡沫,微生物会相继死亡。不过,经过长期驯化,微生物会逐渐适应在高浓度的盐水中生长繁殖。目前已经有人驯化出能够适应 10000mg/L 以上氯离子或硫酸根浓度的微生物。但是,渗透压的原理说明,已经适应在高浓度的盐水中生长繁殖的微生物,细胞液的含盐浓度是很高的,一旦当废水中的盐分浓度较低或很低时,废水中的水分子会大量渗入微生物体内,使微生物细胞发生膨胀,严重者会导致破裂死亡。因此,经过长期驯化并能逐渐适应在高浓度的盐水中生长繁殖的微生物,对生化进水中的盐分浓度要求始终保持在相当高的水平，不能忽高忽低，否则微生物将会大量死亡。

23. 估算剩余污泥的产生量

在微生物的新陈代谢过程中，部分有机物质（BOD）被微生物利用，合成了新的细胞质以替代死亡了的微生物。因此，剩余污泥的产生量与被分解的 BOD 数量有关，两者之间是有关联的。工程设计时，一般都考虑每处理 1kg BOD_5 产生 0.6～0.8kg 的剩余污泥（不含水，全部为干污泥），折算成含水率为 80% 的干污泥则为 3～4kg。

24. 污泥的培养驯化

污泥的培养周期取决于废水的水温，废水水温高于 15℃ 时，污泥培养的过程较快，水温低于 15℃ 时则污泥驯化时间较长，因此污泥的培养驯化应尽量选择在 5～11 月期间（长江流域）进行。就废水的水质而言，无毒无害、易生物降解的废水，其生化菌种培训的时间一般在 10～20d，而有毒有害、难生物降解的废水，则需要一个较长的过程，约需 30～60d，甚至更长。在清水调试完成后，对于可生化性能较好的废水，可以直接用废水驯化微生物；对于化工废水或可生化性能比较差的废水则应采取分步培菌法，具体步骤如下：

① 快速增殖。快速增殖的目的是使污泥迅速生长到填料上。一般来说，采购来的污泥在脱水、运输过程中，微生物都会有不同程度的受损，它们在新的环境中有一个恢复和生长的过程，需要有一个好的生存环境。如果这时直接用化工废水驯化，必然会导致微生物大量死亡。因此第一阶段可用生活污水或葡萄糖或干面粉烧制的熟浆糊（初始 3～5 天内，每 $100m^3$ 生化池容积可按投加 5～10kg 干面粉的比例投放）来培菌，每天曝气两次，好氧池每次曝气 8h，使微生物快速恢复和生长繁殖，这种方法称为快速增殖法。快速增殖期间生化池内的废水可以通过污泥驯化管排放，放水前先停止曝气，待污泥沉降 4～8h 后再放水。快速增殖期一般为 7～10d。生化池在运行过程中，当微生物一旦受到负荷冲击，COD 去除率或 SV 突然下降时，也可以采用快速增殖法来帮助微生物恢复和生长。

② 废水驯化。污泥生长到填料后，每天在 $100m^3$ 生化池内加入的干面粉可增加至 20～30kg，同时在生化池内泵入生化进水或废水。初始废水的进水量可按每 $100m^3$ 生化池容积的 1%～2% 的比例泵入，以后每两天按 2% 的比例逐步增加废水的泵入量，直至达到设计的废水进水量。随着废水泵入量的逐渐增加，葡萄糖或干面粉的投加量或生活污水的泵入量应相应减少，直到停止投加，或者可按比例投加废酒精（1kg 废酒精按 1.5kgCOD 计）。培菌驯化期间，必须每天测定 COD，如发现 COD 去除率或 SV 突然下降，则应立即停止废水的递增进水量，直至 COD 去除率回升至 50% 以上和 SV 不再下降。好氧池正常进废水时，COD 去除率能保持在 80% 以上，处理出水 COD 浓度在 200mg/L 以下，则可以认为生化池已开始正常工作。在污泥驯化期间，切忌负荷（如大水量、高浓度）冲击，培菌完成以后，即可进行正常的运作。

25. 生化池内的磷酸二氢钾的投加量

按碳磷比为 100:1 的比例折算（质量比），严格地说这里的碳是指 BOD_5。因此，若生化池内进水为每天 240t，BOD_5 浓度为 250mg/L，则生化进水内每天的 BOD_5 质量应当为 $240 \times 0.25 = 60kg$，每天的需磷量为 $60/100 = 0.6kg$，折合成磷酸二氢钾的投加量应当是：$0.6 \times 136/31 = 2.63kg/d$。为计算方便，可按以下简化的公式计算。

$$W = BOD_5 \times Q \times 0.044/1000$$

$$W = COD \times B/C \times Q \times 0.044/1000$$

式中　COD——生化进水中的 COD，mg/L；

　　　BOD_5——生化进水中的 BOD_5，mg/L；

　　　B/C——BOD_5 与 COD 的比值；

　　　Q——生化进水水量，t/d；

　　　W——磷酸二氢钾每天的投加量，kg/d。

26. 生化池内每天应投加尿素的量

合理的营养比例是：碳：氮：磷＝100：5：1。按碳氮比为 100：5 的比例折算，严格地说这里的碳是指 BOD_5。因此，若生化池内进水为每天 240t，BOD_5 浓度为 250mg/L，则生化进水内每天 BOD_5 质量应当为 $240×0.25＝60kg$，每天的需氮量为 $60/100×5＝3kg$，折合成尿素的投加量应当为：$3×44/14＝9.43kg/d$。

为计算方便，可按以下简化的公式计算。

$$W＝BOD_5×Q×0.157/1000$$

$$W＝COD×B/C×Q×0.157/1000$$

式中　COD——生化进水中的 COD，mg/L；

　　　BOD_5——生化进水中的 BOD_5，mg/L；

　　　B/C——BOD_5 与 COD 的比值；

　　　Q——生化进水水量，t/d。

27. 当生化池受到负荷冲击，微生物受损时该采取的措施

生化池在运行过程中，当微生物一旦受到负荷（水量、浓度）的冲击，COD 去除率会突然下降，严重时污泥会从生物填料上脱落，使出水变混浊。这时应立即停止进水，往生化池内投放粉末活性炭以降低污泥负荷，粉末活性炭的投加比例为每 $100m^3$ 生化池容积投加 10kg，当污泥的沉降性能有所恢复后，可采取污泥驯化的快速增殖法，在生化池内投加生活污水或投放废酒精或用将干面粉烧熟制成的湿浆糊，投加比例为每 $100m^3$ 生化池容积投加 5～10kg 干面粉，2～3d 后开始进水并逐日增加进水量，直到微生物恢复正常。

第二节　疑难解答

1. UASB 法在国内应用很多，但运行效果不相同。究其原因，应该是：三相分离器、布水系统、保温系统。在此有些疑问：①采用 UASB 法时，三相分离器是根据特定污水设计的吗？国内有很多专门生产三相分离器的，而 UASB 法在工业废水方面使用较多，不同的工业废水性质不一样，是否会影响三相分离器的正常使用？

②三相分离器是底部进水，布水容易堵塞，不知道运行得好的办法是怎样解决这个问题的？

③厌氧反应在 35℃时比较好，UASB 池的保温是如何做到的？尤其是采用钢结构的池体时，UASB 池产生的沼气如何使用？如果 UASB 池内的温度达不到要求，考虑加热时应采用何措施？

答：三相分离器一般不会根据特定污水来设计，只考虑其结构对三相分离的效果。布水系统堵塞问题是多孔式布水方式必然存在的问题，工艺上可采用反冲或气冲的方法解决，至

于池体的保温一般不需做特别的措施，只需控制进水温度即可，如进水温度过低，可在进水管线上加装汽水混合器，利用蒸汽加热至合适温度。不过在高效厌氧反应器中，不看好UASB 反应器，因为相对 EGSB 和 IC 来说其处理效果较差，对已建的 UASB，如果处理效果不好，建议作此改造，如增设内回流管或后面增加沉淀池。

2. UASB 的 HRT 要求较长，水力负荷太大，跑泥特别严重，长时间的内回流出水带泥较多，反而不利颗粒污泥的形成。不知正确与否？

答： 设置内回流会加剧跑泥的说法不妥，这是有利于颗粒污泥形成的，就是提高剪切力，当然颗粒污泥形成的条件和 UASB 池的处理效率提高还有很多其他因素。

3. 采用卡鲁塞尔 2000 型的氧化沟，出水口的溶解氧一般控制在 2mg/L 左右，最高值控制在 3.0mg/L，进水的水量为 3 万立方米/天，进水的 BOD 有时候较低，平均值在 50mg/L，氧化沟的有效容积为 14750m³，MLSS 一般控制在 3000mg/L，由此得出的 F/M 为 0.0339（不知此值对否），如果此值正确，那么污泥负荷是否太低？污泥龄一般控制在 15 天左右，SV30 为 15％，SVI 为 50 左右，不知该如何进行工艺的调整，来缓解跑泥的现象？

答： 据判断污泥已老化了。应对措施：增加排泥量，减少供氧量；如果沟里设置水下推进器，曝气机可间断运行。

4. 水解酸化在废水处理中是一个很难说清的处理工艺，对于 COD 来讲，有的去除率很低、有的去除率比较高。某化工废水项目，水解酸化 COD 的去除率高达 40％～50％，但需少量曝气；某印染废水处理中水解酸化 COD 去除率一般在 15％～20％左右，但色度的去除率很高，水解酸化对 pH 的要求实际上并没有像资料上讲得那么高，pH 在 6～10 之间均有效果，但在 8 左右效果应该比较好。请问正确与否？

答： 所描述的化工废水水解酸化 COD 去除率可达 40％～50％，而且需少量曝气，这问题是特例，不能说明就是酸化的实际效果，因为去除的大多是无机性 COD，是在曝气条件下被氧化的，如果不曝气，COD 去除率会明显下降。

5. UASB 按照三相分离器的原理和作用，是不应该有污泥回流的，但由此而来产生如下问题：①UASB 反应器跑泥时如何补充污泥？②UASB 反应器受冲击时引起污泥浓度波动，如何尽快使其恢复平稳？③在排出 UASB 反应器中无机化的污泥时，如何尽快使其恢复到所需的污泥浓度？

答： UASB 池如果污泥流失，即使污泥能回流也是无济于事的，因为污泥回流的同时反应器的上升流速也会相应增加，回流量大，污泥流失量也大，所以 UASB 池大多数是没有污泥回流的。所说的大多数没有也就是说有的 UASB 池还是有污泥回流的，因为在 UASB 池后又增设了沉淀池，但这样的工艺不多，如果这样还不如用 EGSB 或 IC。UASB 池主要还是以絮状污泥为主，加之反应器不高，所以上升流速不能太快。虽然典型的 UASB 池没有污泥回流，但出水还是能回流的。

6. 厌氧污泥能否通过一定的措施转化为好氧污泥？有什么特殊要求？是否需要花费大量的时间？

答： 所说的情况在污水生物处理中常会碰到的，污泥厌氧后，厌氧菌很快繁殖，而好氧菌则处于休眠状态，可维持很长的时间。至于能维持多长时间，这与温度等因素有关，从理论上讲在常温下可维持约两周时间，实际上还可再长一些。厌氧后的污泥再经曝气，仍可恢复活性，只是污泥量会明显减少。

7. 要控制 UASB 污泥的流失是否可在上部增加一回流管，控制其回流比，形成内循环？

答：很好的建议！不过这样的目的主要是有利于颗粒污泥的形成，使颗粒污泥所占的比例大大增加，污泥保有量增加。

8. UASB 池内增加回流管会不会影响水的上升流速？

答：会的，循环区的上升流速会加快，这也是设置循环的目的，虽然在初期还不能避免反应器污泥外溢，但可使泥水充分混合，也有利于污泥造粒，使污泥保有量增加，一定时间后就可显示出效果。

9. UASB 池增加内回流管，水的上升流速提高，会不会给三相分离器带来副作用？

答：因为是从三相分离器的下部向底部回流，所以不会影响三相分离器的上升流速。

10. 若 UASB 池不设内回流，如果排泥时泥排多了怎么办？

答：因为污泥不外流，所以不存在所说的问题。如果另设沉淀池，污泥就要回流，但回流量的大小也只能反映污泥在整个系统内的周转速率或循环速率，也与系统内的污泥量无关，也就是说如果 UASB 池不排泥，无论污泥回流量是大是小，系统内的污泥量不会影响（不考虑污泥增长的因素）。

11. 如果 UASB 排泥时控制不当，造成污泥流失怎么办？如何恰当控制污泥排泥？

答：这是运行管理方面的事情，如同好氧活性污泥工艺有"三相平衡"的调节一样，各类厌氧装置的各项运行参数也要根据运行状况来控制的，如泥、水二相平衡的调节，使反应器的容积负荷控制在一个合适的范围。容积负荷（这里指污泥所占的容积）是通过排泥量来控制的，也受限于废水水量和浓度，当废水量增加或废水浓度增加时，为了保持负荷平衡，就要少排泥或不排泥，提高系统的污泥量，反之则多排泥以减少系统污泥量。此外还要考虑很多受限因素，如：系统的污泥量过多，虽然可降低容积负荷，但会使污泥的膨胀度增高，影响泥水分离；排泥量太多，则会造成容积负荷过高，使 VFA/ALK 的比值升高，影响处理效果。这些都要根据具体情况通过调试来确定，有些方面则靠经验。

12. UASB 中污泥培养究竟需要注意哪些方面的条件？除调试阶段进水一般要求 COD 在 5000mg/L 以下，还有 pH 值一般要求在 7～8，营养物质 N、P 等之外，还要注意哪些问题呢？在调节池里为了使进水均匀曝气是不是对 UASB 有影响？UASB 池中上面的水应该是清的还是黑的呢？

答：这些问题一言难尽，可参考相关资料。但有两点可说明一下：调试起始容积负荷不能高，要逐步提高，不能光从 COD 来控制；调节池少量曝气没影响，少量氧对厌氧反应装置的影响是微不足道的。

13. 采用的厌氧工艺是 UASB，没有升温装置，整个工艺没有污泥回流系统，废水是通过 UASB 溢流到好氧池的，而好氧池采用的是生物膜法，现在要进行污泥培养，培养过程中要注意什么？

答：UASB 污泥培养可用其他污水厂浓缩后的厌氧污泥移植培养，投加的污泥量要多，投加到厌氧反应装置高度的约 1/3 处，污泥层至少 1m。如果没有厌氧污泥，也可用放置一段时间后的好氧污泥来移植培养。培养初期不必追求严格的厌氧，即使移植的污泥中有氧也会很快耗去，而形成厌氧条件，只是培养时间会长一些。培养过程中 pH 一定要经常测定，控制在 7 左右，还要控制好营养。具体的培养要求可参考相关资料。

14.处理垃圾渗滤液时，大分子水解为小分子，原来水中有些大分子无法被重铬酸钾氧化，而水解后却可以。水解酸化阶段会不会出现 COD 升高现象呢？

答：确实有可能出现原来不能被重铬酸钾氧化的大分子有机物通过水解酸化后能被氧化了，但水解酸化池出水 COD 还是不会升高的，理由是：①重铬酸钾法测定 COD 时，有硫酸银作催化剂，可氧化 95％以上的有机物；②水解酸化过程中 COD 也会去除一部分，去除率肯定高于前面说的不能被重铬酸钾氧化的那些物质。

15."污泥泥龄"是怎样确定的？如何来控制？究竟是用排泥量确定它，还是用其他指标来确定排泥量？

答：泥龄、F/M 等与其说是运行的控制参数，不如说是设计方面的参数。在工艺控制中它们只是参考参数，实际运行中排泥量通常是根据 MLSS 值加上经验来控制的，在 SVI 相对稳定的情况下，也可用 SV30 来参考。

16.某厂用的是卡罗塞尔氧化沟工艺，有时装置的出水氨氮比进水还高，进水 TP 2.5mg/L 左右，出水只有 0.2mg/L 左右，曝气机 3 台满负荷运行，这是怎么回事？

答：只能根据提供的情况来初步分析，可能是污水含氮有机物较多，反应时间不够，有机氮的氨化速率大于氨氮的硝化速率，此外，也可能是磷不够，影响氨氮通过同化途径去除的效果。

17.在运行过程中，氧化沟表面有一层厚厚的污泥堆积，粒径约 1mm 的污泥颗粒泛黄色，时常会造成二沉池大量漂泥，污泥返白；有絮体随出水一同流出，SV30 迅速下降，处理效果丧失，堆积污泥减薄消除，周而复始。请问其成因和控制措施是什么？

答：说明污泥已失去活性，使 SS 增加。有两种可能：一是污泥自身氧化；二是污泥中毒。从所描述的现象看，前者的可能性大，可测定一下比耗氧速率，即根据内源耗氧速率与基质耗氧速率之比来确定，针对性采取措施。

18.AB 法 A 段如何控制？是从一沉池以等同的流量给 A 段连续回流吗？SV30 应控制在多少？是 5％～10％吗？

答：A 段的回流比应该大一些，但也不能使污泥在一沉池的停留时间太短，虽然 A 段主要以吸附为主，但也有一定的生物降解作用，生物降解大多在沉淀池内进行，只有将吸附在污泥表面的有机物降解，才能恢复吸附能力。应该用 MLSS 来控制，在污泥沉降性能稳定时也可用 SV30，要根据实际情况定，沉降比 5％～10％太低了。

19.调试的是工业废水，工艺为"水解＋厌氧＋好氧池 1＋好氧池 2＋沉淀"，由于安装问题，曝气池布气不均匀。每个曝气器处，均有一个类似喷泉上下翻滚，直径 1m 左右，曝气不均，对处理效果有多大影响？还发现曝气区填料挂膜较少，镜检有大的后生动物，没有发现其他生物，填料生物膜表面为淡黄色，曝气区外的生物膜厚达 3cm，请问原因是什么？

答：所说的情况不能说是曝气不均，是正常现象。如生物膜把填料基本覆盖就很好了，而曝气区外的生物膜厚达 3cm 就是严重结球，要采取措施，如用大气量冲刷和厌氧脱膜等措施。

20.有关接触氧化池的问题：①接触氧化池在放空时，填料上污泥能存活多少时间？②当接触氧化池处理能力下降时，要不要投加营养？③对于泡沫，加煤油消泡有效吗？若有效通常要加多少？

答：①接触氧化池放空后并不是生物膜污泥能存活多长时间的问题，而是要避免软性填料晒干而板结，板结后再浸入水中就很难再伸展开，要防止这样的情况出现；②接触氧化池处理能力的下降应从多因素考虑，其中生物膜的厚度控制很重要，膜太厚会严重影响处理能力，还要注意池放空时只能缓缓放，否则会导致大量生物膜的软性填料架倒塌或变形；③化学性泡沫用水喷淋较有效，不赞同用煤油之类的方法消泡。

21. 石油化工废水两级生化处理，一级是圆形完全混合式曝气池，二级是推流曝气池，一级 DO＝0.2mg/L，二级 DO＝5.0mg/L。这段时间一级生化进水 pH＝8.0，出水 pH＝6.5，二级生化后 pH＝5.78，超出 6～9 的范围，这是怎么回事？

答：一级 DO 低很正常，因为污泥负荷高，一级 pH 值下降的原因可能是负荷太高发生酸化，二级出水 pH 下降可能是由硝化反应消耗碱度造成的。

22. 老装置改造用来处理氨氮废水，采用"水解＋厌氧＋两级好氧（接触氧化工艺）"，污水回流到水解池，污泥回流到厌氧池（缺氧池），如果加大回流，水解池污泥流失很快（水解池由黑变清），并且后面的厌氧池溶解氧可达 0.7。为此尝试沉淀池底部回流（通过放空管回流），由于回流量限制，氨氮的去除率不理想。请问：前置反硝化工艺，通常回流的是好氧池出水还是沉淀池出水？

答：应该是二级好氧池的出水回流至缺氧区，而不是回流至水解池和厌氧池。水解池就是酸化池，主要是通过水解酸化提高废水的可生化性，应该先了解一下硝化效果是否好，再考虑反硝化问题。还有所说的沉淀池是否是最后的沉淀池（用于沉淀好氧池脱落的生物膜）？厌氧池后是否有沉淀池？感觉除了存在设计问题，还有运行管理问题。

23. 现在用 SBR 工艺处理医院污水，目前已经投放生活污水和回流污泥（经过带式污泥机出来的污泥达 500kg），鼓风的时候就在十分钟左右出现大量的白泡沫。水量大概有 120m³，是不是进水量大和浓度高呢？出现这样的问题如何去解决？

答：如用脱水污泥作污泥培养接种用，投加量至少要为有效池容的 3%，另外还有营养方面的要求，接种污泥投加量太少了。至于出现泡沫很正常，污泥形成后会大大减少或消失。

24. 某厂采用"厌氧—水解——一级好氧接触氧化—二级好氢接触氢化工艺"，进水 COD在 1000mg/L 以下，进水氨氮 50mg/L，BOD$_5$/COD 在 0.35 以上，出水氨氮无法达标，如何解决？

答：工艺应改变，这样是无法达标的。进水氨氮 50mg/L（总氮还要更高）、BOD$_5$/COD 在 0.35 以上就不必水解酸化，COD 在 1000mg/L 以下也不必用厌氧。可将厌氧池和水解池都改成好氧池（接触氧化），反硝化池不必另设，只要将目前的第一级好氧接触氧化池的溶解氧控制在 0.5mg/L 以下即可（假设水解池和厌氧池都改成好氧池）。

25. 为什么说 BOD$_5$/COD 在 0.35 以上就不必水解酸化？

答：因为这样的 B/C 的污水可生化性还可以，污水中不可生化物质在此比值下不算很高，大部分可以被活性污泥吸附而通过剩余污泥排放来去除并使出水达标。还要说明的是，所谓不可生化的有机物，其中一部分还是可以降解的，只是生化过程较长。不必酸化并不是酸化效果不好，而是从投资、占地等经济角度考虑。

26. CAST 工艺处理城市污水，BOD 在 80mg/L 左右，MLSS 在 4000mg/L 左右，目前DO 在反应时控制在 1.0～3.0mg/L，有时 DO 会超过 3.0mg/L。现在污泥灰分较高，在恢复时应具体注意哪些方面？大致控制参数是多少？以上的参数有什么不妥？

答：根据所介绍的情况，可能是污泥负荷过低引起污泥老化，应该增加拌泥量，减少至选择池的回流量，减少曝气时间。

27. 废水硫化物高若用湿式氧化法，要是生成硫酸怎么办？这样对管壁有腐蚀作用，可能造成管壁塌陷，是否让硫化物沉淀较好？

答：不存在所说的问题，用湿式氧化法硫化物会被氧化成硫酸盐，当然也会有一部分未被完全氧化变成硫代硫酸盐。

28. 采用 A/O 工艺，现在总磷去除还可以，但是氨氮一直没降低，调试已经有三个月了。曾经看到过一篇文章说不用内回流也可以降氨氮，而此系统的内回流不好控制，几乎没有，不知道要怎么做才能降低氨氮？

答：根据所说的情况，出水氨氮高于进水与没有回流无关，主要还是反应时间不够。估计这类废水有机氮较高，由于硝化时间不够，有机氮的氨化速率大于氨氮的硝化速率，出水氨氮上升也是很正常的，还要确认硝化的基本条件是否控制好。

29. 接触氧化装置生物膜培养过程中发现生物膜形成后又会脱落，如何解决和避免？

答：生物膜形成而大部分又脱落是很正常的现象，一般脱落后第二次或第三次重新形成后才算是挂膜成功，也就是说第一次生物膜形成不能算挂膜成功，如果第一次挂膜后不大量脱落是偶然的，经一二次脱落后才形成才是必然的，大多数情况下是这样的。

30. 腈纶废水较难处理，用什么处理工艺合适？

答：腈纶废水的可生化性较差，含有大量低聚物和 SCN 等无机性 COD，所以先要预处理，如中和、混凝，然后用生化处理，生化处理建议用生物膜法，前面要有酸化工序。

31. 接触氧化池是否用按填料空隙率计算水力停留时间？如何计算？

答：按填料空隙率计算水力停留时间是没意义的，也算不准，应该是容积负荷和污水在生化池的停留时间。

32. 用蒸馏滴定法测氨氮时，馏出液呈黄色，影响滴定终点，不知道是为什么？怎么避免或者排除干扰？好氧污泥浓度在测定时，是取 10mL 沉淀了半小时的污泥，还是取 10mL 水和污泥的混合物沉淀后测定？好氧污泥浓度一般控制在多少是正常的？水解酸化池的污泥浓度一般是多少为正常的？

答：浓度高要稀释后用比色法测定。如果加入显色剂后仍有黄色，说明氨氮浓度很低（只是猜测）。污泥浓度测定要用 100mL 混合液在量筒沉降后的污泥来测定。污泥浓度控制的范围要根据装置的实际污泥负荷来定，不能一概而论。

33. 某厂的 UNITANK 系统，其主体为三池结构（三个池可分为左边池、中池、右边池），三池之间为连通形式，每池设有曝气系统，采用机械表面曝气，并配有搅拌，外侧两边池设出水堰以及污泥拌放装置，两池交替作为曝气和沉淀池，污水可进入三池中的任何一个。现工艺运行分两个主体运行阶段，第一主体运行阶段步骤如下：①污水先进入左边池，同时左边池进行厌氧搅拌，搅拌时间为 1h。中池好氧曝气，右边池做沉淀池出水。②污水继续进入左边池，左边池停止搅拌，进行好氧曝气，曝气时间为 3.5h。中池始终好氧曝气，右边池还做沉淀池出水。③左边池停止曝气、静沉，静沉时间为 1h，污水由进左边池改进中池。中池始终好氧曝气，右边池还出水。第一个主体运行阶段（共 6h）结束后，通过一个短暂的过渡段（0.5h 反冲洗），即进入第二个主体运行阶段。第二个主体运行阶段过程改为污水从右边池进入系统，混合液通过中间池再进入作为沉淀池的左边池，水流方向相反，操作过程相同。以上工艺已运行两年，该工艺在脱磷除氮方面存在着一些漏洞，即在各个主体阶段沉淀池排出的水没有经过一个完整的厌氧-好氧过程，排出的水以好氧水为主。另一方面，现工艺在厌氧-好氧段时间分配不合理，好氧段时间过长。对此，提出了一些建议，以第一主体运行阶段为例：污水先进入左边池进行厌氧搅拌，厌氧搅拌一段时间后污水改进入中池，左边池停止厌氧搅拌改好氧曝气，这样左边池就好像被"锁定"一样，能尽可能完成硝化反应。其后左边池停止曝气，作为沉淀池。然后进入第二个主体运行阶段，污水流动方向由右向左，运行过程相同。建议提出以后也实践了一段时间，在实践过程中碰到了这样一个问题，就是其中一边池被"锁定"曝气、中池改进水以后，中池的污泥始终推流到另一做沉淀池的边池，结果中池的污泥浓度极低，而沉淀池的边池污泥浓度很高，造成"泛泥"和磷的二次释放。对于上述描述的一些情况，想请教下面问题：①建议对现行的工艺合理？②如何解决中池污泥浓度低的问题？③现行的工艺厌氧-好氧段时间分配合理吗？

答：三个问题回答如下。

① 建议比原来的运行模式合理，但要作些调整，即在锁定左边池的前提下，延长左边池进水的时间，相应减少中池进水的时间，这样更合理。

② 左边池进水的时间增加后，左边池更多的污泥推至中池，使中池的泥比调整前的多，可以使中池进水时间结束时的污泥浓度比现在的运行模式多。

③ 至于厌氧-好氧的时间是要根据脱氨除磷效果及试调来确定。无论左边池和中池进水时间如何调节，两池总的进水时间是不变的，中池进水时间增加而左边池进水时间减少，推到右边池的流量是一样的，但流过去的污泥绝对量会减少，当然各池的污泥浓度不可能平衡，这是交替式曝气池的特点。至于要缩短周期的时间是不对的，对于设有厌氧段的工艺，如果缩短周期时间，由于边池出水前的预沉淀时间不能缩短，所以每周期中的好氧和厌氧时间就不够了，即使不考虑除磷，要缩短周期，也要在污泥的沉降性能好的情况下进行，这样才能减少预沉淀的时间，而保证生化阶段的时间。还要说明的是 UNITANK 工艺对脱氮除磷有一定的局限性，除磷会制约脱氮效果。

34. 微生物镜检时怎样计数？若采用 10 倍的物镜，16 倍的目镜，即总放大倍数为 160 倍，在总放大倍数 160 倍下的一个视野看到 3 个钟虫，那在 $1m^2$ 中有多少钟虫？

答：应该用 100 倍，即目镜和物镜都是 10 倍，来观察原生动物和后生动物，并计数。丝状菌的丰度 100 倍也可大致看清；污泥结构和游离细菌的密度观察采用 400 倍较合适，计数方法是：先确定每毫升曝气池混合液共有几滴（假定每毫升有 20 滴），取一滴混合液于载玻片上，小心盖上盖玻片，然后在 100 倍下将所有泥样都看一遍，记好各类原生动物和后生动物的数量，然后再观察其他内容。

35. 处理的是造纸废水（麦草制浆），采用卡鲁塞尔氧化沟，但现在氧化沟的污泥沉淀性很不好，SV30 很差，这是何原因造成的？

答：原因可能是为了满足供氧量，不得不使曝气机高速运行，把污泥打碎而使沉降性能更差。这类废水适宜鼓风曝气法，采用推流式，目前的办法是尽可能避免曝气机长时间高速运行，控制污泥浓度，回流比尽可能小，以避免沉淀池上升流速过快。

36. 三槽式氧化沟侧沟排泥有它的优点，但同时又有它的致命缺点，即像 SBR 工艺一样会形成排泥漏斗，造成初期排泥的浓度高而后期排泥的浓度非常低，从而造成对后续的污泥处理工艺的不利，而且造成控制系统复杂，要借助不可靠的仪表或增加工人的劳动强度来完成。这种认识正确吗？

答：这是完全可避免的，边沟排泥并不是任何时间都可排的，如果在 A 阶段从曝气边沟排泥也不可能出现这情况，污泥沉降性能好的也不一定要边沟排泥，应该根据各装置的具体情况来定。至于运行管理要方便，当然要有可靠的控制系统，目前的控制系统应该算是简单、成熟的。当然自控系统出问题，用人工控制很不方便，这也是三槽式氧化沟的弱点之一。

37. 三槽式氧化沟是如何交替排泥的？是实测曝气池污泥浓度进行切换还是根据进水浓度预测切换？

答：可在 A、D 的起始阶段从暖气侧沟排泥，此时暖气沟内的污泥浓度也较高，在排泥过程中，一部分被污泥吸附的物质可随污泥一起排出，也可减轻此后该阶段反应的处理负荷，总之，排泥方式和排泥时间需根据运行周期的时间、污泥沉降性能等综合考虑，不能一成不变，交替排泥模式需由单独的控制系统来控制，现有三槽式氧化沟的控制程序无法满足这方面要求。

38. 三槽式氧化沟运行模式如何编程？如何确定各阶段的运行时间？

答：由于一个运行周期内的前三个运行阶段与后三个运行阶段的运行状态相同，设定时仅考虑前三个阶段即可。如，A、B、C 三阶段的总时间为 4h，应先确定 C 阶段的时间，这个阶段以沉淀为主。假如停止曝气后将作沉淀用的侧沟的混合液在 1h 内能使泥水分离完全，则 C 阶段的时间就定为 1h；A 阶段是生化反应的主要阶段，其运行时间应大大长于 B 阶段，经 A 阶段运行后，大部分生化作用已完成；B 阶段是 A 阶段向 C 阶段的过渡阶段，此时，废水进入中沟，经生化处理后流向另一沉淀沟，曝气侧沟在不进废水的情况下继续曝气，使沟内尚未降解的物质进一步转化，所以 B 阶段的时间较短。要根据不同的情况来采用相应的运行模式，如当污泥沉降性能差时，应该适当增加 C 阶段的时间，相应减少 A、B阶段的时间。

39. 某单位采用卡鲁塞尔氧化沟 2000 型工艺的城市污水处理厂，规模 8 万吨/天。运行中 $NH_3—N$ 去除不理想，2 月份进水 $NH_3—N$ 平均为 32.35mg/L，出水为 25.99mg/L，是否提高好氧区的 DO 值，就能降低 $NH_3—N$ 值？

答：可提高好氧区的溶解氧，同时将内回流闸门开大，这样使反硝化区的缺氧部分容积减少，可在一定程度上提高硝化效果，此外还要考虑碱度是否足够等因素。

40. 卡鲁塞尔氧化沟的水力设计目前在国内还是一个尚未充分探讨的课题。主要原因是其中涉及方方面面的因素，如：机械设备（特别是表曝机）的机械和水力性能（如曝气叶轮形状、转速、浸没深度等）及其运转中输入水中的能量（该能量在充氧、推动和搅拌上还存在着一个分配关系）；氧化沟具体的布置形式和沟体设计，如渠长、宽，水深，导流墙的位置、形状、是否偏心设置等。将所有这些因素（可能还有上面没有提到的）综合起来，才能得出卡鲁塞尔氧化沟中的具体水流形态和有关参数（如流线、湍流程度、断面流速分布及平均流速等）。由于此问题非常复杂，不知对卡鲁塞尔氧化沟水力设计方面有何建议？

答：其实也没这么复杂，氧化沟内的流速与水力停留时间或是氧化沟的容积没有什么定性关系，氧化沟内的流速是以控制沟内不沉淀为准，不宜过大，流速太小会使污泥下沉，是通过水下推进器或表曝机来完成的，只是完成流速的设备要根据与池深、池长等来定，不同厂家的设备选型也不尽相同。

41.能否告知三沟式氧化沟运行管理中的注意事项以及它的局限性。

答：需注意的事项很多，首先要根据实际情况确定好运行周期的时间，然后确定周期内各运行阶段的时间，运行阶段应先确定 C 阶段时间，因为 C 阶段是泥水分离时间，还要调整好转刷的浸没深度，使其具有很好的充氧能力和混合推动力。池内的所有转刷的浸没深度要一致，转刷的浸没深度应在静止状态下通过出水堰门来调节，即在氧化沟进水而不曝气的状态下用出水堰门的升降来调节，当转刷处于合适的浸没深度时，出水堰门的开度即为转刷运行时的开启限位。两条侧沟的所有出水堰门开启状态下的限位应该基本相同。应该根据废水的特性和本装置的实际情况，通过试运行来确定日常运行的前任稳式并输入目控编程器，进行运行控制。当出现异常情况时，应该及时调整运行模式，如：因污泥沉降性能差而造成沉淀沟泥水分离困难使出水带泥时，应该增加 C 阶段的时间，相应减少其他阶段的时间。两条侧沟出水堰的开闭状态是根据设定的工艺要求自控的，半个周期两条侧沟的切换中，在预设定时，原出水沟的堰门应在另一预沉沟的出水堰门全部都开启后再关闭，以防原预沉沟在出水的初始时间漂泥。自控系统出现问题时，可通过手动控制来运行，手动控制时，各设备的开闭时间和顺序应该严格按运行模式进行，并与自动控制程序相同。

42.请从实用性角度谈谈对污水处理行业的自控技术的看法，比如说卡鲁塞尔工艺。

答：生化处理工艺方式很多，要看什么工艺，如果是传统鼓风曝气活性污泥法，就没必要自控，只要有液位保护控制和泵等设备手动遥控控制即可。卡鲁塞尔氧化沟用自控制当然好，如果有水下推进器，用保护控制即可，如果没有水下推进器，最好用运行控制。这里说的保护控制就是控制系统（如 PLC）根据设定的溶解氧范围，通过曝气机的开停和转速使溶解氧控制在要求的范围内。运行控制就不同，除了前面的要求外，还要考虑在曝气机慢速运行或只有个别曝气机运行时，防止污泥下沉，即在曝气机的总体运行状态只满足 DO 的控制要求，而不能满足泥水混合时能自动调控要求。

43.某厂工业废水是印染和化工污水，现生化池污泥只有 1.2g/L，镜检没有发现原生和后生动物，出水不达标，一个星期大流量回流污泥，还是没变化。SVI 和 SV 都很高，但是看不到丝状菌，请问该采取什么措施？

答：估计污泥已中毒受损，加大回流量是不对的。应该增加排泥量，并移植先前没受损时排出的剩余污泥或其他厂的污泥。

44.某厂用 A/O 法处理含有氨氮的污水，以前运行正常，最近经常在回流沉淀池出现污泥厌氧反硝化，引起污泥上浮，污泥流失，影响出水水质。如何解决？

答：① 控制好反硝化条件，尽可能去除硝酸氮；

② 增加沉淀池的出泥量，以降低沉淀池的污泥层高度，使污泥在泥层的停留时间减少，可防止污泥缺氧；

③ 条件允许的话（不影响缺氧区的缺氧环境）尽可能增加好氧区的溶解氧，使进入沉淀池的污泥不缺氧。

上述第一条是为了使进入沉淀池的硝酸氮大大减少，不会发生严重的反硝化，后两条措施是即使有大量硝酸氮进沉淀池，但由于不缺氧也就不易发生反硝化。

45.有个刚开始调试的处理站，采用 SBR 工艺，调了两个星期有点效果的时候，水量变小了，现在眼看着微生物慢慢变少，该怎么办？

答：减少曝气期时间，相应增加沉淀期或闲置期时间。

46.因为天气比较炎热，水中 DO 本来就低，大概在 3mg/L 以下，但由于在沉淀池中有污泥上浮发生，如果通过降低曝气量来控制的话，会不会影响出水水质？如果可以，应该如何控制 DO？

答：减少曝气量的措施是不妥的，污泥上浮不是曝气量过大造成的，即使曝气量大，大量气泡完全可以在曝气池出水槽和沉淀池进水口前释放掉。这种情况下减少曝气量会使沉淀池内污泥缺氧而发生反硝化甚至厌氧，加剧污泥上浮。正确办法是增加沉淀池出泥量（降低污泥层高度），使污泥在泥层的停留时间减少，防止或减缓反硝化的发生，污泥层降低也有利于泥水分离。天气热曝气池出水端 DO 还是稍高些好，3mg/L 是正常的。

47.用厌氧罐对畜粪厌氧高温发酵 20d 还不产气，而且 pH 时升时降，请帮助分析一下。

答：VFA 过高，还没完全进入碱性发酵阶段，在没有产气前不能排上清液或泥，否则会引起负压。

48.化工废水处理装置，水解加接触氧化工艺，氧化池溶解氧为零，经计算，COD 去除量为 420kg/d，供气量大约为 7.5m³/min，按 70m³ 去 1kgBOD 计算，处理能力应该为 150kg/d，这样理论供风与实际相差较大，是否会因供气过少而进入兼氧状态（气水比为 30：1）？

答：不说废水的浓度和水质等情况，首先用气水比来衡量就不妥，膜法与泥法是不同的，同样的气水比，还要看曝气器的氧利用率。如果用穿孔管曝气，氧的利用率就很低；如果用微孔曝气，则氧利用率可提高数倍，所以要进行综合分析。但不管实际情况如何，可以肯定的是氧化池无溶解氧，是供氧不足或曝气时间不够造成的。

49.回流污泥是从沉淀池底部流回曝气池，但是进入沉淀池的水量是进水量加上回流量，回流的水量还是要在沉淀池重新沉淀，还是要占用表面负荷？

答：沉淀池可分两部分，上面是泥水分离部分（澄清层），下面是回流污泥浓缩部分（污泥层）。以辐流式为例，曝气池混合液由沉淀池中心进水口流入，在泥水分离后，污泥下沉，分离的水上浮并溢流出池，污水占用的是澄清层的容积，污泥占用的是下部污泥层的容积。

50.现在设计的二沉池是奥贝尔氧化沟后的沉淀池，氧化沟回流污泥浓度要求 8000mg/L，中进周出的回流污泥浓度可能达不到要求，因此专家建议采用周进周出，生产厂介绍此工艺用单管吸泥机，回流污泥浓度可达到 8000～12000mg/L，合理吗？

答：不妥，如果今后污泥沉降性能差的话，回流污泥浓度不可能高，至少不会比辐流式高。周边进水式从理论上讲沉淀效率比辐流式高，因为可以减少进水水能对沉淀的影响等因素，但如果污泥沉降性能稍差就会发生严重短流，使整个生化处理系统处理能力大大下降。

51.请教一个工艺流程设计的问题，流量为 360m³/d，COD＝1700mg/L，BOD＝850mg/L，SS＝100mg/L，色度为 100 倍，处理的是 80％工业废水和 20％的生活污水，要求：COD＜90mg/L，BOD＜20mg/L，SS＜60mg/L，色度＜40 倍。请问采用何种方法能达标？

答：这类废水建议用"混凝＋SBR（低剂量 PACT 技术）"，即在曝气池内少量连续加入粉末活性炭，使活性炭与污泥结合，可大大提高处理能力，日常运行中只要补充少量通过剩余污泥排放流失的活性炭即可，补充量仅为每吨水 15～20g，酸化没必要采用，因为废水的 B/C 比值已很高了。

52. 处理的是食品厂的废水，包括薯片、糖果和膨化食品等，处理流程为 1♯ 调节池—2♯ 调节池—混凝池—沉淀池—活性污泥法二沉池（五个生化池依次相连），污泥回流和进水都进入第一个生化池池子，污泥沉降性一直不好，生化池池 SV30 达到 97％，进水 COD 为 2200～2500mg/L，混凝后 COD 大概为 1600mg/L，现在出水合格，但二沉池沉降不好，显微镜 160 倍下看不到什么生物，只有几个好氧藻类，不知如何调整？

答：请确认是否有大量丝状菌（如球衣菌），如果确认有的话，可用下列方法试试。将第一个池做好氧生物选择池用，即该池少量进水，同时加大曝气量，使 DO 在 2mg/L 以上，其余污水分别进 2、3、4 池。这样可使大量低等细菌先在第一池内繁殖，成为优势菌，再进入后面的池时，占优势的细菌也会在与丝状菌争夺营养时也占优势，从而达到抑制丝状菌繁殖的目的。但如果是非丝状菌引起的膨胀，可临时在曝气池出水处投加 PAM 助凝（不能加过量，否则适得其反）。

53. 某单位 PTA 化工污水经厌氧、A/O 生物法处理后产生的剩余污泥，污泥浓度 5g/L，经平流式浓缩池浓缩后污泥浓度为 15～20g/L，再经带式压滤机挤压，大量污泥从滤带中渗透出来。泥饼产量少，絮凝剂为 PAM 阳离子，请问如何解决？

答：可能由两种原因造成。浓缩池浓缩效果差；污泥加药调质方法不当。措施：污泥调质时，先加 PAC 混凝，待充分反应后再加 PAM 调质，还要确认浓缩池运行是否正常。

54. 一家发酵企业废水处理装置，由于废水中 COD、NH_3-N 浓度高，采用 2 级 A/O 工艺进行处理，流程是：废水池—给液泵—调节 pH—第一缺氧脱氮池—好氧硝化池（推流式）—第二缺氧脱氮池—再曝气池—澄清池。最近澄清池经常出现污泥上浮，经分析是第二缺氧脱氮池反硝化效果差，出水夹带硝酸根进入澄清池，在澄清池发生反硝化反应所致。采取的措施是向第二缺氧脱氮池加入葡萄糖（最多时一天要加 30％ 的葡萄糖 4～5m^3），同时把硝化池的 DO 降低（最低降到了 0.5mg/L），效果仍然不稳定，请帮助分析原因，应该采取什么措施？

答：如果第二好氧池 DO 降到 0.5mg/L，到第二反硝化池的后半部就可能完全厌氧，此时，如果氧化还原电位到负值，部分硝酸盐又会还原为氨氮，使后面的好氧池继续进行硝化，造成硝酸盐积累，也影响后曝气池剩余碳源的去除，所以分析是有道理的，降低硝化池的 DO 来防止好氧区向缺氧区后移在理论上是对的，但 DO 降得太低就会出现前面分析的情况。建议：增加后好氧池的曝气量；增加沉淀池的出泥量。目的是防止污泥在沉淀池内缺氧而反硝化。

55. 最近曝气池泡沫上粘有很多泥而且很黏，到二沉池表面有很多浮泥，MLSS 很低，污泥镜检中有很多轮虫的尸体，有循纤虫、漠口虫，耗氧很少，请问是否是污泥中毒？污泥中毒会发生什么现象？

答：有两种可能，即污泥中毒，污泥严重老化。前者的可能性大，不论是何种情况，都需要向反应池移植污泥，进行生物修复，没有好氧污泥，也可将先前排出的厌氧浓缩污泥引入曝气池，并投加粪便等营养，使污泥活性恢复，浓度增加后泡沫就会减少。

56. 二沉池为中进周出式辐流式沉淀池，池内径 48m，池有效水深 3.2m，二沉池的表面负荷、固体负荷、堰口负荷等均在正常范围内；生物池的污泥浓度一般在 4000mg/L 左右，R 控制在 50％～100％，生物镜检测菌胶团正常并无污湿脑胀性状，且 SV 为 30％～40％，SVI 也在 100 左右，但奇怪的是运行以来二沉池周边（边缘区 2～3m）区域经常有大量的浅黄色的絮状污泥上浮，不是成层状，某些小区域则更为严重。对以上情况希望能给些建议。

答：是没调节好，这样大的沉淀如是吸泥管，可将靠池外周的吸泥管出泥调节阀开大或开足，第二根吸泥管出泥调节阀也适当开大，同时相应减少其他吸泥管的出泥量。还要确认池靠周边吸泥管底部处离池壁有多少距离，如果超过一米就是设计不当。

57.请说说引进污泥后调试的具体注意事项，特别是针对工业废水的处理。

答：污泥要经济、快速，一次培养成功很大程度上要靠临场经验，要提醒的是在培养过程中宁可曝气不足也不能曝气过度，宁可营养过剩也不可营养不足，一些厂污泥长期培养不好，原因是在培养过程中污泥总是处于"生长—解絮—再生长—再解絮"这样一个恶性循环中，污泥在形成过程中需要较长的时间，污泥初步形成的阶段，过度曝气和营养不足会很快解絮。

58.某厂处理生活及生产污水（4800m³/d），用生物氧化池曝气处理，现选用的是罗茨风机，风量2000m³/h，2开1备，生物氧化池高4.5m，生化池在地面上，管线上装有曝气头，风机额定风压0.05MPa，现在不止噪声大，电机还超流，请问是什么原因。

答：风压没问题，因为曝气器在池底有一定安装高度，至少10cm，输气管系统的阻力不大，设计上肯定考虑了，至于池是否在地面上与此无关，只要池的有效水深不变即可。

59.BOD负荷大约为0.1mg/L，污泥在曝气池絮凝良好、沉降性差，SV30为97%，SS为7000mg/L，然而到二沉池后在出口分为两层，一层在细小泡沫携带下上浮，另外一层沉降良好，这是什么原因？

答：可能是下面两个原因之一。①硝酸盐在沉淀池泥层中发生反硝化，氨气气泡携带污泥上升，关停风机后会好转说明反硝化提前在曝气池完成了；②曝气量过大，大量气泡未能在沉淀池进水口完全释放而引起。

60.采用穿孔管曝气时，设计时应注意哪些因素才能保证曝气均匀？

答：这些在有关的设计书上都可查到，穿孔管的布置方式很重要，要做到布气均匀或提高氧的利用率，建议还是使用单侧布气，采用旋流曝气方式，当然这要根据工艺形式来定，池的结构也要与之相配。

61.一个牛奶厂的主要污水处理构筑物为接触氧化池和水解酸化池，是否要配置鼓风机？

答：如果酸化采用"泥法"用搅拌泵就可以了，最好不要采用生物膜法。主要是搅拌问题，无论是搅拌泵搅拌，还是脉冲搅拌等都有问题。鼓风机不一定需要，但如果后面的好氧池要用鼓风机，建议将输气管接入酸化池并设置曝气软管，这样酸化池在必要时也可作好氧池用，也可作辅助搅拌用。在有机负荷高的情况下，适量的曝气不会对酸化造成影响，如单独配鼓风机就没必要了。

62.在接种污泥培养时，要严格控制好曝气时间和曝气量，请问有何参数作为基准？

答：为避免污泥自身氧化，就要控制好曝气量，经常测定池内的溶解氧，及时进水，当污水浓度太低时要投加营养物，如没有这方面来源，可采用间隔曝气，至于如何控制曝气时间和曝气量，要凭经验，因为COD、污泥浓度等的数据无法及时获得，有经验的人可根据溶解氧变化和污泥外观（放在量筒观察）就可了解污泥的大致生长情况，并进行控制。污泥培养并不难，难的是要及时、一次培养成功，且培养费用不能高，因为对工业废水处理来说，污泥过早培养好，没有废水来维持，延长了培菌时间，不仅增加了培菌费用，甚至延误污水处理装置的定期投运。

63.是不是在低负荷运行的情况下就容易出现污泥膨胀？在其他什么情况下也会出现污泥膨胀呢？

答：这是比较复杂的问题，不一定是低负荷就易发生膨胀。丝状菌种类很多，不同的丝状菌有不同的生长环境，如：在废水 C/N 高且缺 P 时可引起球衣菌的膨胀；废水 N、P 不足，使硫细菌易繁殖；在硝化条件下，也可使大肠杆菌转化成丝状菌。此外，还与温度和 pH 等有关。

64.都说助凝剂 PAM 有毒，它的毒性表现在哪里？

答：这是相对而言的，少量的聚丙烯酰胺对微生物是没影响的，如果活性污泥沉降性能不好时，投加一些聚丙烯酰胺能明显改善污泥沉降性能和出水水质，如果长期投加会在污泥中积累，可能会有影响。聚丙烯酰胺没毒，其单体有毒。

65.实际运行中碱度是否根据进水氨氮控制？控制在什么范围？

答：理论上很容易计算，但由于水量和氨氮的浓度有波动，而且在处理过程中氨氮的浓度是动态的，因为氨氮被硝化的同时，含氮有机物还会氨化（在某处理时段会共存），此外原水中的碱度也会变化，在实际使用中可通过试验法确定，并控制好出水的剩余碱度。

66.SBR 工艺污泥负荷多少比较合适？

答：与传统活性污泥法相比，SBR 工艺不同之处是其负荷条件是根据每个周期内，反应池容积与污水进水量之比和每日的周期数来决定。由于在反应阶段活性污泥浓度在不断变化，并随反应时间的推移而增加，反应后阶段的污泥负荷会大大低于初始阶段。日常运行中，应通过试验法来确定反应阶段前半段的某一时间的污泥负荷最佳控制范围。在进水量和浓度基本稳定情况下，也可根据某一固定时间的污泥浓度来大致了解和控制，还可通过反应阶段的时间调节和控制。

67.某厂使用生物膜法处理污水在初运行时有一定的效果，但随着时间的推移，污水中的微生物活性时而好时而差。不知是何原因？

答：确认处理效果不好时 pH 是否正常，生物膜是否太厚，溶解氧是否满足，另外生物膜法的溶解氧要控制在 4mg/L 以上。

68.某厂一期处理量 1.4 万吨，采用传统活性污泥表曝法。进水月平均 COD 在 300～350mg/L 之间，BOD 在 100～180mg/L 之间，TP 在 6～8mg/L 之间，TN 在 25mg/L 左右，厂位于南方，曝气池混合液浓度一般维持在 2800mg/L，DO 在 2mg/L 左右，但多年来 SV 一直在 80% 以上，SVI 则在 240 以上，最高时 SVI 可达 350。但出水水质较好，COD、BOD、SS 能达国标一级标准，除磷的效果也好，平均能达 70% 脱氮效果（虽然其工艺本身并无脱氮除磷要求）。这是为什么呢？

答：除污泥指数高外其他基本正常，这样的水质设计上没有脱氮除磷工艺，而氮、磷去除效果较好也是正常的，氨氮主要是通过细菌菌体合成去除的（也不排除有部分的硝化作用），磷除被菌体吸收外大部分是被吸附在污泥内随剩余污泥排放的。

69.本工艺采用淹没式生物膜。考虑到外加碳源要增加劳动量，也不经济，降低溶解氧，氨氮效果去除也还好，出水硝酸盐 11mg/L，但是亚硝酸盐很高，请问在 C/N 较低的情况下能否提高脱氮效果？

答：可采用短程反硝化，因为短程反硝化是直接将亚硝酸氨反硝化为氮气，可大大节省能耗，只是因为亚硝酸氮是不稳定的，很难积累，既然出水亚硝酸氮这样高为何不试试呢？如果能实现，要外加碳源也是很合算的。

70.养猪废水，进水参数为：COD 为 1500mg/L，氨氮为 500mg/L，TP 为 60mg/L，碱度为 3000，硝氮与亚硝氮仪器检测不出，值很低。出水参数为：氨氮为 120mg/L，COD 为 700mg/L，硝氮高达 1200mg/L，亚硝氮 250mg/L。请问这种情况正常吗？这么高的硝氮哪来的？

答： 如果数据测定正确的话，只有一个解释，即总氮大大高于氨氮的情况下，含氮有机物不断氨化，氨氮不断硝化，而此时处理系统都处于好氧条件下，硝酸氮不能反硝化而大量积累，此情况下如果处理时间增加，出水氨氮可下降，出水硝氮还会增加。

71.调试一食品废水，UASB 产生颗粒污泥前，原水 COD 为 2000～3000mg/L，出水 COD 一直在 750mg/L 左右。这段时间大约持续 50d，其间跑少量絮泥。之后废水浓度达到 4000～5000mg/L，减少了处理水量，一直保持出水小于 1000mg/L。之后开始加大处理量，跑泥更严重了，产泥量很大，三相分离器也不好。达到设计处理量一半时，公司要求快速提高水量，因耗氧较大，加快水量过程中，产气量不断减少，出水 1100～1500mg/L，于 15d 后接近设计流量。但与甲方合作不好，未能取样验收。之后甲方产量减少，但水质浓度变化大为 3000～5500mg/L。调小流量后，产气量开始略增，但颗粒污泥随水大量流出，以非气泡带出为主，即使不进水，也会有较大量污泥飘起，始终不下沉。这种现象已有十余天了，请问是怎么回事？

答： 可能是负荷太大，使酸性发酵过程延长，造成碱性发酵过程不完全。对于进水负荷不稳定的处理装置，污水最好预酸化后再进 UASB 装置，这样才能提高 pH，进而更好地保证处理效果。

72.在做糖蜜酒精废液的 UASB 厌氧生化处理实验时，进水浓度 30000～50000mg/L，去除率 55%～60%，负荷 20kg，其中遇到很多困难，主要是硫酸根影响，接种污泥（非颗粒泥）流失严重，可生化性差。推断主要是酸化阶段不好而造成的，不知是否是这样？

答： 提两个意见供参考。①酸化时间不宜长，以免 pH 过低影响后续生化处理；②培养颗粒污泥时，可在接种污泥中加适量活性炭或 PAM，这样有利于颗粒污泥形成。因不了解具体情况仅供参考。

73.反硝化聚磷菌（DPB）同步除磷脱氮工艺运行管理中要注意哪些事项？

答： 运行管理要求很多的，如厌氧池不能有氧，但如何控制呢？好氧区氧不足会影响硝化和聚磷，氧太高会使厌氧区产生微氧环境，影响释磷，有时好氧区溶氧不高，厌氧区也可能有微氧，除与好氧区的溶氧高低有关外，还与污泥沉淀池的停留时间、缺氧程度等因素有关。此外，还要做到按工艺要求及时排泥，磷的最终去除出路是通过剩余污泥排放的，如不及时排放，会在系统内周而复始地进行聚磷和释磷的循环。

74.调试 SBR 处理屠宰场废水时，发现这几天沉淀后上清液中总是有细小的泥粒悬浮，不能沉淀，导出出水 COD、SS 不能达标，水温在 35～37℃左右，是不是温度太高导致的？应该怎么办？

答： 污泥已有老化迹象，这样的温度对微生物活动有些影响，但不是主要原因，主要是曝气时间过长，要减少曝气时间（如间断曝气），还需排泥。减少曝气时间就是减少反应阶段的时间，由于一个运行周期时间是固定的，闲置阶段时间可相应增加，进水阶段如采用不限止曝气，则改为限止曝气。

75. 含丙烯腈的废水，加 PAC 和 PAM，再经生化，氨氮含量最高 217mg/L。分析可能是丙烯腈转化为丙烯酸再转化成氨氮，可能酰胺也增加氨氮，没有理论和实验数据基础，是否能解释？

答：这种情况很正常，是氨化的原因。这类废水需要很长的处理时间，出水氨氮这么高说明丙烯腈的氨化过程尚未完成，要使氨氮达标，还需增加生化反应时间。

76. 现有高浓度废水，请问：用活性污泥法处理时（SBR 法），为满足污泥负荷，要求 MLSS 值取非常大的值是否合适？会出现何种问题？有什么更好的方式避免出现问题？

答：高浓度不宜直接用好氧法处理，应该在好氧处理前先用厌氧处理。无论 SBR 法或其他活性污泥法，MLSS 值应该根据 F/M 值来控制，并受沉淀时间和供氧能力等因素影响。

77. 做水产加工废水方案时，用 UASB 工艺，水质如下：$Q=200t/d$，$COD=3000mg/L$，$BOD=1000mg/L$，$SS=300mg/L$，总氮$=200mg/L$，氨氮$=20mg/L$。污水排放标准为：出水要求 $COD<300mg/L$，$BOD<150mg/L$，$SS<200mg/L$，总氮$<40mg/L$，氨氮$<25mg/L$。请问：UASB 中氮元素的反应终点是否是 NH_4^+ 和 NH_3？

答：UASB 对氮的转化主要是有机氮的氨化作用，故在 UASB 后还要继续氨化、硝化和反硝化，建议在 UASB 后采用 A^2/O 接触氧化法。

78. 接触氧化法处理废水，要求进水 BOD 不能太高，水解酸化后再接触氧化能保证接触氧化池的进水 BOD 满足要求吗？如果不能，该怎么办？

答：水解酸化去除 COD 很有限，主要是为了提高废水的可生化性，如接触氧化池的进水 BOD 太高，可采用厌氧工艺或其他方法进行前处理。

79. 如何确定接触氧化曝气池内微生物的量？传统的活性污泥法，可以用污泥浓度（MLSS）来表示，直观的可用污泥沉降比（SV30）来表示，接触氧化曝气池内微生物的量应该怎样直观表示？有人说可通过观察生物膜的厚度，厚度是怎样的标准？

答：接触氧化池生物膜的量不可能也没必要测定，填料上膜太厚，比表面积就小，单位体积内有活性的生物膜量就少，膜太少也不好。在实际运行中控制好生物膜的厚度是运行管理中的关键之一，膜太厚就要加大气量或冲刷。由于生物膜都安装在池内水面下，所以最好在池边上安装可取下来的观察填料，生物膜的厚度以刚覆盖住填料为最佳。

80. 在"厌氧＋好氧"工艺处理过程中，如厌氧处理后还含有大量的硫，如何才能把它去除掉呢？

答：如果厌氧后还有大量硫化氢，就说明厌氧反应不完全，要控制好反应条件。

81. 滗油功能的废碱液调节储罐怎么操作？污水冷却塔近期因塔管堵塞，开旁路后水温可高达 44.7℃，虽说可加快反应速率，但也接近中温微生物的极限，不得已只好将进水管中温度最高的支流切出系统，请问如何处理？活性污泥法对进水中甲醇含量有什么限制吗？因为甲醇储罐有问题需清理，又担心冲击生化处理场。

答：①严格说废碱液如有油应该先进行汽油洗涤，碱液储罐也要有滗油功能。简单的办法是在罐上部和中部在不同高度设放油管，并安装阀门，这样就可在不同液位滗油了。②这样的温度会严重影响生化处理效果的（除非是厌氧法），要有降温措施。③甲醇虽然可生化性好，但浓度太高也不行，除非是厌氧法。

82. 某厂采用的是改良的 SBR，所谓改良就是实现了连续进水，只是将反应池用挡墙分为两部分，即预反应区与主反应池。挡墙下部有两个 $2m^2$ 的空洞相连，没有污泥回流，预反应区与主反应池完全一样，预反应区长 3.5m，主反应池长 36m，池深 4.7m，池宽 12.5m，滗水高度为 1.3m，进水主要是生活污水，其中 COD 为 400mg/L，BOD 为 180mg/L，总氨为 80mg/L，总磷为 8mg/L，每天进水 10000m³，在两个反应池运行。请教污泥浓度控制在多少合适？

答：根据所说的应该是 ICEAS 工艺。建议检查一下曝气软管前输气管中是否安装气包，输气管系统是否设置排气管（也称排污管），因为这些都与所说的曝气管两头有气中间没气的情况有关。至于 MLSS 高这只是一方面原因，还有曝气时间等因素。

83. 厌氧污泥培养方法和调试过程中的注意事项有哪些？

答：厌氧污泥培养方法有多种，建议采用逐步培养法，大致过程如下。好氧系统经浓缩池的剩余污泥（已厌氧）投入到厌氧反应池中，投加量约为反应器容量的 20%～30%，然后加热（如要加热的话），逐步升温，使每小时温升为 1℃，当温度升到消化所需温度时维持温度，营养物量应随着微生物量的增加而逐步增加，不能操之过急。当有机物水解液化（需一两个月），污泥成熟并产生沼气后，分析沼气成分，正常时进行点火试验，然后再利用沼气，投入日常运行。启动初始一般控制有机负荷较低。当 COD_{Cr} 去除率达到 80% 时才能逐步增加有机负荷。完成启动的乙酸浓度应控制在 1000mg/L 以下，上面只是大致的要求，最好请有经验的人来指导。

84. 对于周边进水、周边出水的二沉池，其是否已经克服了中心进水、周边出水的二沉池的缺点？而且，发现辐流式二沉池会出现液面翻很小的污泥絮体的现象，这是什么原因？

答：周边进水式沉淀池只是减小了进水水能对沉淀的影响和中心混合液短流问题，并没有全面改变辐流式沉淀池存在的问题。从理论上讲，周边式沉淀效率应该很高，但对进水布水要求也很高。

85. 周进周出对布水的要求很高。其实周进周出的布水口都有块挡板伸入二沉池底，但究竟伸入多少比较合适，目前还找不到资料，因为据说是直接从国外引进的技术，它的计算都没有，不知道您对这个问题有何见解？

答：周边的进水口的确有挡板，估计在进水槽下有很多进水孔，经水能消散后向下流，然后从进水挡板下向池内扩散。具体位置不好确定，应该在水面 20cm 左右处，但关键技术应该是均匀布水和水能消散。

参考文献

［1］ 王怀宇.污水处理厂（站）运行管理.北京：中国劳动社会保障出版社，2009.

［2］ 高延耀，顾国维，周琪主编.水污染控制工程（下）.3版.北京：高等教育出版社，2007.

［3］ 张可方，荣宏伟.小城镇污水厂设计与运行管理.北京：中国建筑工业出版社，2008.

［4］ 王惠丰，王怀宇.污水处理厂的运行与管理.北京：科学出版社，2010.

［5］ 谢经良，沈晓南.污水处理设备操作维护问答.北京：化学工业出版社，2006.

［6］ 国家环境保护总局科技标准司.污废水设施运行管理.北京：北京出版社，2006.

［7］ 黄维菊，魏星.污水处理工程设计.北京：国防工业出版社，2008.

［8］ 钟琼.废水处理技术及设施运行.北京：中国环境科学出版社，2008.

［9］ 蒋文举，侯锋，宋宝增.城市污水处理厂实习培训教程.北京：化学工业出版社，2007.

［10］ 朱量，张文妍.水处理工程运行与管理.北京：化学工业出版社，2004.

［11］ 曹宇，王恩让.污水处理厂运行管理培训教程.北京：化学工业出版社，2005.

［12］ 夏畅斌，罗彬，尹奇德.污水处理机械化与自动化.北京：化学工业出版社，2008.

［13］ 张振家，郭晓燕，周长波.工厂废水处理站工艺原理与维护管理.北京：化学工业出版社，2003.

［14］ 张波.环境污染治理设施运营管理.北京：中国环境科学出版社，2006.

［15］ 王继斌，宋来洲，孙颖.环保设备选择、运行与维护.北京：化学工业出版社，2007.

［16］ 曾科，卜秋平，陆少鸣.污水处理厂设计与运行.北京：化学工业出版社，2001.

［17］ 陈建昌.废水处理工（中级）.北京：中国劳动社会保障出版社，2007.

［18］ 林荣忱，乔寿锁，王家廉.污废水处理设施运行管理（试用）.北京：北京出版社，2006.

［19］ 杨大明，徐伟，武雄飞.气浮—A/O工艺处理含油污水.工业水处理，2006，26（9）：83-84.

［20］ 王又蓉.污水处理问答.北京：国防工业出版社，2007.

［21］ 郭正，张宝军.水污染控制与设备运行.北京：高等教育出版社，2007.

［22］ 张慧芬，汪永辉.旗篷厂印染废水处理工艺的改造.中国给水排水，2005，21（12）：80-82.

［23］ 王爱民，张云新.环保设备及其应用.北京：化学工业出版社，2004.

［24］ 李亚峰，晋文学.城市污水处理厂运行管理.北京：化学工业出版社，2005.